# 内蒙古荒漠草原
## 放牧响应过程与利用模式研究

孙世贤　殷国梅　卫　媛　刘文亭　著

中国农业科学技术出版社

**图书在版编目（CIP）数据**

内蒙古荒漠草原放牧响应过程与利用模式研究 / 孙世贤等著. --北京：中国农业科学技术出版社，2023. 11

ISBN 978-7-5116-6105-0

Ⅰ. ①内… Ⅱ. ①孙… Ⅲ. ①草原－放牧管理－研究－内蒙古 Ⅳ. ①S815.2

中国版本图书馆CIP数据核字（2022）第 241537 号

**责任编辑** 李冠桥
**责任校对** 马广洋
**责任印制** 姜义伟 王思文

**出 版 者** 中国农业科学技术出版社
北京市中关村南大街 12 号 邮编：100081
**电 话** （010）82106632（编辑室） （010）82109702（发行部）
（010）82109709（读者服务部）
**网 址** https: // castp.caas.cn
**经 销 者** 各地新华书店
**印 刷 者** 北京建宏印刷有限公司
**开 本** 170 mm × 240 mm 1/16
**印 张** 14
**字 数** 251 千字
**版 次** 2023 年 11 月第 1 版 2023 年 11 月第 1 次印刷
**定 价** 88.00 元

# 《内蒙古荒漠草原放牧响应过程与利用模式研究》

## 著 者 名 单

**主　著:** 孙世贤　殷国梅　卫　媛　刘文亭

**参　著**（按姓氏笔画排序）：

卫智军　王　敏　王天乐　王长征
伊凤艳　杜　华　张　燕　陈　越
贾丽娟　郭月峰　郭振宁　诺尔金
镡建国

# 前　言

内蒙古荒漠草原生态系统广泛分布于内蒙古中部、阴山山脉以北乌兰察布高原地区，其地域范围东起苏尼特地区，西至乌拉特地区，北与蒙古国南部大面积的荒漠草原带相接，西南经黄河阻隔与鄂尔多斯高原中、西部的暖温型荒漠草原遥望。它是内蒙古草原重要的组成部分，是草原区向荒漠区过渡的旱生性最强的草原生态系统。放牧是荒漠草原最主要的利用方式，同时也是荒漠草原主要的管理方式。本书围绕放牧对荒漠草原植被、土壤的响应过程以及荒漠草原可持续利用等关键问题，将内容分为内蒙古荒漠草原生态系统基本特征与植被主要特点、放牧强度对荒漠草原植被的影响过程与机理、放牧对荒漠草原优势种群特征和短花针茅性状特征的影响、放牧对荒漠草原地表沙尘释放与传输作用机制的研究、围封对荒漠草原群落特征及土壤物理性质的影响、季节性休牧对短花针茅荒漠草原群落特征和营养物质的影响、荒漠草原划区轮牧技术研究 7 章，从荒漠草原放牧响应过程和可持续利用模式两个方面进行了系统的归纳总结。全书层次分明、内容翔实，体现了科学性和可读性。

本书得到了国家自然科学基金项目、内蒙古自治区科技计划项目、鄂尔多斯科技重大专项、锡林郭勒盟科技计划等项目的支持。主要包括："放牧对荒漠草原短花针茅锥形繁殖体扩散和幼苗定居的影响机制（32101449）"，内蒙古科技计划项目"浑善达克沙地水资源保护与植被近自然修复技术研究与示范（2021GG0056）""乌珠穆沁沙地生态脆弱区植被恢复与重建技术研究（2020GG0077）""沙漠锁边区灌草优化配置与植物资源耦合开发高效利用技术研究（2021GG0053）""退化羊草草原切根施肥改良技术研发与装备研制（2022YF-DZ0034）""生态脆弱区人工灌木林保护技术研发与示范（2021GG0085）"

“荒漠草原生态修复技术研发（2019GG352）”，鄂尔多斯科技重大专项“鄂尔多斯荒漠草原植被近自然恢复与土壤保育关键技术研发与示范（2021EEDSCXQD-FZ011）”，内蒙古自治区林草局政府购买服务项目“退化羊草草原生态修复关键技术研发与机械装备研制（NMGZCS-C-F-220197）”，锡林郭勒盟科技计划项目“退化羊草草原切根＋施肥修复技术研发及装备研制（202109）”等项目的支持。

本书的出版，是集体劳动与智慧的结晶，作者衷心地感谢所有为本书作出贡献的同志们！由于作者学术水平有限，书中难免存在疏漏和不足，期待有关专家和读者给予指正。

作　者

2022 年 12 月

# 目 录

第一章

# 内蒙古荒漠草原生态系统基本特征与植被主要特点

## 第一节　内蒙古高原荒漠草原生态系统基本特征

在蒙古高原上，处于中温型草原带与荒漠带之间过渡地带的荒漠草原生态系统，无论是它所具有的特殊种类成分、群落结构与功能，还是它的地理分布规律，以及突出的地域过渡性，都显示出它在生态学上的独特性。鉴于此，植物学家在调查研究这个区域的植被基本特点时曾指出，荒漠草原是亚洲中部草原区内一个特殊而独立存在的草原植被类型。

亚洲中部草原区的偏西地域，有一个由草原区向荒漠区逐渐过渡的地带性植被类型——荒漠草原。在蒙古高原呈地带性分布的荒漠草原植被，是中温型草原带中最具旱生性的一个亚带，地处草原带的西侧，与荒漠带（该植被带东侧的草原化荒漠亚带）相邻接，它是草原带向荒漠带的一个过渡带。这里的荒漠草原植被集中连片地广泛分布在内蒙古高原的中部偏西地区，其主体位于阴山山脉以北的层状高平原上；东起苏尼特地区，西至乌拉特地区，北面与蒙古国广阔的荒漠草原连接成一体；西南经黄河阻隔与鄂尔多斯高原中、西部的暖温型荒漠草原遥遥相望，从而构成内蒙古区域内的荒漠草原植被。

阴山山脉以北的乌兰察布高平原地区，在山体北麓山前横贯东西向的石质丘陵隆起带（1 500~1 600m），尤其是往北逐渐下降的广袤层状高平原上（1 000~1 300m），这里坦荡无垠，地面组成物质主要为第三纪泥质和沙砾质岩层，受干旱草原气候影响而发育成了棕钙土。该地区在综合生态条件下，形成了由强旱生矮禾草和小半灌木占优势的中温型荒漠草原植被，从而构成了荒漠草原生态系统独特的自然景观，是我国内蒙古自治区（全书简称内蒙古）重要的养羊业基地。

## 一、自然条件

自晚第三纪的中新世、上新世至早更新世，在内蒙古中部地区，经历了一个以草原孕育过程为主的演化阶段。在之前的早第三纪渐新世后期，发生了喜马拉雅造山运动，致使特提斯海完全消退，广大地区逐渐抬升，形成了辽阔的欧亚大陆，内陆大陆性气候明显加强，气候干燥；加之晚第三纪大范围气温下降，这就使地处内陆腹地的内蒙古中部地区自然地理环境明显变化。其最显著的特征就是地带性植被的更替，即是由原有的落叶阔叶林与针叶林，为暖温型疏林草原所代替。在此演化过程中，双子叶草本植物在长期的演替中，表现出良好的适应性，逐渐成为植物群落中的主要成分。单子叶植物中的禾本科针茅属植物（*Stipa* L.）从渐新世开始出现，并在晚第三纪有所发展。于是，一个在植物地理区系中有针茅属植物参与，并逐渐演化为以草原植被占优势成分的草原景观。

在本地区进入第四纪早更新世之后，气候更加温凉、干旱。草原成分更进一步突出和发展；同时出现地面侵蚀、剥蚀较为强烈的自然特征。这个时期在阴山山脉南北，大陆性干旱气候愈趋明显，这个地区属半干旱气候。于是，在阴山以南，因季风影响稍强而略显湿润，则由疏林草原演变为典型草原（干草原）；而在阴山以北广袤的内蒙古高原中西部地区，由于气候干旱和在干旱气候及相关地理因子下所形成棕钙土的制约下，形成了低矮的、稀疏的、以强旱生丛生小型禾草［小针茅（*Stipa klemenzii*）、短花针茅（*Stipa breviflora*）、戈壁针茅（*Stipa gobica*）、沙生针茅（*Stipa glareosa*）、无芒隐子草（*Cleistogenes mutica*）等］逐渐占优势的荒漠草原植被成为内蒙古高原上草原带向荒漠带过渡的草原植被类型。

内蒙古高原草原地带自东北向西南，主要由于气候干湿状况的递变，进入苏尼特地区以西的地区，干燥性逐渐加重，从而形成了旱生性程度最强的草原生态系统——荒漠草原生态系统。荒漠草原生态系统的自然环境特点在整个草原生态系统中是最严酷的，其主要特点是：年降水量平均在150~250mm，且多集中于夏季，故春季多干旱；湿润度0.15~0.3；年均温2~5℃，7月均温19~20℃，

1 月均温 −18~−15℃，≥ 10℃积温 2 200~2 500℃。

## 二、植物群落组成与分布概况

荒漠草原植被的植物区系组成是以戈壁蒙古荒漠草原种和亚洲中部荒漠草原种为主。其中，羽针组多种小型针茅：小针茅、戈壁针茅、沙生针茅和须芒组的短花针茅以及无芒隐子草、多根葱（*Allium polyrrhizum*）等强旱生植物，均为荒漠草原群落的建群种和优势种。小针茅分布极其广泛，在荒漠草原地带性植被中起着重要的作用；短花针茅是从暖温草原地区侵入的成分，故只在高原偏南的狭长地带分布。强旱生小半灌木蓍状亚菊（*Ajania achiloides*）和女蒿（*Hippolytia trifida*）的出现并成为优势成分，这是小半灌木层片在荒漠草原中作用增强的表现，是草原向更干旱的荒漠过渡的一种生态标志。此外，还有冷蒿（*Artemisia frigida*）和木地肤（*Kochia prostrata*）在强砾质化生境和过度放牧地段上构成层片。旱生灌木锦鸡儿属植物狭叶锦鸡儿（*Caragana stenophylla*）、矮锦鸡儿（*Caragana pygmaea*）和中间锦鸡儿（*Caragana intermedia*）在一部分针茅群落中可形成明显的层片，从而构成荒漠草原中具有独特景观的“灌丛化草原群落”。一些强旱生杂类草成为群落固有的伴生成分，种类较多，常见有燥原荠（*Ptilotrichum cretaceum*）、兔唇花（*Lagochilus ilicifolius*）、荒漠丝石竹（*Gypsophila desertorum*）、戈壁天冬（*Asparagus gobicus*）、达乌里芯芭（*Cymbaria dahurica*）、草芸香（*Haplophylla dauricm*）、阿氏旋花（*Convolvulus ammanniiii*）、大苞鸢尾（*Iris bungei*）和细叶鸢尾（*I. temzdjblia*）等。一年生植物在群落中的作用明显增强，成为“夏雨型”植物层片，主要有黄蒿（*Admisia scopada*）、猪毛菜（*Salsola coffina*）、栉叶蒿（*Neopallasia pectinata*）、小画眉草（*Emgrostis minor*）、虎尾草（*Chloris virgata*）、狗尾草（*Setaria viridis*）、冠芒草和蒙古锋芒草（*Tragus racemosus*）等。地衣和藻类植物的数量也有所增加，有叶状地衣（*Parmelia vegans*）、壳状地衣（*P. ryssolea*）、地皮菜（*Stratonstoc commune*）和发菜（一种念珠藻植物）等。荒漠草原亚带地处草原区与荒漠区间的过渡地带，故在植物区系组成上比较混杂（动物区系也类似）；一些典型草原成分，如小针茅、糙隐子草、冷蒿、阿氏旋花和草芸香等，常成为群落的伴生种或优势种。还有少量的荒漠成分沿着盐化低地和石砾质丘陵侵入荒漠草原地区，如红砂（*Reaumuria soongorica*）、珍珠柴（*Salsola passerina*）、驼绒藜（*Ceratoides latens*）、藏锦鸡儿（*Caragana tibetica*）、白刺（*Nitriaris sibrica*）和着叶盐爪爪（*Kalidium foliatum*）等，出现在西部邻近荒漠区的局部地区，构成超旱生半灌木层片，形成岛状分布的越带的荒漠植物群落，呈现荒漠景观。

荒漠草原植被，主要是由四种矮小型针茅属植物建群的地带性群落（群系）所组成。

小针茅荒漠草原（*Stipa klemenzii*）是最优势的类型，占据着层状高平原典型的显域地境，分布极其广泛，群落类型分化多样，有小针茅＋无芒隐子草群落，小针茅＋多根葱群落，小针茅＋冷蒿群落，小针茅＋女蒿群落，小针茅＋蓍状亚菊群落，锦鸡儿灌丛化小针茅群落和小针茅＋红砂群落等。

短花针茅荒漠草原（*Stipa breviflora*）广泛分布在亚洲中部草原亚区荒漠草原带的偏暖气候区域。在我国境内的主要分布区是从黄土高原丘陵地区西北部起，向东向北越过阴山山地进入内蒙古高原中部的南侧边缘地区；在这个地域范围内，西起乌梁素海以东的大佘太镇，往东经达茂旗、穿过四子王旗，最终止于镶黄旗、化德南部；自西向东横贯内蒙古高原西部荒漠草原亚带的南缘，形成一条连续而狭长的带状植被。分布在本区域的短花针茅群落，是从暖温型典型草原亚带向西、北的中温型荒漠草原亚带过渡而首先出现的荒漠草原群落；由它再往北即可见更旱生的小针茅荒漠草原群落，而向东则为中温型的小针茅典型草原群落。作者于 1982 年考察发现，在达茂旗境内的短花针茅群落，不仅分布在百灵庙以南的山麓石质丘陵隆起带地区，还在百灵庙后山以北的高平原上呈东西向带状分布，且与南部带状分布的短花针茅群落平行排列，只北侧的带宽约 20km，不及南侧的宽度。就这两条“带”的长度而言，北侧的短花针茅群落向东止于四子王旗西端，较南侧短。因为北侧气候更加寒冷、干旱。由此可知，短花针茅群落具有暖温性和明显的气候过渡性。主要群落类型有短花针茅＋糙隐子草＋无芒隐子草＋冷蒿群落，狭叶锦鸡儿＋短花针茅＋无芒隐子草＋冷蒿群落，短花针茅＋小针茅＋无芒隐子草群落和短花针茅＋小针茅＋糙隐子草＋冷蒿群落。其中，短花针茅＋小针茅＋无芒隐子草群落只限于北侧高平原上分布，为短花针茅群落向小针茅群落的过渡类型。

戈壁针茅荒漠草原（*Stipa gobica*）的出现与石质的粗骨性土壤有密切关系，故多在丘陵顶部或丘陵上部形成群落片段；在群落组成中常伴生有一些小型植物种类，如点地梅（*Androsace gmelini*）和瓦松（*Orostachys fimbriatus*）等，且半灌木在群落中的作用显著加强，一般不成为连片的大面积分布。常见有戈壁针茅＋山蒿群落，戈壁针茅＋线叶菊群落，戈壁针茅＋冷蒿群落，戈壁针茅＋女蒿群落和戈壁针茅＋蓍状亚菊群落。

沙生针茅荒漠草原（*Stipa glareosa*）在本亚带西北部沙质棕钙土或地表覆沙的地段上，发育着以沙生针茅为建群种的荒漠草原群落，常具有锦鸡儿灌丛层片；群落中的小半灌木旱蒿（*Artmisia xerophytica*）是其他针茅草原所含有的冷蒿、女蒿和蓍状亚菊等小半灌木更旱生的地理替代种。

除上述四类矮小型针茅群落之外，在西北部地表强烈剥蚀的地段上，有由强旱生小半灌木女蒿、蓍状亚菊建群的一些群落，多与小针茅群落形成复合体。冷蒿群落出现较少，多限于亚带的东南部邻近典型草原亚带的退化地段上。在具轻碱化沙质土壤上，可见多根葱群落，但一般不成大面积分布。在湖盆盐湿低地和干河谷等隐域性生境上，由于盐渍化程度与地表状况的差异，分别发育着两类不同的非地带性及越带分布的植物群落：一类是盐化草甸，在低洼轻盐渍化的草甸化棕钙土上，由高大丛生的芨芨草（*Achnatherum splendens*）形成的盐化草甸群落，因其明显的高度和郁闭度，使之在低矮、稀疏的荒漠草原亚带中，增添了一种特有的景观。其他还有赖草（*Leymus secalinus*）、马蔺（*Iris lactea*）和薹草（*Carex* spp.）等分别组成草甸群落；另一类是超旱生小灌木和半灌木，有红砂、珍珠柴、白刺和盐爪爪等，在砾质盐化棕钙土上形成红砂＋珍珠柴群落，在沙质棕钙土上为藏锦鸡儿群落，在湖盆外缘覆沙地上为白刺群落，低洼盐土生长着盐爪爪群落；它们都是越带的荒漠植物群落，具有荒漠景观的外貌，同时也充分反映了荒漠草原在地域的过渡性。

由于上述各类生活型植物以及这些特征种组成的植物群落，从而形成独特的草原群落，因此应当将荒漠草原视为草原植被中的一个亚型，且是一个独特的旱生性强的一类草原植被。荒漠草原在欧亚大陆草原区亚洲中部亚区中占有独立的植被类型地位和草原带向荒漠带过渡的地理位置。

## 第二节　内蒙古高原荒漠草原亚带植物群落主要类型及其群落学特征

广泛分布于内蒙古高原中西部的荒漠草原属中温型草原带是最旱生的一个亚带。

## 一、荒漠草原亚带植被主要特点

内蒙古高原荒漠草原亚带处在典型草原亚带与荒漠带（草原化荒漠亚带）之间，因此在植被和植物区系组成上除本亚带固有的类型与成分外，也有来自东、西两侧的影响和渗透。所以应当将荒漠草原亚带作为一个完全有别于其他草原类型独立草原的植被组成，起主导作用的植物区系成分是戈壁蒙古荒漠草原种和亚洲中部荒漠草原种；其中，针茅属羽针组小型针茅植物：小针茅、戈壁针茅、沙生针茅以及须芒组的短花针茅和其他植物如无芒隐子草、多根葱、蒙古葱等都是主要建群种和优势植物。群落中组成旱生小半灌木层片的女蒿（*Ajania trifida*）和蓍状亚菊（*A. achillaeoides*）也是荒漠草原特有的优势植物。还有一些常见的旱生杂类草和小半灌木，如兔唇花、荒漠丝石竹、叉枝鸭葱、戈壁天冬（*Asparagus gobicus*）、骆驼蓬、燥原荠、蒙古大戟（*Euphorbia mongolica*）、刺叶柄棘豆等也都是荒漠草原的特征种。此外，有少数的锦鸡儿属小灌木，如狭叶锦鸡儿、矮锦鸡儿和中间锦鸡儿（*Caragana intermedia*），多与沙质土壤相连，形成灌丛化荒漠草原群落。

荒漠草原的层片结构是以旱生的多年生丛生小禾草层片为建群层片，其次是旱生小半灌木层片及葱类鳞茎植物层片常成为主要层片，旱生多年生杂类草层片和旱生小灌木层片也很稳定。特别应当提及的是较为特殊的一类夏雨型一年生植物层片，它们在降水特别多的年份，主要表现为夏季多降水的年份，这类层片的一些一年生植物在较短时期内，大量萌发生长发育，在群落中占有最大的优势，但在极干旱年份，它们的群落作用又非常微小，甚至无所表现。可见它们的生存和消长直接取决于夏季降水的状况，这种夏雨型一年生植物层片与出现在我国新疆荒漠地区的黑海－哈萨克斯坦草原亚区的短命植物层片具有本质的不同，因为这里的短命植物主要是出现在春季，利用这时的雪水而生存的植物种类广泛分布在内蒙古高原的荒漠草原，群落中的一年生植物层片有栉叶蒿、黄蒿、猪毛菜（*Salsola collina*）、星状角果藜（*Echinopsilon divaricatum*）、画眉草、冠芒草、三芒草（*Aristida adscensionis*）、虱子草（*Tragus racemosus*）、狗尾草、虎尾草（*Chloris virgata*）等，它们的生长发育周期较长，甚至可到秋季才干枯死亡。

欧亚草原区亚洲中部亚区的典型草原成分，如克氏针茅（*Stipa krylovii*）、糙隐子草和冷蒿等，常在荒漠草原群落中出现，与荒漠草原某些建群种共同组成一系列具有从典型草原亚带向荒漠草原亚带过渡性特征的群落类型。如小针茅+

克氏针茅群落；短花针茅＋克氏针茅群落。此外，还有短花针茅＋糙隐子草群落和短花针茅＋冷蒿群落。这样的典型草原植物向荒漠草原亚带的渗入与分布，形成了荒漠草原亚带在草原带内的过渡性质，同时反映了二者具有的内在联系。

各种不同性质和形态的盐湿低地是荒漠草原亚带的主要隐域性生境，在这样的生境上发育形成的不同程度盐化的隐域植被类型，也是荒漠草原亚带的景观特征。其中发育的隐域植被主要有芨芨草盐化草甸，其次有薹草＋杂类草盐化草甸，赖草盐化草甸和马蔺盐化草甸等。在盐湿低地外围的盐化棕钙土地段上，常有红砂荒漠或红砂＋珍珠柴荒漠群落的片段局部出现；在盐分加重的地段上可出现白刺荒漠群落、盐爪爪盐生荒漠群落及柽柳盐生灌丛的存在。这些荒漠群落的优势种也可浸入芨芨草盐化草甸群落中，构成荒漠化的芨芨草盐化草甸，或形成芨芨草草甸群落与荒漠群落（或片段）的复合体。这也是荒漠草原亚带过渡性特征的另一种具体表现。

荒漠的一些成分，自西、西北方向沿着盐化低地和石质丘陵侵入荒漠草原亚带的荒漠植物有红砂（*Reaumuria soongorica*）、珍珠柴（*Salsola passerina*）、松叶猪毛菜（*Salsola laricifolia*）、盐爪爪（*Kalidium foliatum*）、藏锦鸡儿（*Caragana tibetica*）、霸王柴（*Zggophyllum xanthoxylon*）、白刺（*Nitraria sibirica*）等。但是，这些荒漠植物一般不直接进入荒漠草原群落中，而只是在特殊的生境（盐化或砾石性）形成局部的荒漠群落片段。从而也可见到荒漠草原亚带的过渡性和旱生性的基本特点。

构成荒漠草原主要群系的建群种，为须芒组的中小型针茅植物。其中小针茅荒漠草原群系是最主要的类型，它占据着典型的显域地境，在荒漠草原亚带内分布最广，群落类型的分化也最多，如小针茅＋无芒隐子草群落、小针茅＋多根葱群落、小针茅＋亚菊群落、锦鸡儿灌丛化的小针茅群落、小针茅＋糙隐子草群落、小针茅＋冷蒿群落等。沙生针茅草原大多发育在沙质棕钙土或地表浅层覆沙的地段上，因此，它的群落大多具有锦鸡儿灌丛层片，形成灌丛化荒漠草原，如在二连地区有比较集中的大面积灌丛化沙生针茅群分布。在一些丘陵顶部的砾石性基质上，常有戈壁针茅草原的群落（片段）出现，其群落面积都较小，一般不形成连片的广泛分布，在群落组成中常含有一些砾石生性的植物种类生长。

短花针茅草原群落分布区的主要部分是在暖温型草原带内，它在荒漠草原亚带的分布完全集中在最南部呈狭长带状，且都临近典型草原亚带的暗棕钙土和淡栗钙土地区。因此，在群落组成中，典型草原成分在群落中的作用明显，如克氏针茅、糙隐子草、冷蒿和小叶锦鸡儿、羊草等，分别可成为短花针茅草原群落的优势种和常见伴生种。在地表强烈剥蚀的地段上可以出现旱生小半灌木女蒿、蓍状亚菊和冷蒿分别建群的几种群落；上两种亚菊群落大多分布在荒漠草原亚带的西北部，而冷蒿群落则局限分布在该亚带的东南部与邻近典型草原亚带的地区。在一些微碱化土地上，还可以形成以多根葱建群的荒漠草原群落。

内蒙古高原中西部荒漠草原亚带，由于气候的干旱程度是自东南向西北呈梯度递减过渡，从而影响着亚带植被的特点和分布，具有与此相应的分异状态。在东南部地区的湿润度偏高，且发育着暗棕钙土和少量的淡栗钙土，植被以喜暖略湿的短花针茅草原和小针茅－糙隐子草－冷蒿群落为主。然而，它们有时也可局部向西北部分渗入，如短花针茅草原越过集二铁路向西北呈狭长带状分布，与大面积分布的小针茅－无芒隐子草草原相连接。但是，就荒漠草原亚带总体分布而言，由于西北部大面积层状高原的湿润度越加降低，而土壤是以更干燥瘠薄的淡棕钙土为主，必然发育着适应干旱生境的小针茅草原，占据着广阔的内蒙古高原荒漠草原亚带的大部分地域，而成为荒漠草原亚带植被的主体，多以小针茅建群，无芒隐子草和亚菊的群落分布广泛，成为荒漠草原的显域性自然景观。愈往西沙生针茅草原有取代小针茅草原的趋势，但其分布面积较小，作用不太显著。在西北部局部土壤盐分、砾石性的存在或地表剥蚀作用加强，在这样的生境条件下，红砂、珍珠柴荒漠群落也常有出现。与此同时，特别是在最西北地区，这里已经接近更干旱的西部荒漠地带，小针茅草原和沙生针茅草原往往分别与藏锦鸡儿荒漠群落或红砂、珍珠柴群落交错分布，并形成草原群落与荒漠群落两种不同地带、不同性质的植被复合体。显然，这是草原带向荒漠带过渡的一种特殊的自然景观。

## 二、荒漠草原亚带主要植物群落及其特征

### 1. 小针茅荒漠草原的生态地理分布

小针茅草原是亚洲中部荒漠草原地带的一类小型丛生禾草草原。在我国主要分布在阴山山脉以北的乌兰察布层状高平原和鄂尔多斯高原中西部地区。再往西的极干旱荒漠区山地（贺兰山、祁连山、东天山、阿尔泰山、柴达木等）也有出现。

小针茅荒漠草原是最耐旱的针茅草原之一，它的分布与温带干旱的大陆性气候存在着极为密切的联系。在它的分布区域内年降水量平均低于250mm（130~245mm），湿润度在0.11~0.26，≥10℃的积温为2 000~3 100℃，植物发

育期长达 180~240d，春秋两季尤其是春季经常出现持续 4~6 个月的长期干旱，严重制约着植物的生长和群落初级生产力的稳定性。

小针茅草原发育在暗棕钙土和棕钙土上，土体上面的腐殖质层浅薄，一般在 20~30cm；在其下面普遍有一层坚实的钙积层（B 层），干燥且肥力较低（腐殖质含量为 1.0%~1.8%）。春季干旱期土壤含水量低于 8% 以下，还因为表土层薄而多沙质，故不宜开垦进行旱作农业生产。由于风蚀作用而覆盖有一层粗沙和碎石砾，地面十分粗糙。

小针茅荒漠草原的垂直分布与海拔高度的相关性表现为自北向南、自东向西逐渐升高的趋势。在乌兰察布高平原的北部、东部，它广泛分布在 950~1 000m 的层状高平原上，向南向西随着丘陵山地地势的上升和湿度的下降，小针茅草原大多出现在海拔 1 300~1 600m 的山麓坡脚和丘间谷地。如果因中小地形的起伏，小针茅草原还可以与其他的草原植物群落形成多种多样的复合结构与结合形式。在亚带南部地区，小针茅草原往往与短花针茅草原、克氏针茅草原交错出现，在北部多与沙生针茅草原形成组合。上述各种组合形式可以认为是小针茅草原与其他草原植被的空间演替关系的具体反映。再者，按微小地形起伏的改变，小针茅草原在空间分布的连续性即成片分布状态往往会被冷蒿、女蒿、蓍状亚菊等形成的小半灌木群落所隔离而破坏，从而形成小针茅草原与它们呈镶嵌型的群落复合结构。

**2. 小针茅荒漠草原的种类组成**

与其他针茅草原植被相比较，小针茅草原具有自己独特的种类组成。首先，因受干旱气候的长期作用，小针茅草原的植物种类十分贫乏。通常在 1$m^2$ 的地面上群落种饱和度仅在 10~12 种，但其种类组成相对比较稳定，一般群落种数无明显变化。在群系分布区的中心区域，群落的种数稳定性偏高，但绝对值偏低，而在分布区的外缘，其种数波动性偏大，且绝对值普遍有所升高。通常分布区域的东界较西界高，即分布在偏东的群落总种数约为 46 种（以小针茅 + 糙隐子草 + 克氏针茅群落为例），偏西的群落总种数则只有 26 种（以小针茅 + 亚菊草原、小针茅 + 女蒿草原为例）。小针茅草原群落最高总种数（群落种饱和度）出现在灌丛化小针茅草原，共计 54 种；而最低总种数出现在小针茅 + 无芒隐子草群落，为 11 种。显然，小针茅草原群落总种数的多少同时与具体的生态条件主要是与土壤水分状况的差异，以及相邻群落种类成分的丰富度和相互渗透的能力有着密切的联系。但是，人类的干扰作用无疑也起着相当的作用。

据调查记载的不完全统计，组成小针茅草原的高等植物共计 74 种，分别属于 27 科，52 属，其中含种属较多的科依次为：禾本科（7 属 13 种，占 17.7%）、豆科（6 属 10 种，占 13.5%）、菊科（5 属 9 种，占 12.2%）、百合科（3 属 5 种，占 6.8%）、藜科（4 属 4 种，占 5.4%），其次是蒺藜科、十字花科、鸢尾科各含 3 种，莎草科、唇形科、大戟科、伞形科、柽柳科各含 2 种，其他的 14 个科：石竹科、景天科、蔷薇科、亚麻科、芸香科、远志科、瑞香科、萝藦科、旋花科、马鞭草科、玄参科、车前科、报春花科、麻黄科仅有 1 种。

低等植物在小针茅草原中极少，偶尔在一些砾石性生境下生长有少量的叶状地衣（*Parmelia vagans*）和蓝绿藻（*Stratonostoc commune*）。

通过分析植物生活型可知，小针茅草原的植物绝大多数为轴根型植物，占 63.4%，居第一位；须根型植物占 23%，居第二位；根茎和根茎刷状根型植物各占 6.8%，分别居第三、第四位。这个数字与比例基本上和其他针茅草原相接近。但是，小针茅草原的轴根植物多数为具发达细枝根的短轴根植物，主根一般不超过 25cm，并多集中在钙积层以上。在须根植物中多具假根套，呈辐射状分布在表层 0~15cm 的土层内，约 80% 的根茎都集中在这一土层，向下则显著减少，这样能充分利用浅土层中有限的土壤水分。

小针茅荒漠草原植物生态类群的分析，在群落组成中，各类多年生旱生植物占有绝对优势，其中，强旱生和广幅旱生植物占 52%，旱生植物占 18%，极旱生植物占 8%，旱生植物共占 83.5%，中生植物占 5.5%。这些旱生植物的生活型除以多年生草本植物为优势成分并构成建群层片外，半灌木和小半灌木也具有十分重要的作用，可构成共优势层片，这也是荒漠草原植被的一个重要特征。常见的半灌木植物有女蒿、蓍状亚菊、冷蒿、旱蒿（*Artimisia xerophytica*）、木地肤（*Kochia prostrata*）和刺叶柄棘豆等。在这里的中生植物只限于一、二年生植物，约占总种数的 16.5%，属于夏雨型营养的植物；通常在炎热多雨的夏季其生长发育达到高峰，故可称为“热草”。但在秋季果实成熟以后，植物体除果实落入土壤中外，其余大部分均干枯死亡；一、二年生植物类群在小针茅群落中形成独特的层片。常见的典型成分有栉叶蒿、黄蒿、猪毛菜、雾冰藜、小画眉草、三芒草、虎尾草和冠芒草等。这种夏雨型一、二年生植物层片，与生长在黑海—哈萨克斯坦草原（我国在新疆地区的春季短命植物层片）形成鲜明对照。

**3. 小针茅荒漠草原（From. *Stipa klemenzii*）的群落类型**

荒漠草原的优势群落——小针茅草原，根据群落中共建种生活型的一致性和种类组成有适度的差异性，小针茅草原群系可分为7个群丛组：小针茅+无芒隐子草草原、小针茅+多根葱草原、小针茅+女蒿草原、小针茅+亚菊草原、小针茅+冷蒿草原、锦鸡儿灌丛化小针茅草原、小针茅+红砂草原。

小针茅+小禾草草原在荒漠草原有着最广泛的分布，如果说小针茅草原是荒漠草原的优势群系的话，而小针茅+小禾草草原则为小针茅草原的主体。它的主要特点是：在建群种小针茅的背景上，均匀地分布着两种旱生的低矮疏丛小禾草，即无芒隐子草和糙隐子草。由无芒隐子草占优势的草原群系，具有更强的抗旱能力，集中成片分布在该群系分布地区的北部和西半部，成为荒漠草原的标志群系。而由糙隐子草占优势的草原群系，主要在分布地区的东半部和南部，其分布面积远远少于无芒隐子草占优势的小针茅+小禾草草原。但是，在小针茅群系分布地区的中心部位，两种隐子草都同时出现在同一群落中，如在偏西偏北地区以无芒隐子草个体数量增多，若在偏东偏南地区则以糙隐子草稍多。

小针茅+糙隐子草草原是一个生态地理幅度十分广泛的群落类型，也是荒漠草原具有标志性的草原群落。它在与其他草原群系交错的边缘地带，往往可形成与交汇的草原群落保持着一定联系的生态地理变体。如含短花针茅的小针茅+隐子草群落，含克氏针茅的小针茅+隐子草群落，含沙生针茅的小针茅+隐子草群落等。就生态条件而言，上述这些生态地理变体的形成，是与有关群丛分布地区内水热组成的分异密切相关，同时也反映了小针茅草原与周边相邻草原群系之间在种类组成上相互渗透的关系。无可置疑，不同的生态地理变体能反映出生态环境的异质性、土地资源的性质差异、具有的生态特点和经济价值，可为土地评价和保护利用及可持续发展决策提供必需的基础资料。

在内蒙古高原，小针茅+隐子草草原大面积分布主要集中在乌兰察布高原的中心部位，包括苏尼特右旗、四子王旗和达茂旗中北部各地区。境内地形平坦辽阔，海拔1 000~1 100m。土壤为典型的轻壤质松钙土，当土壤表层砾石性程度增强或地表风积形成沙粒层时，原来的小针茅+隐子草草原将会被小针茅+女蒿群落、小针茅+冷蒿群落以及小针茅+锦鸡儿灌丛化草原所替代；当土壤中可溶盐含量有所增加时，它会被小针茅+多根葱群落和小针茅+红砂群落取代。

# 第二章

# 放牧强度对荒漠草原植被的影响过程与机理

## 第一节　研究区域概况及研究方法

### 一、研究区域概况

本章的所有试验均在内蒙古锡林郭勒盟苏尼特右旗朱日和镇（112° 47′ 11″ E，42° 15′ 48″ N）的牧区进行。该地区地形平坦，有明显的钙积层，主要分布于10~30cm土层。土壤为淡栗钙土，腐殖质层厚5~10cm。年降水量214mm（图2-1），60%~80%的降水集中在牧草生长旺季的7—9月，蒸发量2 500mm，大多数年受到不同程度的干旱威胁。年平均气温5.9℃，月平均最高温度24.45℃，最低温度-16.28℃。优势种为短花针茅（*Stipa breviflora*）、无芒隐子草（*Cleistogenes songorica*）、碱韭（*Allium polyrhizum*），伴生寸草薹（*Carex duriuscula*）、狭叶锦鸡儿（*Caragana stenophylla*）、戈壁天门冬（*Asparagus gobicus*）、木地肤（*Kochia prostrata*）、银灰旋花（Convolvulus ammannii）、茵陈蒿（*Artemisia capillaries*）、阿尔泰狗娃花（*Heteropappus altaicus*）、乳白花黄芪（*Astragalus gulactites*）等。

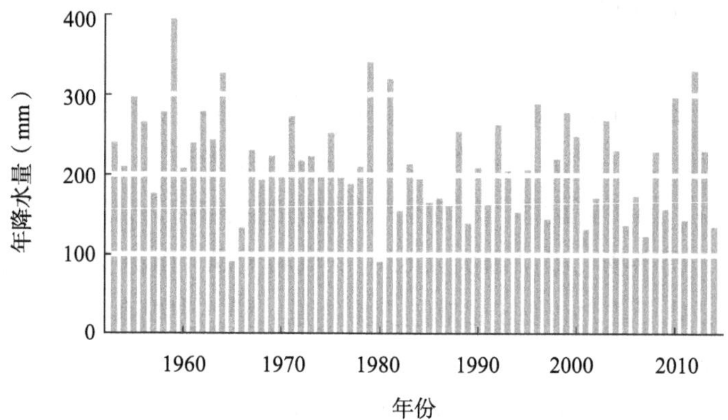


**图 2-1　1953—2014 年试验地年降水量**

## 二、试验设计与取样方法

放牧试验从 2010 年开始，每年 5 月开始放牧，10 月底放牧终止，其间采用连续放牧方式，晚上羊群在样地不归牧，不进行补饲。试验平台设有放牧季节调控、放牧强度调控与放牧强度下季节调控 3 种实验方案，而本研究试图从放牧强度这一角度来解释植物多样性对放牧的响应，故抽取适度放牧（MG）、重度放牧（HG）、不放牧（NG）这 3 种处理方式。每个处理均设有 3 次重复，共 9 个试验小区。每个实验小区面积约 2.60hm$^2$。适度放牧区和重度放牧区分别放牧健康的大小、体重、性别基本一致的苏尼特羊 5 只和 8 只，载畜率为 1.92 只 /hm$^2$ 和 3.08 只 /hm$^2$。

于每年植物生长高峰期（8 月）进行取样，每个试验小区随机调查 10 个 1m × 1m 样方。每个样方主要调查指标为物种数、密度（丛生型植物为分株数，非丛生型禾草植物为个体数）。之后齐地面剪取样方中出现的每一个体植株，分别保存，并将样品置于 60℃烘箱内烘干至恒重（约 48h）并称重，获得各物种生物量及地上群落生物量。

本试验设置了 2 个试验处理（增水处理与不增水处理），每个处理设置 6 个重复小区，每个小区 10 m × 20 m。通过分析 1953—2012 年的长期降水数据，确定了年平均降水量及增水处理中的增水量，增水量为 62 年年平均降水量的 30%。增水试验于 2013 年开始，增水周期为每年 5 月中旬至 8 月底，每 7d 增水一次，均匀喷洒在增水小区。

野外取样于2014年植物生长最高峰7月20日至8月10日进行。在每个试验小区内，随机设置5个1$m^2$的样方，观测植物群落中植物的高度、盖度、密度、物种数，之后齐地面剪取植物地上部分及立枯体、凋落物，植物地下部分采用根钻法获取，采用7cm直径的根钻，取样深度为地下0~50cm，洗净分离土壤与植物根系，带回实验室。分离样方中植物的茎与叶，分别称重获取湿重，之后将茎、叶、凋落物、根系依次在65℃下烘箱干燥48h并称重，获取干重。样方中植物茎、叶干重之和用于估算地上生物量；样方中根系干重根据采用深度及根钻直径估算地下生物量。样方中调查的物种数用于计算物种丰富度。样方中获得的植物叶片干重与湿重用于计算叶片含水量。样方中烘干后的植物叶片用于测定碳、氮和磷含量。

建群种短花针茅叶性状取样于2014年植物生长最高峰7月20日至8月10日进行。在每个试验小区，随机设置5个1m × 1m的样方，每个1m×1m样方内，使用电子游标卡尺测量所有现存的短花针茅基径，对应随机选取该株10片叶片（不足10片的株丛全部测量），测量其叶高（自然状态下叶片最高点距离地面的垂直高度，LH）、自然叶宽（叶片自然状态的宽度，NLW），将每个植株用剪刀齐地剪起、编号，带回室内阴凉处处理。于12h内用去离子水快速冲洗干净，吸干表面水分，称取采集的短花针茅湿重，并测量叶片完全宽度（叶片展平时的宽度，TLW）、叶长（叶片拉直时的长度，LL），待完成后，将新鲜材料置于105℃烘箱中杀青10min，将叶片置于75℃干燥箱中烘干至恒重，称量样品干重。通过式（2-1）和式（2-2）计算出短花针茅叶片的卷曲度（LRI）、直立度（LEI）。

$$LRI = \frac{TLW - TLW}{TLW} \tag{2-1}$$

$$LEI = \frac{LH}{LL} \tag{2-2}$$

## 三、功能群划分

以生活型为依据把群落划分为4类（Bai et al.，2004）：多年生禾草（PG）；灌木、半灌木（SS）；多年生杂类草（PF）；一年生草本（AB）（表2-1）。

表 2-1　研究地存在物种表

| 物种 | 拉丁名 | 功能群 | 物种代码 | 功能群代码 |
|---|---|---|---|---|
| 短花针茅 | *Stipa breviflora* | 多年生草本 | S1 | PG |
| 无芒隐子草 | *Cleistogenes songorica* | 多年生草本 | S2 | PG |
| 寸草薹 | *Carex duriuscula* | 多年生草本 | S3 | PG |
| 木地肤 | *Kochia prostrata* | 灌木、半灌木 | S4 | SS |
| 狭叶锦鸡儿 | *Caragana stenophylla* | 灌木、半灌木 | S5 | SS |
| 戈壁天门冬 | *Asparagus gobicus* | 灌木、半灌木 | S6 | SS |
| 茵陈蒿 | *Artemisia capillaries* | 多年生杂类草 | S7 | PF |
| 阿尔泰狗娃花 | *Heteropappus altaicus* | 多年生杂类草 | S8 | PF |
| 碱韭 | *Allium polyrhizum* | 多年生杂类草 | S9 | PF |
| 兔唇花 | *Lagochilus diacanthophyllus* | 多年生杂类草 | S10 | PF |
| 银灰旋花 | *Convolvulus ammannii* | 多年生杂类草 | S11 | PF |
| 异叶棘豆 | *Oxytropis diversifolia* | 多年生杂类草 | S12 | PF |
| 乳白花黄芪 | *Astragalus gulactites* | 多年生杂类草 | S13 | PF |
| 叉枝鸦葱 | *Scorzonera divaricata* | 多年生杂类草 | S14 | PF |
| 冷蒿 | *Artemisia frigida* | 多年生杂类草 | S15 | PF |
| 蒙古葱 | *Allium mongolicum* | 多年生杂类草 | S16 | PF |
| 细叶葱 | *Allium tuberosum* | 多年生杂类草 | S17 | PF |
| 细叶韭 | *Allium tenuissimum* | 多年生杂类草 | S18 | PF |
| 二裂委陵菜 | *Potentilla bifurca* | 多年生杂类草 | S19 | PF |
| 栉叶蒿 | *Neopallasia pectinata* | 一、二年生草本 | S20 | AB |
| 猪毛菜 | *Salsola collina* | 一、二年生草本 | S21 | AB |
| 牻牛儿苗 | *Erodium stephanianum* | 一、二年生草本 | S22 | AB |
| 狗尾草 | *Setaria viridis* | 一、二年生草本 | S23 | AB |
| 画眉草 | *Eragrostis pilosa* | 一、二年生草本 | S24 | AB |

## 第二节　放牧强度对荒漠草原植被物种多样性的影响

生物多样性是当前生态学领域的重大科学问题（Tilman and Isbell，2015；Storkey et al.，2015），保护生物多样性亦为当前世界广泛关注的重要科学问题

（Chapin et al.，2000；Hector and Schmid，1999；Storkey et al.，2015；Tilman and Isbell，2015）。以往的生物多样性、生态系统功能及维持机制的研究中，草地生态系统以其巨大的土地面积、过频的人类干扰、较强的实验操控性赢得了研究人员的重视（Tilman et al.，1997；Yachi and Loreau，1999）。家畜通过采食等（下行作用，Top-down）作用植株个体生存来操控天然草地植物多样性（Stephens and Krebs，1986），合理地放牧能够促进草地营养物质的循环、非生物与生物资源的转化和维持草地的多功能以及系统的可持续性（Jared et al.，2015）。因此，揭示放牧对草地生态系统植物多样性的影响过程，对于草地生态系统的多样性保育和可持续利用具有重要的意义。

在探讨草食动物与植物关系时，不同学者从放牧组合、放牧频率、放牧周期等（Rossignol et al.，2006；许岳飞等；2012；孙世贤等，2013），则基于不同降水（丰水年份、平水年份、欠水年份）、地形（平地和坡地）与放牧周期等情况，系统分析了植物物种、功能群及群落多样性对放牧的适应机制（Bai et al.，2012；Wan et al.，2011；杨婧等，2014）。尽管这些研究丰富了草地植物多样性理论，但仅局限于植物这一层面中。草食动物通过采食作用于局部植物生存与灭绝来动态调控植物多样性（Olff and Ritchie，1998），同时也受植物（上行作用，Bottom-up）的作用来维持草地植物多样性与生态系统过程（Chapin et al.，2000；Gibson，2009；Jared et al.，2015），它们之间相互作用、彼此依托，共同组成一个反馈回路。这就提供了一个假说，草食动物对草地植物多样性造成影响，而既有现存植物可体现家畜对某些植物的偏好。事实上，现有放牧研究体系中，在动物对植物多样性的影响过程中，单独抽离出植物多样性对动物的影响仍极具挑战（王岭，2010）。动物在非限制性条件下所做的食物选择，持续单一稳定的食性选择方式，可能是导致草地偏食物种局部灭绝的重要原因之一，尤其当偏食物种为稀有种或非耐牧种时，这种灭绝的风险可能就越大；同时在衡量现存植物群落的多样性研究中，草地本身的优势种和耐牧种的数量特征才是判断其植物多样性高低的决定性因素（Louault et al.，2005）。

生态学现象均不同程度地表现出尺度依赖性，即在相应的空间尺度、时间尺度或组织尺度背景下来开展相应研究（丁曼等，2014）。物种多样性是基于低组织尺度的数量特征来获得高组织尺度研究范畴的运算方法，表征的是低组织尺度的植物多样性，但却是高组织尺度的概念，即通常研究的物种多样性体现的是群落这一尺度的概念。物种多样性与功能群成员多样性尽管是基于物种的数量特征计算，但前者体现的是群落的概念，后者是功能群的概念。这亦提供了一个思路，在研究植物多样性时，可通过扩张研究尺度来俯瞰植物多样性，亦可缩小研究尺度将局部细节展露无遗，这将更有利于理解和简化生态系统过程。放牧对植物的影响体现在草地生命系统的各尺度上（Wan et al.，2011；马银山和张世挺，2009），不同尺度的多样性是紧密联系、不可分割的，换言之，植物多样性受放牧影响而产生的变化，将经由物种尺度导致功能群尺度、群落尺度甚至生态系统尺度的级联反应。此外，单个尺度仅能反映植被本身综合特征的一个方面，并不能系统性地还原问题本质，充分结合植物在不同组织尺度的收缩或扩张来进行分析，将更有利于理解和简化生态系统过程。

草食动物的采食行为是一个非常复杂的过程，在采食过程中，家畜需要在不同植株个体间重复选择，选择的结果直接影响其生存质量（Stephens and Krebs，1986）。研究认为，植物种类较多时，动物拥有更多的选项来挑剔其喜食的物种或物种组合（Provenza，1995），也可频繁地在不同物种间进行尝试。研究认为，高植物多样性条件下，家畜拥有更多的机会去选择其喜食的物种或物种组合（Provenza，1995），频繁地在不同物种间进行尝试，而家畜个体的数量增加会增大其选择的积累效应，导致草地多样性差异。模拟实验显示，物种或功能群去除促进了保留种的生长，功能群间的竞争关系通过保留种或其相应功能群的补偿生长进而稳定（Wardle et al.，1999）。而群落结构简单，层次分明，物种较少并以强旱生多年生丛生小禾草为主导的短花针茅荒漠草原，植物多样性对放牧干扰如何响应？揭示荒漠植物组成、多样性及稳定性对放牧的响应，对制定干旱区荒漠草原的放牧管理制度提供数据支撑与理论基础。

## 一、物种组成与功能群对放牧的响应

野外调查数据显示（表 2-2），短花针茅荒漠草原植物共有 10 科 24 种，禾草科（16.67%）、百合科（20.83%）、菊科（20.84%）所占比例大于其他科植物的总和，之后依次为豆科和藜科。对不同放牧强度的比较发现，不放牧的草地物种组成（23 种）最丰富，适度放牧的草地次之（16 种），而适度放牧和重度放牧的草地物种组成数基本一致。进一步分析，物种组成差异主要由兔唇花、棘豆、叉枝鸦葱、冷蒿、二裂委陵菜、牻牛儿苗与画眉草等引起，且集中于多年生杂类草和一年生草本这 2 个功能群中。短花针茅、无芒隐子草、寸草薹、木地肤、锦鸡儿、天门冬等均稳定出现于不同放牧强度的草地中，这是因为尽管绵羊个体间

表 2-2 短花针茅荒漠草地的物种组成及功能群成员

| 种 | | 不放牧 | 适度放牧 | 重度放牧 |
|---|---|---|---|---|
| 学名 | 拉丁名 | | | |
| 短花针茅 | *Stipa breviflora* | 1 | 1 | 1 |
| 无芒隐子草 | *Cleistogenes songorica* | 1 | 1 | 1 |
| 寸草薹 | *Carex duriuscula* | 1 | 1 | 1 |
| 木地肤 | *Kochia prostrata* | 1 | 1 | 1 |
| 狭叶锦鸡儿 | *Caragana stenophylla* | 1 | 1 | 1 |
| 天门冬 | *Asparagus gobicus* | 1 | 1 | 1 |
| 茵陈蒿 | *Artemisia capillaries* | 1 | 1 | 1 |
| 阿尔泰狗娃花 | *Heteropappus altaicus* | 1 | 1 | 1 |
| 碱韭 | *Allium polyrhizum* | 1 | 1 | 1 |
| 兔唇花 | *Lagochilus diacanthophyllus* | 1 | 0 | 0 |
| 银灰旋花 | *Convolvulus ammannii* | 1 | 1 | 1 |
| 棘豆 | *Oxytropis* | 1 | 0 | 0 |
| 乳白花黄芪 | *Astragalus gulactites* | 1 | 1 | 1 |
| 叉枝鸦葱 | *Scorzonera divaricata* | 1 | 0 | 0 |
| 冷蒿 | *Artemisia frigida* | 1 | 0 | 0 |
| 蒙古葱 | *Allium mongolicum* | 1 | 1 | 0 |
| 细叶葱 | *Allium tuberosum* | 1 | 1 | 1 |
| 细叶韭 | *Allium tenuissimum* | 1 | 1 | 0 |
| 二裂委陵菜 | *Potentilla bifurca* | 1 | 0 | 0 |
| 栉叶蒿 | *Neopallasia pectinata* | 1 | 1 | 1 |
| 猪毛菜 | *Salsola collina* | 1 | 1 | 1 |
| 牻牛儿苗 | *Erodium stephanianum* | 1 | 0 | 0 |
| 狗尾草 | *Setaria viridis* | 1 | 0 | 1 |
| 画眉草 | *Eragrostis pilosa* | 1 | 0 | 0 |

注："1"代表有相应物种，"0"代表无相应物种。

存在差异（如食性选择、行走路线等），但长期的采食等行为干扰诱使荒漠草原优势种或优势功能群组成与结构发生演变，但亦有部分物种对环境有着极强的适应力，如多年生丛生禾草的短花针茅、无芒隐子草等矮小的禾草，组成了荒漠草原独特的以强旱生多年生丛生小禾草为主导的植物群落（卫智军等，2013）。此外，动物长期的采食干扰诱使部分"机会主义"物种的绝对或相对丰度增加（Bai et al.，2012），如银灰旋花。本研究发现，某些机会主义物种因其自身因素（低适口性、低营养含量）（Wang et al.，2010）、环境因素（地表裸露、土壤沙化、保水能力差）（Chen et al.，2013）与动物采食强度（孙世贤等，2013）等因素的变化，使得其响应频数变化趋势较大，如蒙古葱、细叶葱随放牧强度增加其频数减少，木地肤则相反，而也有物种频数在轻度放牧较小或为0，但却可在重度放牧和不放牧的草地生存（狗尾草、阿尔泰狗娃花）。说明草原植物群落中，优势种保持了较强的竞争优势，拥有绝对的统治地位。

此外，从植物对草食动物采食的响应模式来看，草地植物多样性的差异主要由多年生杂类草和一、二年生草本两个功能群的部分物种引起，即放牧条件下，异叶棘豆、冷蒿、二裂委陵菜、牻牛儿苗、画眉草等均未出现，这主要是因为这些物种本身并不能很好地适应放牧干扰（Milchunas et al.，1988；Gillson and Hoffman，2007），在群落中地位较低，分布较少（孙世贤等，2014），且大都适口性较好，极易受到动物的采食，在轻度放牧下就开始减少甚至灭绝消失。而木地肤、狭叶锦鸡儿、天门冬、茵陈蒿、阿尔泰狗娃花、碱韭、银灰旋花、乳白花黄芪、细叶葱、栉叶蒿、猪毛菜出现在各放牧强度处理中，说明这些物种具有耐牧属性。研究认为，这是家畜在采食时遗留的排泄物或唾液等过程诱使植物形成补偿效应（王德利，2011），使其仍保持较强的竞争优势，导致群落中部分物种或由其所组成的功能群（不放牧处理的多年生禾草、多年生杂类草和一年生草本的权重均与放牧草地无显著性差异）受放牧影响的结果表现维持不变（表 2-2）。研究认为，群落中优势种占有大量资源，直接或间接地控制着其他物种的存活，拥有绝对的统治地位，对生态系统功能起主导作用（Kraft et al.，2011；Mouillot et al.，2013）；对稀有种而言，在其遭受干扰或破坏的过程中，相应的生物多样性和生态功能都异常脆弱，因此，判断生物多样性高低的重要指标即群落中是否拥有大量的稀有种（Lyons et al.，2005；Mouillot et al.，2013）。

为了解群落中植物对草食动物的响应，以草地既有的 24 种植物现状为基础，对不同放牧强度处理的物种多重响应频数进行了分析（图 2-2），结果显示出 4 种不同的响应类型：一是放牧“隐没种”，无论是重度放牧还是适度放牧，兔唇花、异叶棘豆、叉枝鸦葱、冷蒿、二裂委陵菜、牻牛儿苗、画眉草均未出现，且主要集中于多年生杂类草和一、二年生草本两个功能群中；二是放牧“敏感种”，包括木地肤、阿尔泰狗娃花、蒙古葱、细叶葱、栉叶蒿、狗尾草，这类响应频数随放牧强度增加而增加（或减少）；三是放牧“无感种”，这类植物频数不随外界干扰发生明显变动，如寸草薹、狭叶锦鸡儿、戈壁天门冬、猪毛菜；四是“绝对优势种”，在荒漠草地占有绝对主导地位，且不轻易随草食动物干扰出现变化，频数稳定在 0.8 以上，包含短花针茅、无芒隐子草、碱韭、银灰旋花。

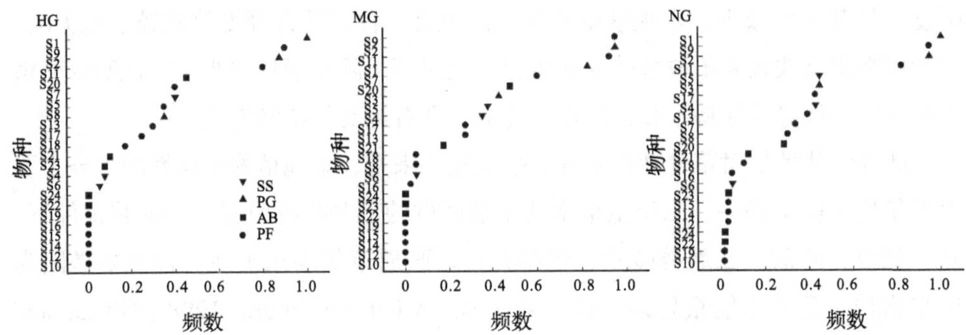


**图 2-2 重度放牧（HG）、适度放牧（MG）与不放牧（NG）条件下植物多重响应频数排序**

注：图中标识见表 2-1。

放牧处理植物功能群统计结果（表 2-3）显示，仅有不放牧草地的灌木、半灌木的比例显著大于适度放牧和重度放牧的草地（$P<0.05$），不放牧处理草地的多年生禾草、多年生杂类草和一年生草本的比例均与放牧处理草地无显著性差异；变异系数重度放牧处理最高，不放牧次之，适度放牧最低。

**表 2-3 短花针茅荒漠草地植物功能群的统计结果**

| 项目 | 多年生禾草 | | 灌木、半灌木 | | 多年生杂类草 | | 一年生草本 | |
|---|---|---|---|---|---|---|---|---|
| | 比例（%） | CV | 比例（%） | CV | 比例（%） | CV | 比例（%） | CV |
| 不放牧 | 0.34 ± 0.01a | 24.65 | 0.13 ± 0.01a | 78.58 | 0.47 ± 0.02a | 28.33 | 0.06 ± 0.01a | 139.67 |
| 适度放牧 | 0.34 ± 0.02a | 30.00 | 0.11 ± 0.01b | 65.21 | 0.47 ± 0.01a | 16.28 | 0.08 ± 0.01a | 103.75 |
| 重度放牧 | 0.36 ± 0.02a | 36.57 | 0.08 ± 0.02b | 113.97 | 0.47 ± 0.03a | 36.07 | 0.09 ± 0.02a | 145.17 |

## 二、物种多样性与功能群成员多样性

在群落上，如图 2-3 所示，放牧强度没有显著影响丰富度指数（以平均值为基础来进行统计），而不放牧小区丰富度指数最大值与最小值（11 与 4）均大于重度放牧小区（9 与 3）。Simpson 生态优势度指数、Shannon-Wiener 物种多样性指数、Pielou 均匀度指数的结果规律一致，不放牧处理显著大于重度放牧处理（$P<0.05$）；且同样适用于各多样性指数最大值。而极差方面，适度放牧小区数值最小。

在功能群上（图 2-4），多年生禾草与一年生草本的各多样性指数对放牧无显著性响应。在丰富度指数方面，不放牧（0.93 ± 0.09）与适度放牧处理（0.79 ± 0.08）灌木、半灌木显著大于重度放牧的小区（0.52 ± 0.08），其他功能群则对不同的放牧强度无显著性差异。在 Simpson 生态优势度指数上，不放牧处理的多年生杂类草显著高于重度放牧小区（*P*<0.05），而这一现象同样适用于 Shannon-Wiener 物种多样性指数与 Pielou 均匀度指数。

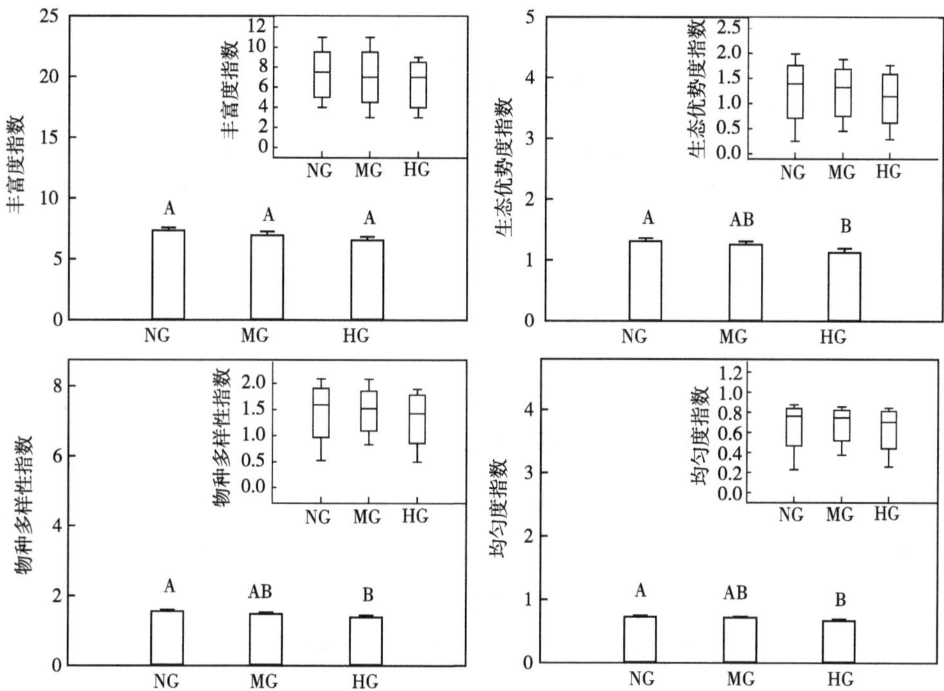


**图 2-3　短花针茅荒漠草原植物物种多样性指数（平均值 ± 标准误差）**

注：不同大写字母表示存在显著性差异。

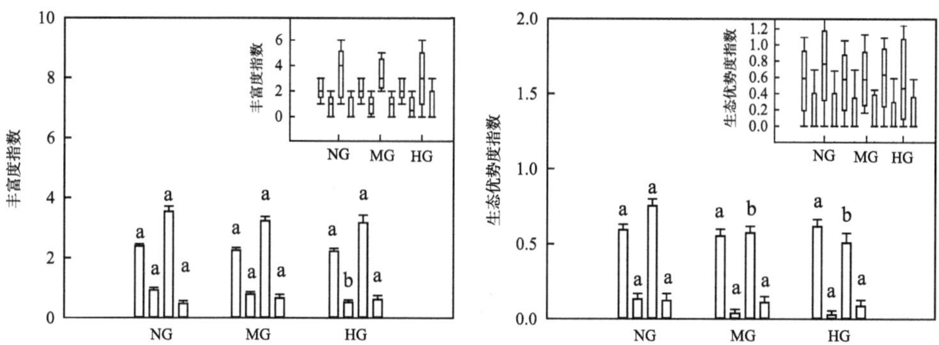


**图 2-4　短花针茅荒漠草原植物功能群多样性指数（平均值 ± 标准误差）**

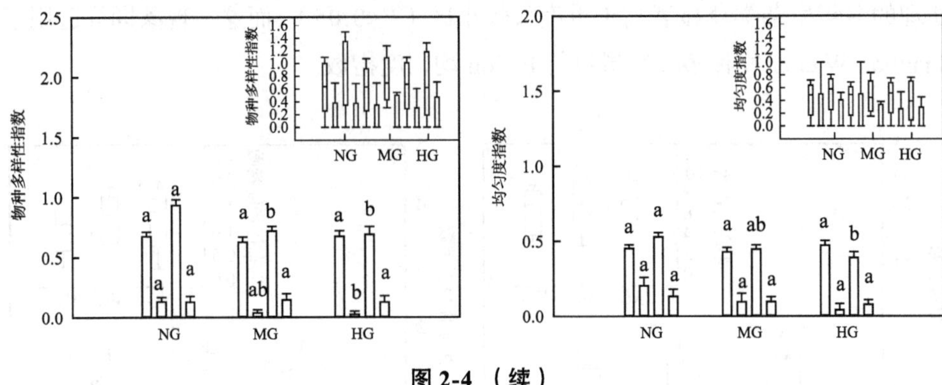


**图 2-4 （续）**

注：图中三种处理从左向右依次不放牧、适度放牧、重度放牧，每组处理分为 4 个功能群，从左向右依次为多年生禾草、灌木半灌木、多年生杂类草、一年生草本。不同小写字母表示存在显著性差异。

## 三、荒漠草地草食动物偏食性变化

在草地既有植物的基础上，以不放牧小区为参考系，从群落与功能群尺度分析了草食动物对各物种的喜食程度（图 2-5）。草食动物偏食性功能群的排序为 AB>PF>SS>PG，且偏食性物种主要分布于 AB 和 PF 中，分别是天门冬、银灰旋花、异叶棘豆、黄芪、叉枝鸦葱、冷蒿、蒙古葱、细叶葱、细叶韭、二裂委陵菜、牻牛儿苗、狗尾草、画眉草（PI>0.60）。进一步分析，部分植物（短花针茅、寸草薹、木地肤、狭叶锦鸡儿）随放牧强度的增加 PI 减小，有的则相

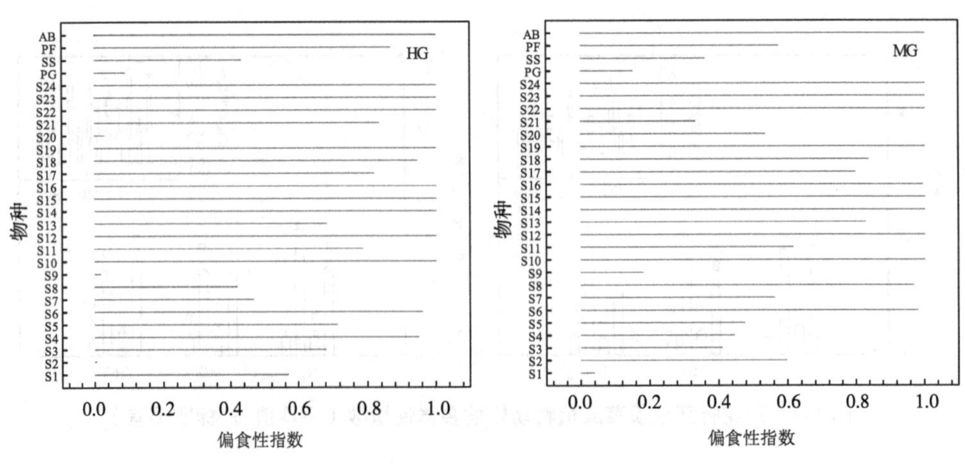


**图 2-5 荒漠草地草食动物偏食性指数（PI）**

反，如无芒隐子草、阿尔泰狗娃花、栉叶蒿等，这说明草食动物的食性选择并非一成不变。

## 四、荒漠草地植物多样性与动物偏食性的关系

本研究对荒漠草地植物群落内物种与功能群多样性及对应的草食动物偏食性进行了 Pearson 相关性分析，从图 2-6 得出，植物多样性与动物偏食性基本呈负相关，且负相关对数是正相关对数的 6.99 倍。其中在群落内物种尺度上，负相关对数比正相关对数多 866.67%，群落内物种多样性与偏食性功能群（多年生禾草、灌木半灌木）显著负相关，与蒙古葱显著正相关；在群落内功能群尺度方面，植物多样性与 4 个功能群的偏食性均显著负相关，且与针茅、隐子草、狭叶锦鸡儿、茵陈蒿、栉叶蒿、猪毛菜显著负相关。

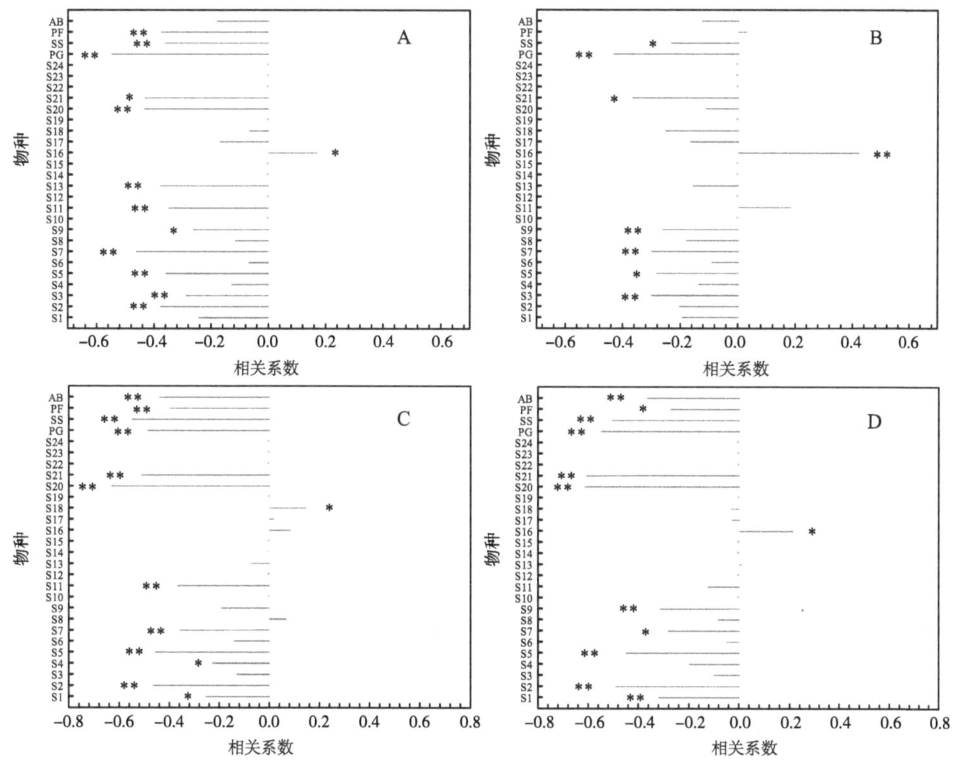


**图 2-6　荒漠草地植物多样性与草食动物偏食性的 Pearson 相关关系**

注：A 表示群落内物种丰富度指数与偏食性的 Pearson 相关关系；B 表示群落内物种多样性指数与偏食性的 Pearson 相关关系；C 表示群落内功能群丰富度指数与偏食性的 Pearson 相关关系；D 表示群落内功能群多样性指数与偏食性的 Pearson 相关关系。* 代表 $P<0.05$，** 代表 $P<0.01$。

### 五、放牧强度对群落稳定性的影响

将短花针茅荒漠草原群落累积相对频度与总物种数的倒数一一对应，绘制种总数倒数累积－相对频度累积的散点图（图 2-7），之后完成平滑曲线的模拟。适度放牧、重度放牧和不放牧草地群落相应的交点坐标分别为（0.16，0.83）、（0.08，0.91）、（0.12，0.87）。离群落稳定点（0.2，0.8）距离最近的是适度放牧的草地群落，其次是不放牧的草地群落，离群落稳定点最远的是重度放牧群落。

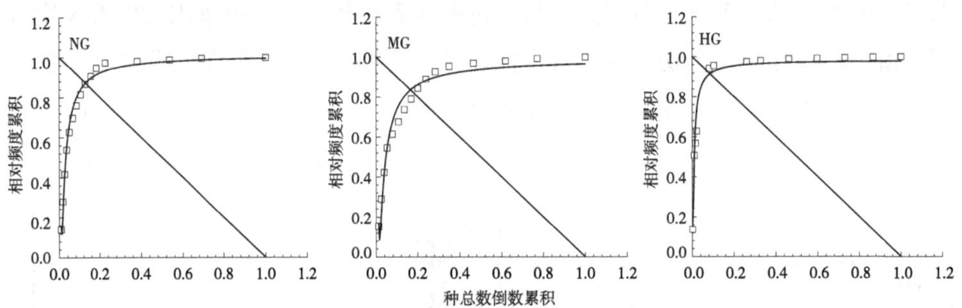


**图 2-7　短花针茅荒漠草原植物群落 Godron 散点图**

## 第三节　放牧强度对荒漠草原植物现存量的影响

放牧是陆地生态系统重要的土地管理方式之一，为人类提供肉类、奶类、皮毛等畜产品，直接关系到全球自然生态系统和人类社会的健康（Millennium Ecosystem Assessment，2005）。但近几十年来，由于人类对自然资源的滥用，尤其是无节制的过度放牧，使植被覆盖度和初级生产力降低，生物多样性减少（Schönbach et al.，2011）。然而，即使在年降水量平均不足 200mm、长期过度放牧的荒漠草原，依旧可以发现短花针茅（广泛分布在欧亚草原的针茅属植物）（Wieczorek et al.，2017；Nobis et al.，2016；Ghiloufi et al.，2016；Gonzalo et al.，2013）稳定生存且具有相对较高的生物量（Wang et al.，2014）。因此，了解放牧与非生物因素干扰下植物的生态策略是我们理解物种动态和维持机理是至关重要的环节。

家畜主要通过采食行为直接影响草地植物，植物的生物量很大程度上取决于植物的生长量与家畜采食量的净效应。研究发现，短期放牧并没有显著改变草地优势种生物量在群里中所占比例（孙世贤等，2013）。这是因为植物存在补偿性生长假说，草地在家畜采食下降低了上层植物的高度，从而改善了未被采食部分生长条件（如光照、水分、养分等），植被单位面积的光合速率在增强，减缓了植株枯萎，增加植物繁殖的适应性等，从而促使植物生长速度加快。而 Wang 等（2014）通过 11 年野外观测发现，轻度放牧、中度放牧、重度放牧处理前 3 年的草地生物量均无显著差异，差异主要表现在 3 年之后。因此，我们认为，放牧家畜对植物的影响并非一蹴而就，而是一个缓慢的、逐渐累积的效应。

由于中国北方荒漠草原四季分明、雨热同期、降水量少且不均匀分配的气象条件（Bai et al.，2007），在植物生长期，降水始终是影响植被生长的重要因素（Bai et al.，2008）。而 Bai 等（2012）的研究显示降水量这一非生物因素甚至影响草地植物生长的 55%~83%。然而，目前的研究大多是将降水量当作其中的一个环境因子来分析，并没有按照植物的生长特征当作依据，把不同降水时期引起种群生物量动态变化作为明确的研究内容。因此，我们猜想，植物生长期降水量、非生长时期降水量、植物返青期降水量和全年降水量这 4 个指标可能一定程度会影响植物生物量的积累。

## 一、建群种生物量对放牧强度的响应

荒漠草原植物种群生物量年动态结果显示，不放牧处理群落生物量年波动范围最大，重度放牧处理次之，适度放牧处理最小（图 2-8）。此外，在 2010—2016 年，各放牧处理短花针茅种群始终为荒漠草原群落的优势物种，在群落生物量比例中较高，基本大于 10%。重度放牧处理、适度放牧处理、不放牧处理下短花针茅种群均于 2014 年达到群落生物量比例较高，依次为 32.68%、88.45%、74.19%。

我们将 7 年的各物种生物量数据计算平均数后，发现重度放牧处理下在群落生物量比例大于 10% 的物种有短花针茅、栉叶蒿、无芒隐子草、银灰旋花、碱韭；适度放牧下在群落生物量比例大于 10% 的物种有短花针茅、栉叶蒿、碱韭，依次为 36.19%、15.89%、12.10%；而不放牧处理下在群落生物量比例大于 10% 的物种有短花针茅、碱韭与无芒隐子草，依次为 33.47%、12.15%、11.50%（图 2-9）。

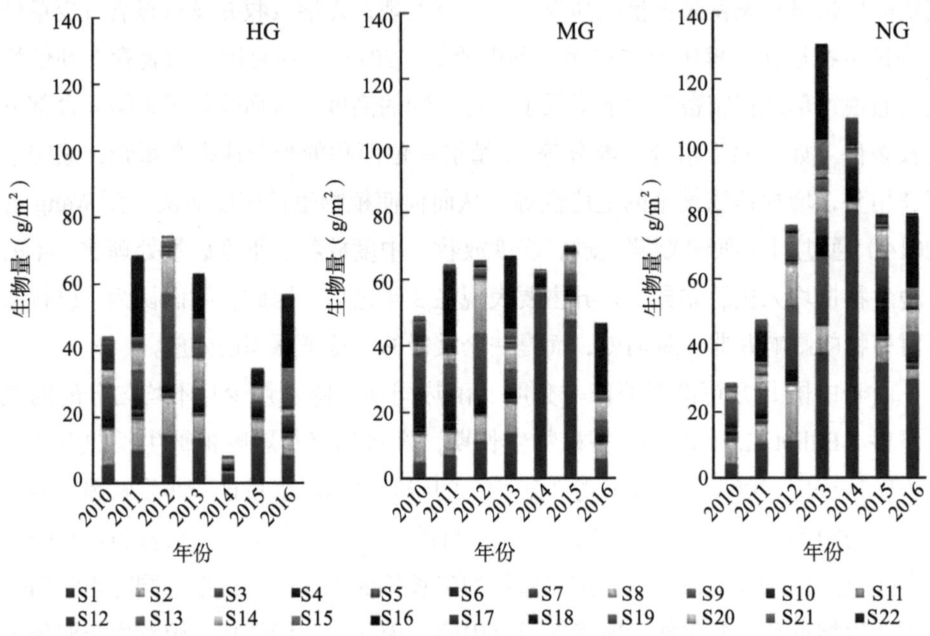


**图 2-8 重度放牧（HG）、适度放牧（MG）、不放牧（NG）处理荒漠草原植物种群生物量年动态**

注：S1 为短花针茅，*Stipa breviflora*；S2 为无芒隐子草，*Cleistogenes songorica*；S3 为寸草薹，*Carex duriuscula*；S4 为狭叶锦鸡儿，Caragana stenophylla；S5 为戈壁天门冬，*Asparagus gobicus*；S6 为木地肤，*Kochia prostrata*；S7 为碱韭，*Allium polyrhizum*；S8 为银灰旋花，*Convolvulus ammannii*；S9 为乳白花黄芪，*Astragalus gulactites*；S10 为细叶葱，*Allium tuberosum*；S11 为阿尔泰狗娃花，*Heteropappus altaicus*；S12 为叉枝鸦葱，*Scorzonera divaricata*；S13 为茵陈蒿，*Artemisia capillaries*；S14 为细叶韭，*Allium tenuissimum*；S15 为蒙古葱，*Allium mongolicum*；S16 为异叶棘豆，*Oxytropis diversifolia*；S17 为草麻黄，*Ephedra sinica Stapf*；S18 为栉叶蒿，*Neopallasia pectinata*；S19 为猪毛菜，*Salsola collina*；S20 为狗尾草，*Setaria viridis*；S21 为灰绿藜，*Chenopodium glaucum*；S22 为画眉草，*Eragrostis pilosa*。后同。

## 二、群落与功能群生物量对放牧强度的响应

植物群落整体数据显示，不同放牧强度植物群落生物量呈现不同的响应模式，并且呈现明显的年际差异（图 2-10）。在重度放牧处理中，群落生物量与降水量的大小呈现明显的趋同规律，即在 2012 年年降水量最高，生物量最高，2014 年年降水量最低，生物量亦最低。在适度放牧处理中，群落生物量不同年份间波动范围较小，生物量基本保持在 45g/m$^2$ 左右。在不放牧处理中，群落生物量随年份的增加呈现先增加后减少的趋势，于 2013 年群落生物量达到最高，且 2013 年、2014 年生物量显著高于其他年份生物量。

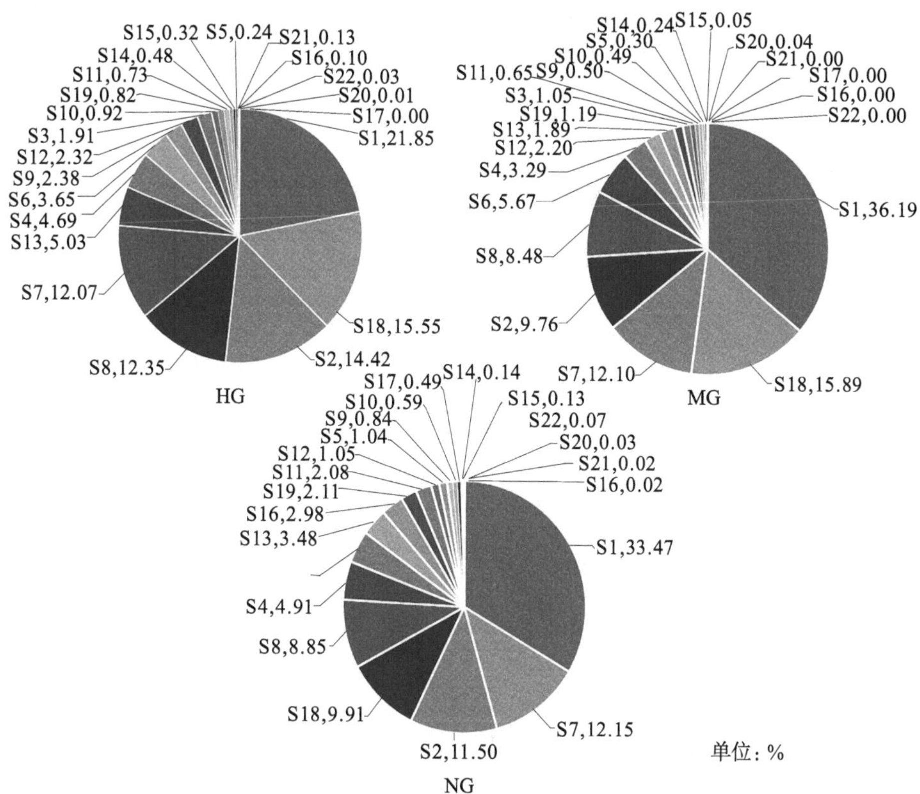


**图 2-9 重度放牧（HG）、适度放牧（MG）、不放牧（NG）处理荒漠草原植物种群生物量百分比**

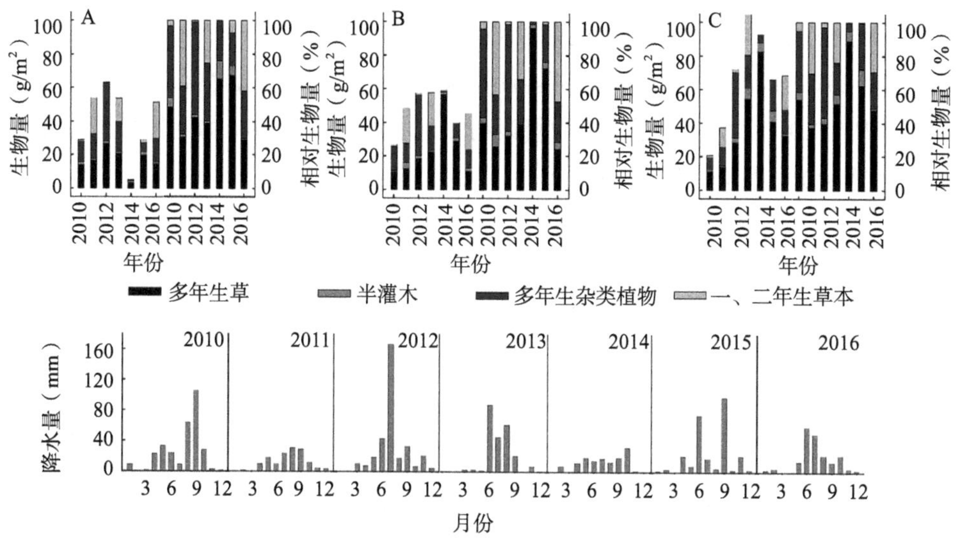


**图 2-10 群落生物量、功能群生物量与相对生物量**

植物功能群结果显示，相比其他功能群生物量，多年生丛生禾草始终占据群落主导地位，且不受放牧处理与年份的影响（表 2-4）。2014 年（降水量最少年份），多年生丛生禾草在各群落中占比 70%，适度放牧处理占比至 90% 以上。

**表 2-4 群落与功能群生物量双因素方差分析结果**

| 指标 | 影响因素 | 自由度 | $F$ | $P$ |
|---|---|---|---|---|
| 群落生物量 | 放牧强度 | 2 | 0.667 | 0.514 |
| | 年份 | 6 | 0.889 | 0.504 |
| | 放牧强度 × 年份 | 12 | 0.915 | 0.533 |
| 多年生禾草生物量 | 放牧强度 | 2 | 0.664 | 0.515 |
| | 年份 | 6 | 0.993 | 0.43 |
| | 放牧强度 × 年份 | 12 | 0.924 | 0.523 |
| 灌木、半灌木生物量 | 放牧强度 | 2 | 10.822 | < 0.001 |
| | 年份 | 6 | 1.952 | 0.073 |
| | 放牧强度 × 年份 | 12 | 3.537 | < 0.001 |
| 多年生杂类草生物量 | 放牧强度 | 2 | 1.636 | 0.197 |
| | 年份 | 6 | 42.908 | < 0.001 |
| | 放牧强度 × 年份 | 12 | 1.876 | 0.037 |
| 一、二年草本生物量 | 放牧强度 | 2 | 0.145 | 0.865 |
| | 年份 | 6 | 43.017 | < 0.001 |
| | 放牧强度 × 年份 | 12 | 1.589 | 0.095 |

## 三、年际间群落生物量的影响关系

通过构建不同年份植物群落生物量路径分析模型发现，在无家畜干扰的处理 CK，2010 年植物群落生物量甚至能够显著影响 2016 年植物群落生物量（$r$ = 0.46，$P$ < 0.01），而全年适度放牧可以有效地缓解之前年份植物生长状况对之后年份植物状况的影响（图 2-11）。

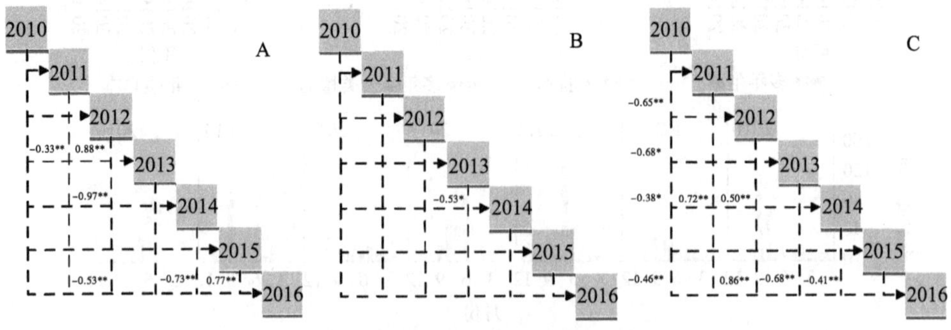


**图 2-11 荒漠草原不同年份植物群落生物量路径分析**

## 四、群落生物量与降水量的关系

各个降水量时段中，返青期降水量是适度放牧、不放牧处理群落生物量的重要指标（VIP > 1），而且适度放牧、不放牧处理仅有返青期降水量 VIP 值大于 1（表 2-5）。与其相反，年降水量这一指标在各放牧处理中 VIP 值均小于 1。对于全年重度放牧处理，返青期降水量、植物生长季降水量是影响其群落生物量的重要指标。

**表 2-5　不同放牧处理下的降水量**　　单位：mm

| 放牧处理 | 返青期降水量 | 植物生长季降水量 | 非植物生长季降水量 | 年降水量 |
|---|---|---|---|---|
| 重度放牧 | 1.04 | 1.20 | 0.90 | 0.93 |
| 适度放牧 | 1.32 | 0.80 | 0.88 | 0.92 |
| 不放牧 | 1.54 | 0.70 | 0.73 | 0.77 |

## 五、放牧强度与降水对荒漠草原植物生物量的影响及“遗产效应”

### 1. 建群种生物量

生物量作为生态学研究最基础的数量特征，不仅能够表征草地植物种群地上生物量的动态变化，还为草地生态系统的物质循环提供了基础资料（Bai et al.，2012）。本研究结果显示放牧处理改变了短花针茅荒漠草原的物种组成比例，但短花针茅种群生物量始终占据主导地位，这与 Wang 等（2014）的研究结果相一致。说明荒漠草原植物群落中，优势种保持了其较强的竞争优势。研究认为，群落中优势种占有大量资源，直接或间接地控制着其他物种的存活，拥有绝对的统治地位，对生态系统功能起主导作用（Kraft et al.，2011；Mouillot et al.，2013）。而在放牧条件下，异叶棘豆、冷蒿、二裂委陵菜、牻牛儿苗、画眉草生物量百分比较低，这是因为这些物种本身并不能很好地适应放牧干扰（Milchunas et al.，1988；Garibaldi et al.，2007），且在群落中地位较低，物种本身分布较少，加之大都属绵羊偏食性物种，极易受到动物的采食，在轻度放牧下就开始减少甚至灭绝消失（Zheng et al.，2011）。这些均暗示了短花针茅种群在群落中是“绝对优势种”。

Mcintyre 和 Lavorel（2001）研究认为放牧会减少草地中的多年生禾草，然而，在本研究中，相比不放牧处理，重度放牧处理短花针茅种群生物量显著降低，而适度放牧处理短花针茅种群生物量则出现明显的年际波动性。这说明动物密度是影响草地植物生存的关键性因素（Hartnett and Owensby，2004）。此外，我们发现，放牧试验进行前 3 年短花针茅种群生物量均无显著性差异，放牧试验进行第 4 年始短花针茅生物量出现趋异规律，说明草食动物对草地植物的影响效应并非一蹴而就，是“缓慢且循序渐进的”生态过程。这可能是因为植被补偿性生长的所致。研究认为，植物被大型草食动物采食后，机体内部机理发生变化，会迫切地从外界同化自身需要的有机物质和营养元素，进而维持自身物质－能量的动态平衡。然而，当植物的补偿性生长速度小于家畜牧食行为时，或植物机体同化作用所需物质不能得到有效补充时，即植物发生欠补偿性生长，那么之前植物—土壤界面、植物—大气之间的物质传递的良性循环便会减缓甚至发生中断，进而导致植物的亚健康生长，草地植物群落退化。这暗示了草地生态系统恢复力存在阈值，且放牧强度或放牧周期不宜超出植物能够忍受的阈值。

**2. 群落生物量及“遗产效应”**

环境条件显著影响着草本植物的生物量，例如一年（或多年前）的植物生物量、放牧、降水、土壤性质（水分、肥力）、火灾等（Fuhlendorf et al.，2001；Lett and Knapp，2005；Golodets et al.，2010；Reichmann et al.，2013；Le Houerou and Hoste，1977；Briggs and Knapp，1985；Fuhlendorf et al.，2001）。在干旱生态系统中，降水和放牧是约束植物生物量的重要条件（Ruppert et al.，2012；Taylor et al.，2012）。研究表明，不仅当年的降水量影响着植物生物量；前一年的降水量也是生物量积累的主要控制因素（Sala et al.，2012；Monger et al.，2015）。这种滞后效应被称为“遗产效应”（Monger et al.，2015）或生态系统记忆（Wiegand et al.，2014）。

生态遗产效应在旱地系统中普遍存在，其强度取决于三个主要因素：原始植被的规模、发生时间，以及生态—土壤—地貌系统对变化的敏感性（Monger et al.，2015）。遗产效应可能在不同的时间尺度上起作用，从短期（几个月）到中期（几年到几十年）再到长期（几十年到几个世纪），其时间跨度取决于环境自身的性质。最近的一些研究已经在世界各地的半干旱和半湿润地区展示出了明显的年际降水遗产效应。例如前一年降水对奇瓦瓦沙漠中对干旱敏感的多年生植物生产力的明显遗留影响（Sala et al.，2012；Reichmann et al.，2013）。他们的研究表明前一个生长季结束时的分蘖数量可以解释大约 40% 的遗留变异性（Reichmann et al.，2013）。考虑到这种生态系统类型中的有性生殖是一种罕见的现象，一年生植物占总地上部净初级生产力的一小部分（<5%），因此腋芽等多

年生结构是种群持续生存的关键（Lauenroth et al.，1994）。多年生牧草的分蘖以腋芽的形式在土壤表面或土壤表面下携带分生组织，负责营养繁殖和观察到的遗产效应。相反，一些草地生态系统在面对环境条件的变化时表现出很高的稳定性，可以被认为表现出较少或较弱的遗产效应影响。

在本研究中，为了直观体现出荒漠草原植物群落生物量的遗产效应，本研究采用路径分析模型进行分析。结果表明，相比适度放牧处理，重度放牧处理与不放牧处理表现出明显的遗产效应，即适度放牧削弱了较早年份植物状态影响后续年份植物生长的作用，而这可能是因为植物群落在适度干扰下，减弱了荒漠草原建群种对其他物种的控制作用，给予其他物种更多的生存机会，提高了群落的稳定性。对于重度放牧处理，荒漠草原植物的更新（幼苗和营养枝）可能起到关键作用。在四季分明的内蒙古荒漠草原，多年生草本植物地上枝条通常只能存活一个生长季，而地下器官则可存活多年（Li et al.，2012）。研究发现，在北美高草草原，80% 以上的地上植物组织来源于地下植物营养器官（Hartnett et al.，2006）。因此，为了躲避放牧家畜高强度的采食胁迫，植物会将更多的干物质存储在地下部分，这些地下营养器官在植物种群延续、生存方面起到决定性作用，故而加强了不同年份间的潜在联系。

**3. 降水量分配与群落生物量的关系**

我们的研究结果发现，返青期降水量是影响植物群落生物量的重要指标，且植物生长季降水量是重度放牧处理植物群落生物量的重要指标。这是因为植物非生长季的降水大部分蒸发等物理散失外，一部分逐渐渗入土壤。荒漠草原植物长期面对干旱少雨的环境胁迫，而返青对于植物全年的生殖、生长是至关重要的时间节点，因此返青期的降水量显著影响着植物群落生物量。长期放牧不仅减少了植物群落的地上生物量，同时也间接地减少了地下生物量。相比适度放牧处理，重度放牧处理植物的根系分布相对较浅，因此在植物生长旺季，重度放牧处理的植物根系相对不容易吸收深层土壤内的水分，故而植物生长季降水量是影响重度放牧处理植物群落生物量积累的重要因素，而适度放牧处理、不放牧处理植物由于可以吸收相对较深土壤水分，因此削弱了植物生长季降水量的重要性。这一结果暗示了对于荒漠草原，如果能够在返青期给予草地适当的水分补给，也许能够有效地缓解草地退化的持续发生，能够保持荒漠草地的可持续利用。

## 第四节　极端降水事件对荒漠草原植物的影响

在过去的几十年中，随着温度的升高，水文循环的放大已经被观察到（IPCC，2007），据预测，降水模式将在区域和全球尺度上发生变化。预计在21世纪的最后30年，中国北方地区的降水量将增加约30%的年平均降水量（Cholaw et al.，2003）。水是限制植物生长和生态系统过程的重要因素，降水格局的改变会影响陆地生态系统植物生产力和多样性等关键过程（Bai et al.，2012）。因此，有必要系统地了解降水制度的变化如何影响陆地生态系统生物多样性与生态系统功能，特别是对于直接强烈响应降水变化的水资源有限的草原生态系统。

对于草地生态系统，尤其是干旱、半干旱草原，水分可利用性是影响其群落结构和组成的首要因素（Bai et al.，2012）。植物利用不同的功能和结构性状（如植株大小、几何形状、根系深度、生理生态特征以及生活史策略等）来适应水分变异。尽管许多大尺度地理范围的观测研究发现，草地群落生物量、物种多样性随年降水量增加而增加，然而，在不同区域开展的降水控制实验结论却不一致（Harpole et al.，2007；Yang et al.，2011；Suttle et al.，2007）。究其原因，一部分观点认为，增加降水改变群落生物量与物种丰富度是因为增水促进了浅根系植物的生长（Yang et al.，2011），降水增加能够提高土壤水分可利用性，具有发达的、浅而平展的根系，能及时吸收雨后土壤表层的水分，促进植株生长和种子萌发，进而改变群落物种丰富度与生物量；而另一些观点认为，降水增加会一定程度地影响植物原有的生物量分配策略，即不同生活史类型的植物受影响的程度不同（Harpole et al.，2007），进而影响植物群落乃至整个生态系统的碳周转、物种竞争－共存等均产生重要影响。因此，我们推测增水处理会通过生物量分配与物种种间的竞争和共存影响群落的构建、结构和功能。

生态化学计量学可把生物从分子尺度到生物地球化学循环和生物进化的过程联系起来，为全球变化背景下众多生态学问题提供了新思路（Elser et al.，2000；Reich et al.，2004）。对于多数草原生态系统来说，养分元素对生态系统的影响会受到水分条件的影响，降水变化对草原生态系统结构和功能的影响也不容忽视。水分改变了土壤水分含量，进而影响土壤营养的有效性，土壤养分对植物生长有重要的作用，能够影响植物的生理生化过程，最终决定生态系统的结构和功能。草原生态系统多数水分条件较差，地处干旱地区的短花针茅荒漠草原同样受到水分的限制，水分条件的变化对其群落特征、土壤理化性质、群落生产力及凋落物分解碳通量等生态学过程有着明显的调控作用。植物采取何种养分利用方式来适应环境中水分的限制决定了该物种在群落中的竞争地位，从而改变群落的结构、组成和生态系统的功能。

## 一、1953—2014 年年均降水量分布

通过分析试验地 62 年的年降水量发现，其年平均降水量为 214mm，年降水量最高为 394mm（1959 年），年降水量最低为 91mm（1965 年与 1980 年）（图 2-12A）。在这 62 年中，年降水量大于 250mm 的共计 17 个年份，占总年份的 27%，年降水量大于 300mm 的年份依次为 1955 年、1959 年、1964 年、1979 年、1981 年、2012 年，年降水量小于 150mm 的共计 10 个年份，占总年份的 16%，其中 2014 年 7 月、8 月的降水量之和 30.3mm。本章取样时间为 2014 年，可见试验地植物群落正面临极端干旱年份。

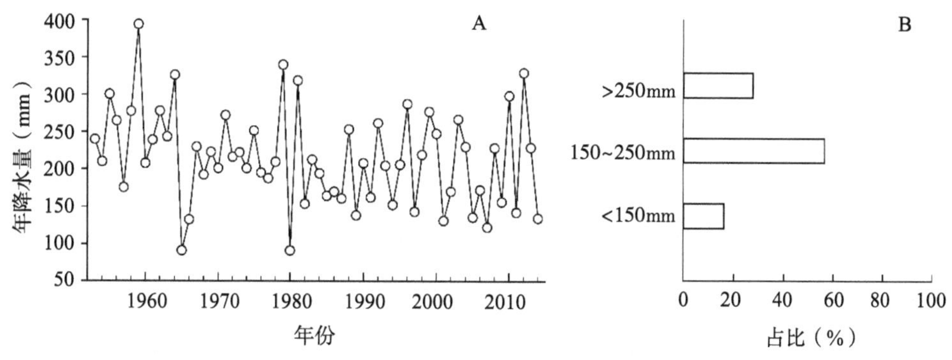


**图 2-12　1957—2014 年试验地年降水量**

## 二、极端降水事件对群落及功能群特征的影响

独立样本 $t$ 检验结果显示，增水处理群落密度、高度、盖度、叶片含水量依次比不增水处理高 97.17%、51.63%、211.10%、158.61%（$P<0.001$）（图 2-13）；地上生物量、地下生物量、物种丰富度亦呈现相同的规律，即增水处理极显著高于不增水处理，而凋落物却刚好相反（图 2-14）。进一步，从群落中各

个功能群分析，发现增水处理显著提高了群落中灌木半灌木、多年生杂类草、一年生草本的生物量，却降低了多年生禾草的生物量（图 2-15）。

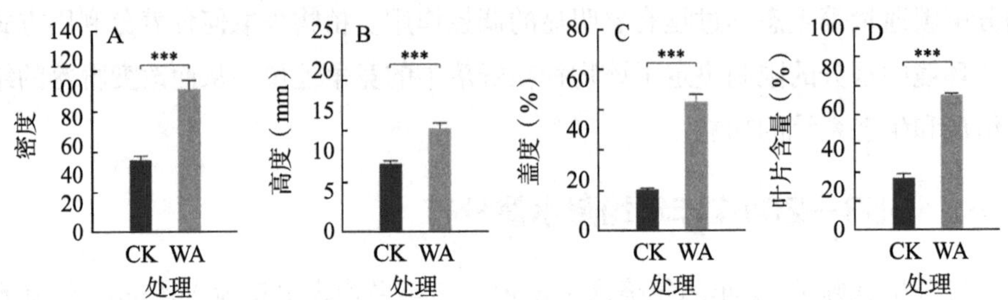


**图 2-13　群落密度、高度、盖度与叶片含水量**

注：*** 表示 $P<0.001$。

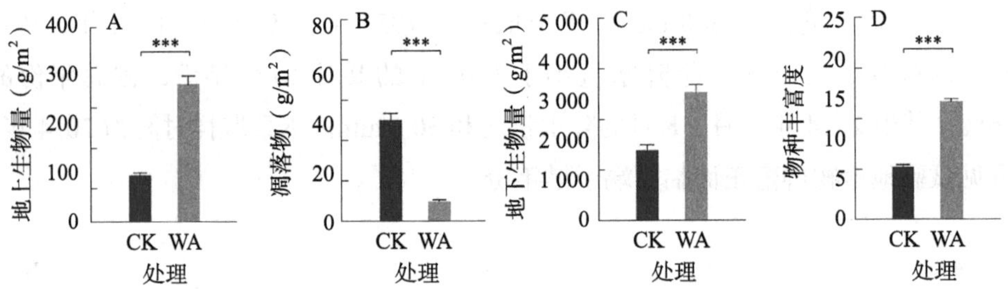


**图 2-14　群落地上生物量、凋落物、地下生物量与物种丰富度**

注：*** 表示 $P<0.001$。

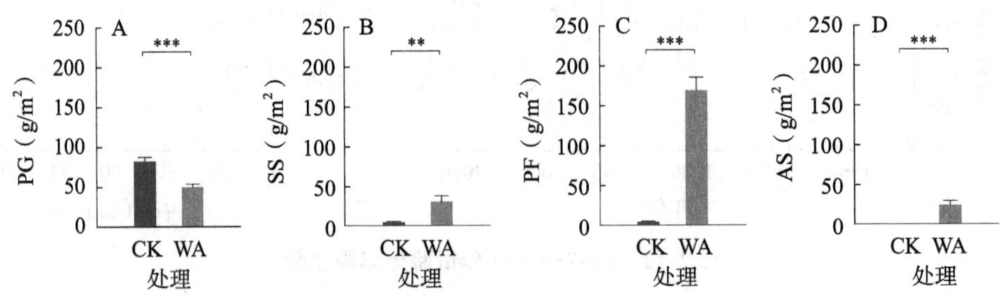


**图 2-15　不同功能群地上生物量**

注：PG、SS、PF、AS 依次代表多年生禾草、灌木半灌木、多年生杂类草、一年生草本。** 表示 $P<0.01$，*** 表示 $P<0.001$。

结构方程模型进一步验证，增水处理会显著影响群落中的植物密度、盖度，并通过影响群落中灌木半灌木生物量、多年生杂类草生物量及一年生草本生物量间接影响群落地上生物量，其中多年生杂类草的路径系统大于 0.70（$P<0.001$）。

此外，增水处理极显著影响物种丰富度，物种丰富度显著影响群落地下生物量（图 2-16）。

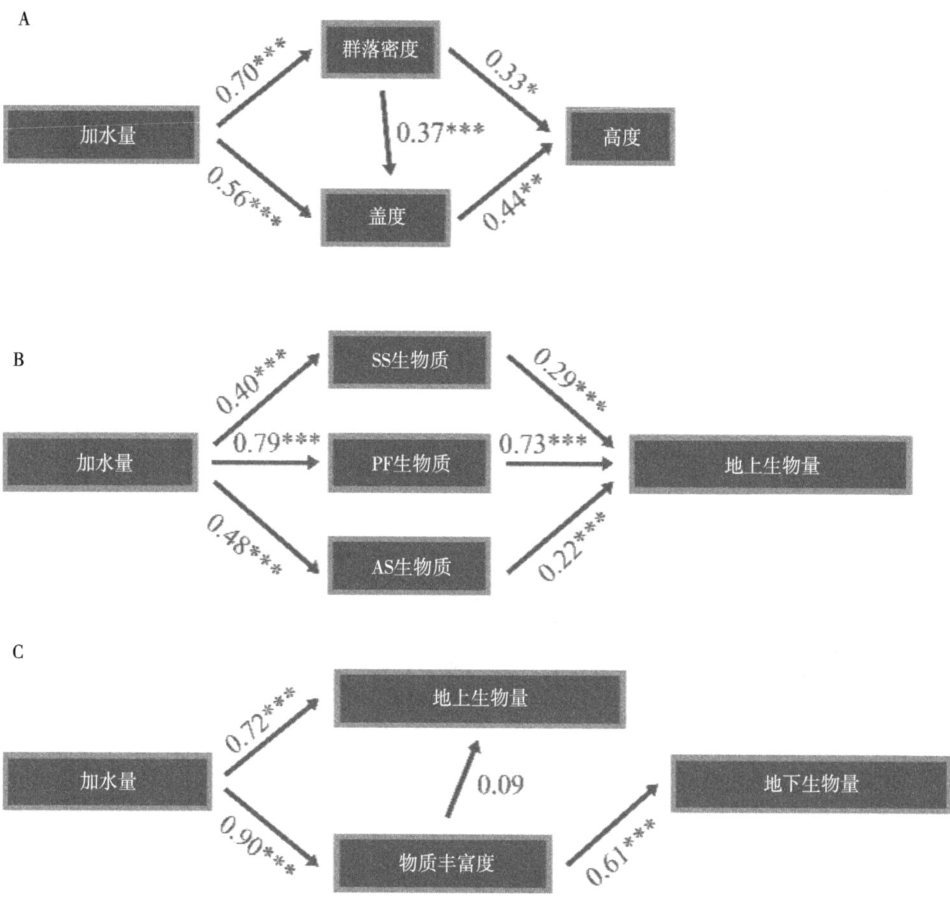


A. $\chi^2 = 0.004$，$\boldsymbol{P} = 0.950$，$\boldsymbol{d.f.} = 1$；B. $\chi^2 = 3.125$，$\boldsymbol{P} = 0.537$，$\boldsymbol{d.f.} = 2$；C. $\chi^2 = 3.810$，$\boldsymbol{P} = 0.149$，$\boldsymbol{d.f.} = 2$。* 表示 $\boldsymbol{P}<0.05$，** 表示 $\boldsymbol{P}<0.01$，*** 表示 $\boldsymbol{P}<0.001$。

**图 2-16　结构方程最终模型**

相比非增水处理，增水处理极显著提高了植物叶片氮含量和磷含量，降低了碳：氮，碳：磷和氮：磷（$P<0.001$），且增水后，群落叶片氮：磷由大于 16 变为小于 14。增水处理未对碳含量造成明显影响（图 2-17）。结构方程模型结果进一步验证了，增水处理极显著影响植物叶片含水量、叶片氮含量和磷含量，物叶片含水量极显著影响叶片氮含量（图 2-18）。

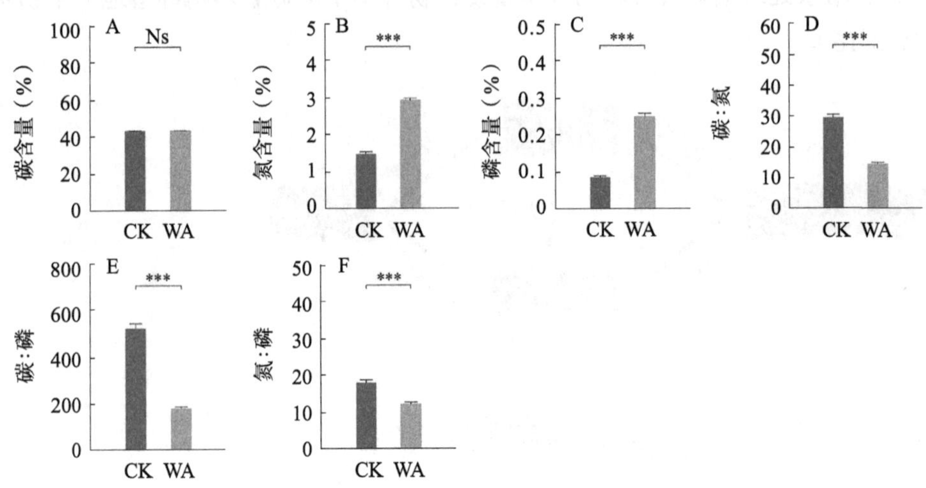


**图 2-17　植物群落叶片 C，N，P 及其 C ：N ：P 化学计量**

注：** 表示 $P<0.01$，*** 表示 $P<0.001$。

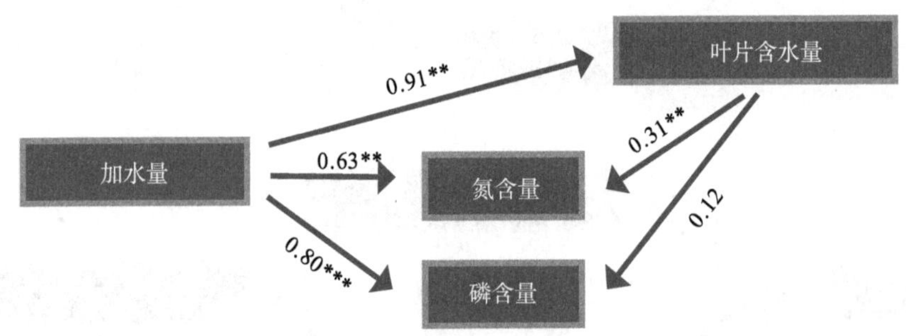


**图 2-18　结构方程最终模型（$\chi^2 = 1.662$，$P = 0.197$，$d.f. = 1$）**

注：* 表示 $P<0.05$，** 表示 $P<0.01$，*** 表示 $P<0.001$。

## 三、极端降水事件对建群种功能性状的影响

增水处理显著提高了短花针茅叶片鲜重、干重、水分含量、自然高度、叶长、自然叶宽、叶完全宽度、叶卷曲度；短花针茅个体大小显著影响叶片鲜重、干重、自然高度、叶长、自然叶宽、叶完全宽度、叶直立度、叶卷曲度；鲜重、干重、水分含量、自然叶宽、叶完全宽度同时受增水、个体大小影响（表 2-6）。

**表 2-6　建群种短花针茅个体性状统计表**

| 叶性状 | 处理 | 个体大小 | | | 影响因素 | $F$ | $P$ |
|---|---|---|---|---|---|---|---|
| | | 大 | 中 | 小 | | | |
| 鲜重 | 增水处理 | 18.47 | 9.83 | 1.04 | 处理（T） | 245.75 | <0.001 |
| | 围封处理 | 5.01 | 2.69 | 0.5 | 个体大小（IS） | 327.11 | <0.001 |
| | — | — | — | — | T × IS | 66.57 | <0.001 |
| 干重 | 增水处理 | 10.13 | 6.16 | 0.59 | T | 89.18 | <0.001 |
| | 围封处理 | 3.95 | 2.14 | 0.43 | SI | 247.45 | <0.001 |
| | — | — | — | — | T × IS | 24.41 | <0.001 |
| 水分含量 | 增水处理 | 43.37 | 39.14 | 40.66 | T | 509.27 | <0.001 |
| | 围封处理 | 15.4 | 19.2 | 13.99 | SI | 0.08 | 0.92 |
| | — | — | — | — | T × IS | 8.27 | <0.001 |
| 自然高度 | 增水处理 | 10 | 8.72 | 8.21 | T | 74.2 | <0.001 |
| | 围封处理 | 7.55 | 6.48 | 5.82 | SI | 16.98 | <0.001 |
| | — | — | — | — | T × IS | 1.28 | 0.28 |
| 叶长 | 增水处理 | 16.07 | 13.29 | 11.7 | T | 150.38 | <0.001 |
| | 围封处理 | 11.48 | 9.87 | 7.94 | SI | 106.63 | <0.001 |
| | — | — | — | — | T × IS | 1.38 | 0.24 |
| 自然叶宽 | 增水处理 | 0.63 | 0.58 | 0.62 | T | 570.93 | <0.001 |
| | 围封处理 | 0.43 | 0.43 | 0.41 | SI | 3.85 | 0.02 |
| | — | — | — | — | T × IS | 5.5 | <0.001 |
| 叶完全宽度 | 增水处理 | 1.43 | 1.3 | 1.35 | T | 99.97 | <0.001 |
| | 围封处理 | 1.2 | 1.21 | 1.13 | SI | 6.89 | <0.001 |
| | — | — | — | — | T × IS | 5.19 | <0.001 |
| 叶直立度 | 增水处理 | 63.32 | 66.08 | 72.36 | T | 0.55 | 0.58 |
| | 围封处理 | 66.17 | 66.49 | 73.85 | SI | 12.63 | <0.001 |
| | — | — | — | — | T × IS | 0.63 | 0.64 |
| 叶卷曲度 | 增水处理 | 56.07 | 55.17 | 53.67 | T | 245.13 | <0.001 |
| | 围封处理 | 63.68 | 64.29 | 63.49 | SI | 3.48 | 0.03 |
| | — | — | — | — | T × IS | 1.52 | 0.2 |

## 四、极端降水事件对荒漠草原植物的潜在影响过程

从群落角度分析，增水处理积极影响了短花针茅生物量，消极影响了银灰旋花、无芒隐子草及灌木、半灌木多年生杂类草的生物量。短花针茅积极影响了无芒隐子草、银灰旋花、多年生禾草的生物量。木地肤积极影响了灌木、半灌木的生物量，多年生禾草、灌木、半灌木、多年生杂类草积极影响了群落生物量（图 2-19）。从建群种短花针茅的角度分析，增水处理积极影响了短花针茅叶长、叶宽及干重，个体大小积极影响短花针茅叶长、叶宽，叶长积极影响了干重与叶高，叶高积极影响了叶干重（图 2-20）。

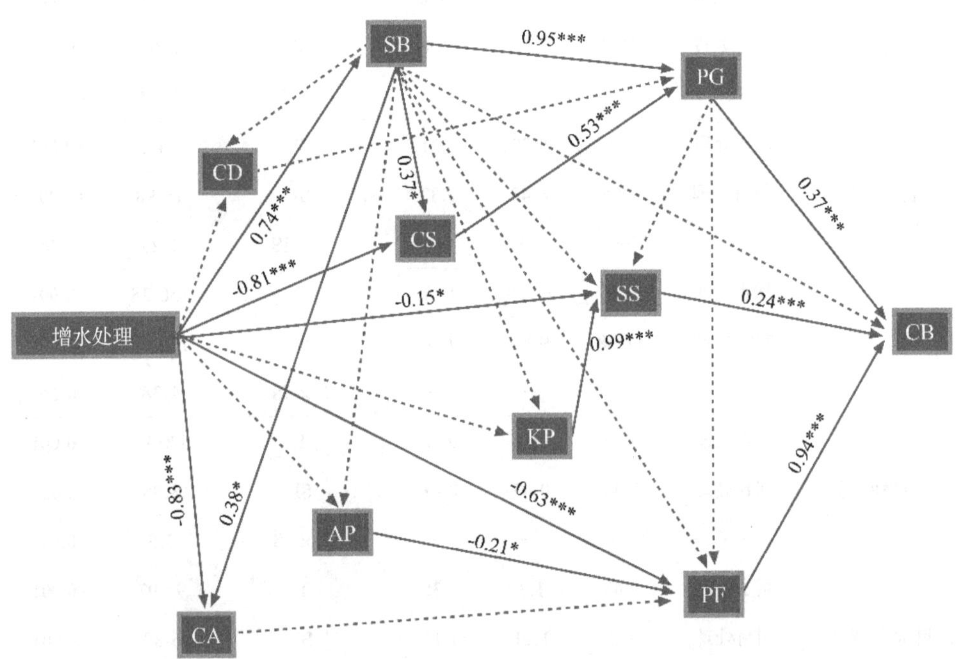


SB. 短花针茅；CS. 无芒隐子草；AP. 碱韭；CD. 寸草薹；CA. 银灰旋花；
KP. 木地肤；PG. 多年生禾草；SS. 灌木、半灌木；PF. 多年生杂类草；CB. 群落生物量。

**图 2-19　增水处理后群落生物量结构方程最终模型（$\chi^2=41.072$，$P=0.053$，$d.f.=28$）**

注：* 表示 $P<0.05$，** 表示 $P<0.01$，*** 表示 $P<0.001$。

## 五、极端降水事件对荒漠草原植物的影响过程

模拟极端降水事件的试验结果认为，内蒙古高原荒漠草原实施增水处理会显

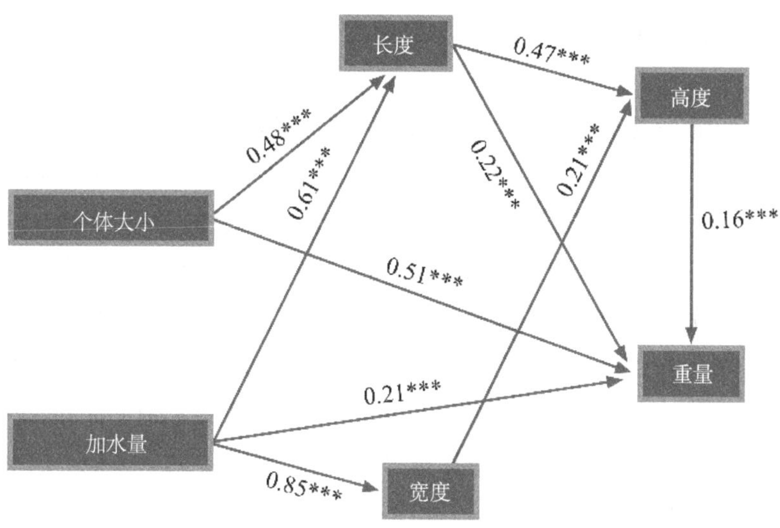


**图 2-20　增水处理后建群种性状结构方程最终模型（$\chi^2 = 41.072$，$P = 0.053$，$d.f. = 28$）**

注：* 表示 $P<0.05$，** 表示 $P<0.01$，*** 表示 $P<0.001$。

著改变群落特征。这与 Bai 等（2012）的研究类似，他们认为在内蒙古高原草原水分条件可以解释 55%~86% 的变异在地上、地下生物量、物种丰富度等变量。本研究中，增水处理增加了灌木半灌木的生物量、多年生杂类草的生物量、一年生草本的生物量，其中尤其是多年生杂类草与一年生草本得到了极大提高，但却降低了多年生禾草的生物量。这可能是以下途径导致：增水改变了原有荒漠草原的生境条件，打破了荒漠草原原有植物之间的平衡，原本受水分条件限制的多年生杂类草与一年生草本植物大量地萌发、生长，积累大量干物质，体现在植株建造空间上的配置模式和形态体现（如高度、盖度、茎叶疏密程度以及枝叶的空间搭配方式等植物形态学特征），来影响物种多样性等群落物种共存特征。通常在一个群落内部，光资源从顶层向地面递减，位于群落上层的植物发育优于其他下层植物，物种投入更多的资源给垂直生长，最终占据了大量的空间与资源，遮蔽了其他矮小的物种，从而在地上光竞争中取胜，进而导致多年生禾草生物量减少。此外，荒漠草地的植物群落组成简单，多年生禾草占据群落的绝对优势地位，种间竞争小。增水打破了荒漠草原原有植物之间的平衡，相比多年生禾草，大量生长的灌木半灌木、多年生杂类草和一年生草本植物拥有更高效的资源获取能力，在群落中处于竞争优势地位，致使多年生禾草生物量减少。该结果一定程度上验证了水分是草地生态系统的主要限制因子，降水格局的变化对草地植被有着强烈的影响，不同生活史类型的植物受影响的程度不同（Harpole et al.，2007）。

草原植物群落生物量与多样性间的关系是草地生态系统功能的核心关系之一（Bai et al.，2007）。本研究中，物种丰富度显著影响了群落地下生物量，这与 Mueller 等（2013）研究结果类似。我们并未做土壤种子库的试验，这是本试验的一个遗憾，但从野外观测到的结果来看，增水处理诱使了土壤中多年生杂类草及一年生草本植物的萌发，提高群落植物的物种丰富度进而提高了群落的地下生物量。此外，我们的研究还认为物种丰富度并不会对地上生物量造成明显影响，这一结果暗示了荒漠草原对增水的响应分为地上部分和地下部分两种不同的生态过程。对于长期干旱的荒漠草原植物，增水会增加植物个体地上及地下生物量，并给一年生及某些“机会主义”植物创造生长条件，使其快速发育生长，积累干物质。由于生长空间的限制，新出现的物种势必造成光资源获取及种间竞争的加剧，导致群落不同功能群植物地上生物量出现此消彼长的现象，尤其是原本在群落中占有绝对优势地位的多年生禾草显著下降。然而，对于植物地下部分则出现不同的局面，长期处于干旱条件的植物具备更深的根系分布，例如狭叶锦鸡儿，主要是利用深层土壤水分；而一年生的植物根系往往聚集在致密的表土中，且大部分根系生物量在浅层中，这部分水分主要是依赖于夏季降雨，此外，还有一些植物既可利用表层土壤水分，也可利用深层土壤水分，如短花针茅。这即是说植物地下部分生长空间的竞争远远小于植物地上部分，新增加的物种能够显著提高群落地下生物量。

已有研究发现，高生长速率的植物，其组织中氮含量高（Reich et al.，2004；Han et al.，2005）。而我们的研究结果一定程度地支撑这一理论。增水处理显著提高了植物叶片含水量，而荒漠草原日蒸发量极高，这意味着增水处理会提高植物在单位时间内蒸发量（蒸腾拉力加强），而更高的蒸腾率会促使根合成更多含氮高的转运蛋白供其运输营养物质，以补偿植物叶片在单位时间内因蒸发量大而消耗更多物质能量，而为了支持植物的快速生长，核糖体必须快速合成蛋白质，这意味着有机体要分配更多的磷到 rRNA 中。而增水处理后植物叶片碳含量无明显变化，致使增水后群落植物叶片具有较低的碳∶磷和氮∶磷比值。这一结果一定程度支撑了生态化学计量学中的“生长速率理论”假说，即生长快速的有机体通常具有较低的碳∶磷和氮∶磷比值。暗示了植物为适应环境的变化，有可伸缩性地调整营养元素含量的能力。

氮:磷被广泛用来诊断植物个体、群落和生态系统的氮、磷养分限制格局。本研究中，相比对照处理，增水处理后氮:磷下降了32%，由氮:磷大于16变为小于14。研究显示，当植被的氮:磷小于14时，表明植物生长较大程度受到氮素的限制作用，而大于16时，则反映植被生产力受磷素的限制更为强烈。这可能是因为，增水处理后植被生产力显著提高，植物生长旺盛，对养分需求较高，尤其是合成蛋白质等需要大量的N，而内蒙古草原土壤N含量较少，可供植物吸收的N不足，造成了植物的氮:磷的降低，使N成为限制性元素。当然，必须认识到影响植物群落氮:磷化学计量比的因素是复杂和综合的，不同群落的养分限制性大小受众多因素控制。在自然界中，氮磷元素限制作用转化的临界值通常难以界定，植物氮:磷化学计量特征虽能较好地反映氮、磷养分的限制作用，但其作为一个数字变量，只反映了氮、磷限制作用的相对大小以及相互转化趋势，其价值主要在于指示作用，故而对氮:磷的诊断意义应该客观对待。

# 第三章

# 放牧对荒漠草原优势种群特征和短花针茅性状特征的影响

放牧对草地植被结构特征、生产力的影响一直都是放牧生态学研究的重要领域，植物个体、种群、群落特征中的高度、盖度、密度和生产力是衡量草地植被健康状况的基本内容（闫瑞瑞等，2008）。放牧强度的增加，使草地群落结构发生改变，植被高度、盖度和生物量逐渐下降，植物种类发生变化，群落结构趋于简单。卫智军等（2006）在持续放牧条件下研究荒漠草原种群特征得出，优势种植物的高度、盖度、密度显著下降，而退化植物和杂类草逐渐增加。任继周等认为过度放牧会增加对适口性好的植物采食，适口性差的植物从而避免采食，在有限资源内占优势地位免受影响（李金花等，2002）。这与 Zhao 等（2005）研究的草地在持续的重度放牧和家畜踩踏下，草地主要植物种盖度、高度逐渐下降，优势种逐渐被杂类草替代的结论相一致。张伟华等（2000）和王玉辉等（2002）研究放牧对草地植被特征得出，在不同放牧强度下，草地植被高度、盖度、地上现存量有明显分异，重度放牧下群落特征均明显降低，但轻度放牧种群密度、高度却呈逐渐上升的趋势。汪诗平等（1998）和 Holechek 等（1999）研究发现，地上牧草现存量中度放牧比重度放牧高 23%，轻度放牧比重度放牧高 36%，草地现存量随放牧强度增加呈抛物线变化，说明轻度或适度放牧可以提高草原净初级生产力。适度放牧不仅能够提高产量。在植被恢复也有明显特征，研究发现过度放牧会降低植被高度，减少生产力，在围封 3 年后，适度放牧恢复明显，平均高度为 25cm，最高达 90cm；而重度放牧草层高度仅为 20cm，最高也只有 40cm，地上生物量比原来降低了 150kg/hm$^2$。对草地而言，放牧强度的增加，会加大食草动物对植物冠层的采食，特别是在重度放牧条件下，家畜对喜食牧草的啃食，会造成该类牧草没有充足时间再生，最终导致衰退或消失（王庆锁等，1999；赵哈林等，1997；王旭等，2002）。也有学者认为，不同放牧强度对草地植被特征影响的同时，不同季节放牧对草地地上生物量也有不同程度的影响，而且随着放牧季时间的推移，优势种种群特征变化不一致，孙世贤等（2014）认为，春季休牧＋夏季重牧＋秋季适牧下短花针茅密度较春季休牧＋夏季适牧＋秋季重牧高，沈景林等（2000）认为，夏、秋季放牧草地和冬、春季放牧草地群落特征变化不一致。这与刘颖等（2002）研究羊草草地主要种群高度、现存量在放牧强度下随季节调控的变化差异相的结果相一致。

植物种群重要值表示某一植物在群落中物种属性的综合指标，是评价植物优势种群在群落中的优势程度和集中趋势（闫瑞瑞等，2008）。有学者认为，评价某物种的相对重要性，能够更好地解释物种在群落中质量特征和所占的地位（代景忠等，2017）。在荒漠草原，短花针茅是整个群落当中重要值最高的植物，并且不同放牧强度使得植物在群落中的地位受到不同程度影响，研究发现放牧会不同程度地增加短花针茅在植物群落的地位和作用，其他优势种碱韭、无芒隐子草对放牧响应无明显变化规律，受年度间和月份间水热影响较大（希吉日塔娜等，2017）。而杨树晶等（2015）在研究持续放牧对老芒麦种群重要值影响得出，植物重要值会随着放牧强度的增加逐渐下降。段敏杰等（2010）在高寒草原研究植物种群特征发现，随着放牧强度的增加，紫花针茅在群落中的优势程度逐渐减小，取而代之的是杂类草、莎草类和一年生植物在群落中逐渐占据优势地位。由此可见，重要值受生境变化影响较大，同时对群落中的物种组成也有明显变化，生境质量越差，群落中优势种的物种数就越少，重要值则越低。

本试验在内蒙古苏尼特右旗荒漠草原长期放牧试验平台开展，于每年 5 月份开始至 10 月份结束。试验长度跨越春夏秋 3 个季节，试验根据放牧强度设 3 个处理，分别为不放牧、中度放牧和重度放牧 3 种模式；每个处理共 3 个重复，共设 9 个放牧小区。其中，每个小区面积为 2.57hm$^2$，小区随机排列。根据放牧强度不同，小区内分别放羊只数为 0 只、6 只和 9 只，折算成载畜量为 0 只 /（hm$^2$ · 年），2.33 只 /（hm$^2$ · 年）和 3.50 只 /（hm$^2$ · 年）。

# 第一节　主要植物种群生长特征

## 一、优势种高度对放牧的响应

由表 3-1 可知，短花针茅是 4 个优势种中自然高度最高的植物，作为荒漠草原的主要牧草，会受到家畜的优先采食。2015 年 6 月随着放牧强度的增加短花针茅高度显著下降（$P$<0.05），不放牧条件下短花针茅高度为 24cm，显著高于 2016 年 6 月和 2015 年 7 月其他放牧处理（$P$<0.05），不放牧处理是适度放牧的 2 倍，重度放牧的 3 倍；随着生长旺季的到来，放牧强度的增加，短花针茅高度呈现抛物线趋势，2015 年 7 月由 NG（9.46cm）上升到 MG（22.7cm），最终再下降至 HG 处理（10.35cm），说明家畜动物的采食会促进生长期植物的生长；2016 年整体来看，MG 与 NG 处理无显著性差异，适度放牧会刺激短花针茅高度的增长。但在重度放牧条件下，短花针茅高度下降显著。无芒隐子草高度随着季节的推移，高度逐渐增加。最高值均出现在 8 月，为 6.46cm 和 4.07cm；无芒隐子草每年 6 月各放牧处理下无显著性差异；7 月、8 月随着放牧强度的增加高度显著降低，NG 处理下无芒隐子草高度均为 HG 的 2 倍之多；碱韭的高度变化随季节推移呈逐渐上升趋势，7 月、8 月高度增长趋势要明显高于 6 月，2015 年碱韭高度变化，6 月从 NG（4.17cm）上升至 7 月（15.3cm），平均增加 3 倍；在不同放牧强度下碱韭和银灰旋花高度变化基本一致，随放牧强度增加显著降低（$P$<0.05）。

**表 3-1　不同放牧强度下优势种高度**　　单位：cm

| 植物种群 | 年份 | 放牧强度 | 6 月 | 7 月 | 8 月 |
|---|---|---|---|---|---|
| 短花针茅 | 2015 | NG | 24.00 ± 1.84a | 9.46 ± 2.21b | 20.00 ± 2.48 a |
| | | MG | 11.78 ± 3.00b | 22.77 ± 3.24a | 16.40 ± 2.00ab |
| | | HG | 7.33 ± 2.65b | 10.35 ± 0.66b | 12.33 ± 1.46bc |
| | 2016 | NG | 9.23 ± 0.69a | 8.67 ± 0.16a | 7.80 ± 0.22ab |
| | | MG | 10.8 ± 1.02a | 9.16 ± 0.66a | 7.00 ± 0.53ab |
| | | HG | 5.10 ± 0.30b | 8.83 ± 0.78a | 6.20 ± 0.35b |

（续表）

| 植物种群 | 年份 | 放牧强度 | 6月 | 7月 | 8月 |
|---|---|---|---|---|---|
| 无芒隐子草 | 2015 | NG | 2.00 ± 0.00a | 5.44 ± 0.34a | 6.46 ± 0.89a |
| | | MG | 0.00 ± 0.00a | 4.09 ± 0.46ab | 4.67 ± 0.78ab |
| | | HG | 1.67 ± 0.33a | 2.72 ± 0.27b | 2.97 ± 0.20bc |
| | 2016 | NG | 1.23 ± 0.38b | 2.13 ± 0.13bc | 4.07 ± 0.27a |
| | | MG | 1.87 ± 0.13ab | 2.67 ± 0.18ab | 2.87 ± 0.16bc |
| | | HG | 1.43 ± 0.24b | 2.03 ± 0.10c | 2.00 ± 0.12d |
| 碱韭 | 2015 | NG | 4.17 ± 0.83a | 15.30 ± 2.01a | 14.20 ± 0.93a |
| | | MG | 1.00 ± 0.00a | 10.42 ± 1.47ab | 11.40 ± 0.82b |
| | | HG | 2.00 ± 0.00a | 6.88 ± 0.69b | 9.27 ± 0.74b |
| | 2016 | NG | 0.77 ± 0.54a | 7.60 ± 0.38a | 4.47 ± 0.87b |
| | | MG | 0.00 ± 0.00b | 5.97 ± 0.66a | 6.93 ± 0.41a |
| | | HG | 0.40 ± 0.17a | 6.77 ± 0.96a | 5.80 ± 0.64ab |
| 银灰旋花 | 2015 | NG | 2.83 ± 0.48a | 7.30 ± 0.96a | 6.47 ± 0.50a |
| | | MG | 1.56 ± 0.24b | 3.01 ± 0.53bc | 4.64 ± 0.83a |
| | | HG | 1.33 ± 0.21b | 1.61 ± 0.25c | 2.79 ± 0.33b |
| | 2016 | NG | 3.97 ± 0.72a | 2.53 ± 0.27ab | 2.77 ± 0.40a |
| | | MG | 1.53 ± 0.19a | 2.53 ± 0.27ab | 1.57 ± 0.19b |
| | | HG | 1.17 ± 0.14a | 0.87 ± 0.09d | 1.00 ± 0.23b |

注：相同指标同列不同字母表示不同处理间差异显著（$P$<0.05），下同。

## 二、优势种盖度对放牧的响应

从表 3-2 可以看出，2015 年 6—8 月短花针茅盖度随着放牧强度的增加，各放牧处理之间均有显著性差异（$P$<0.05），呈逐渐下降的趋势；整体来看，放牧会降低单位面积内短花针茅盖度；无芒隐子草盖度在不同年份、不同放牧处理之间，随着放牧时间的推移，均呈现先增加后下降的变化趋势，7 月无芒隐子草盖度达最高值；2016 年无芒隐子草盖度在 MG 处理下最高，其中 6 月、7 月 MG 无芒隐子草盖度显著高于 NG 处理（$P$>0.05），分别为 2.99% 和 5.14%，MG 和 HG 之间无显著性差异（$P$>0.05）；碱韭盖度变化与短花针茅变化一致，随放牧强度的增加碱韭盖度显著下降（$P$<0.05）。银灰旋花作为荒漠化的指示性植物，随着放牧强度的增加盖度呈先增加后下降的变化趋势，2016 年 6 月 MG 处理下银灰旋花高度显著高于 NG 处理，为 1.92%，整体来看，重度放牧会缩减银灰旋花盖度。

表 3-2　不同放牧强度下优势种盖度　　单位：%

| 植物种群 | 年份 | 放牧强度 | 6月 | 7月 | 8月 |
| --- | --- | --- | --- | --- | --- |
| 短花针茅 | 2015 | NG | 10.11 ± 0.84a | 8.67 ± 1.08a | 12.49 ± 2.35a |
| | | MG | 5.50 ± 0.87b | 5.97 ± 0.74b | 6.18 ± 1.22b |
| | | HG | 1.67 ± 0.37c | 2.25 ± 0.33c | 2.81 ± 0.43c |
| | 2016 | NG | 12.59 ± 0.84a | 4.38 ± 0.43ab | 5.05 ± 0.28a |
| | | MG | 7.30 ± 1.15b | 3.43 ± 0.38bc | 2.02 ± 0.39b |
| | | HG | 2.38 ± 0.35c | 2.97 ± 0.33cd | 2.63 ± 0.25b |
| 无芒隐子草 | 2015 | NG | 1.00 ± 0.00a | 4.89 ± 0.42ab | 3.29 ± 0.50ab |
| | | MG | 0.00 ± 0.00 | 3.42 ± 0.42b | 3.83 ± 0.87a |
| | | HG | 1.80 ± 0.70a | 4.09 ± 1.16b | 2.23 ± 0.50bc |
| | 2016 | NG | 0.53 ± 0.23b | 2.13 ± 0.27bc | 1.35 ± 0.18b |
| | | MG | 2.99 ± 0.74a | 5.14 ± 1.54a | 2.36 ± 0.41ab |
| | | HG | 1.99 ± 0.32a | 3.03 ± 0.47abc | 2.48 ± 0.35a |
| 碱韭 | 2015 | NG | 0.60 ± 0.26a | 5.93 ± 1.12a | 3.77 ± 1.13a |
| | | MG | 0.50 ± 0.00a | 1.82 ± 0.49bc | 2.35 ± 0.53ab |
| | | HG | 0.30 ± 0.00a | 1.57 ± 0.26bc | 1.03 ± 0.24b |
| | 2016 | NG | 0.11 ± 0.07a | 2.69 ± 0.40a | 1.33 ± 0.43a |
| | | MG | 0.00 ± 0.00 | 1.49 ± 0.26bc | 1.58 ± 0.25b |
| | | HG | 0.13 ± 0.06a | 1.57 ± 0.34bc | 1.21 ± 0.24b |
| 银灰旋花 | 2015 | NG | 1.07 ± 0.40ab | 3.63 ± 0.97a | 2.65 ± 0.60a |
| | | MG | 1.79 ± 0.28a | 2.14 ± 0.51a | 2.40 ± 0.86a |
| | | HG | 0.97 ± 0.36ab | 2.41 ± 0.81a | 1.48 ± 0.32a |
| | 2016 | NG | 0.75 ± 0.20b | 1.69 ± 0.23ab | 1.87 ± 0.52ab |
| | | MG | 1.92 ± 0.30a | 1.03 ± 0.19b | 1.70 ± 0.38ab |
| | | HG | 0.77 ± 0.18b | 1.23 ± 0.22b | 0.67 ± 0.18b |

## 三、优势种密度对放牧的响应

2015—2016 年短花针茅密度在不同放牧强度下，均随放牧强度增加而显著降低（$P<0.05$），2016 年 6 月重度放牧区短花针茅密度比不放牧区降低最多，达到 76.2%。2015 年无芒隐子草密度各月份在不同放牧处理之间无显著性差异（$P>0.05$），2016 年 6 月无芒隐子草密度随放牧强度的增加，从 1.67 株 /m$^2$ 显著增加到 5.53 株 /m$^2$（$P<0.05$），2016 年全年可以看出，无芒隐子草密度随放牧强度的

增加逐渐上升，单位面积内优势种短花针茅数量的下降，其他优势种将会替代其在群落中的地位，保持群落的稳定性。碱韭密度在2015—2016年8月适度放牧处理下最高，分别为12株/$m^2$和20株/$m^2$，说明适度放牧有利于提高碱韭密度；银灰旋花作为草原退化的指示性植物，在2016年密度随着放牧强度的增加显著上升，在重度放牧条件下密度是45株/$m^2$，是不放牧的5倍之多。随着放牧强度的增加，家畜动物的采食会降低建群种植株密度，同时其他优势种会替代建群种。

**表3-3　不同放牧强度下优势种密度**　　单位：株/$m^2$

| 植物种群 | 年份 | 放牧强度 | 6月 | 7月 | 8月 |
|---|---|---|---|---|---|
| 短花针茅 | 2015 | NG | 17.56 ± 2.21a | 13.00 ± 1.89a | 14.67 ± 2.43a |
| | | MG | 10.22 ± 0.76c | 7.45 ± 1.07bc | 9.73 ± 1.01bc |
| | | HG | 5.83 ± 1.30c | 4.53 ± 0.69c | 7.00 ± 0.98c |
| | 2016 | NG | 35.00 ± 2.64a | 16.87 ± 1.57a | 18.33 ± 1.36a |
| | | MG | 10.47 ± 0.90b | 7.27 ± 0.83b | 7.47 ± 1.46c |
| | | HG | 8.33 ± 0.96b | 8.53 ± 1.19b | 10.33 ± 1.06bc |
| 无芒隐子草 | 2015 | NG | 4.00 ± 0.00a | 10.22 ± 0.86a | 7.23 ± 1.36ab |
| | | MG | 0.00 ± 0.00 | 10.08 ± 1.65a | 14.13 ± 2.44a |
| | | HG | 8.33 ± 2.73a | 10.21 ± 2.00a | 12.93 ± 2.13a |
| | 2016 | NG | 1.67 ± 0.63b | 7.67 ± 0.84b | 5.20 ± 0.66c |
| | | MG | 4.87 ± 0.76a | 8.33 ± 1.05b | 13.00 ± 1.78a |
| | | HG | 5.53 ± 0.81a | 12.07 ± 1.79a | 9.07 ± 1.08b |
| 碱韭 | 2015 | NG | 2.00 ± 0.37a | 17.9 ± 2.65ab | 9.60 ± 2.01a |
| | | MG | 3.00 ± 0.00a | 12.92 ± 1.56bc | 12.27 ± 1.56a |
| | | HG | 4.00 ± 0.00a | 11.27 ± 1.36c | 13.67 ± 2.66a |
| | 2016 | NG | 1.00 ± 0.68a | 10.34 ± 1.91ab | 7.50 ± 1.82a |
| | | MG | 0.00 ± 0.00 | 14.20 ± 2.80a | 20.13 ± 6.79a |
| | | HG | 1.47 ± 0.65a | 10.87 ± 1.74ab | 7.86 ± 1.18a |
| 银灰旋花 | 2015 | NG | 24.17 ± 7.75ab | 32.00 ± 6.49a | 30.93 ± 6.92a |
| | | MG | 56.56 ± 14.29a | 28.00 ± 7.50a | 38.21 ± 11.16a |
| | | HG | 34.67 ± 11.64ab | 31.50 ± 10.08a | 30.43 ± 7.78a |
| | 2016 | NG | 8.80 ± 2.32b | 16.73 ± 2.27b | 22.92 ± 5.74ab |
| | | MG | 45.80 ± 7.57a | 15.07 ± 2.85b | 24.86 ± 5.09ab |
| | | HG | 43.13 ± 14.98a | 39.27 ± 11.77a | 14.45 ± 3.08b |

## 四、优势种地上现存量对放牧的响应

地上现存量是衡量草地生产力的重要指标之一，群落代表性植物即优势种可以基本反映草地生产能力。由表 3-4 可以看出，优势种随着放牧强度的变化均有显著性差异（$P<0.05$），其中 HG 处理下短花针茅地上现存量显著减少，不同年份、不同月份 HG 处理下短花针茅地上现存量平均为 6g/m$^2$，作为荒漠草原的优势种及建群种，重度放牧下短花针茅生产力的减少会降低整个群落生产力；适度放牧下 MG 和 NG 处理之间差异不显著，而且 2015 年 7 月 MG 处理短花针茅生产力高于 NG 处理，为 22.37g/m$^2$；整体来看，不同年份、不同月份、不同放牧强度下 NG 处理短花针茅地上现存量最高，HG 处理下建群种短花针茅地上现存量最小，MG 处理变化不明显，是较适宜的放牧强度。2016 年无芒隐子草地上现存量呈抛物线递增下降趋势，在适度放牧下地上现存量出现最大值，说明适度放牧不仅对建群种短花针茅有促进生产力的作用，同时对无芒隐子草生产力也有增加的趋势；碱韭和银灰旋花随着放牧强度的增加，地上现存量显著降低（$P<0.05$），同时受不同月份的影响，随着放牧时间的延续生产力逐渐增加。

**表 3-4　不同放牧强度下优势种地上现存量**　　单位：g/m$^2$

| 植物种群 | 年份 | 放牧强度 | 6 月 | 7 月 | 8 月 |
|---|---|---|---|---|---|
| 短花针茅 | 2015 | NG | 30.85 ± 7.84a | 15.88 ± 4.31a | 34.45 ± 5.89a |
| | | MG | 21.07 ± 7.46ab | 22.37 ± 4.47a | 22.45 ± 3.87ab |
| | | HG | 2.02 ± 0.62c | 3.84 ± 0.77b | 13.71 ± 2.17bc |
| | 2016 | NG | 19.68 ± 1.24a | 26.82 ± 3.41a | 29.64 ± 3.97a |
| | | MG | 9.17 ± 1.38bc | 7.24 ± 1.04bc | 5.08 ± 1.71b |
| | | HG | 2.36 ± 0.48c | 4.75 ± 0.78c | 8.13 ± 1.91b |
| 无芒隐子草 | 2015 | NG | 3.33 ± 1.14a | 4.18 ± 1.06ab | 5.96 ± 1.42a |
| | | MG | 0.00 ± 0.00 | 3.80 ± 0.75ab | 6.11 ± 0.99a |
| | | HG | 1.50 ± 0.85b | 2.65 ± 0.68b | 5.33 ± 1.44a |
| | 2016 | NG | 0.24 ± 0.1b | 3.56 ± 0.48a | 3.10 ± 0.48a |
| | | MG | 1.53 ± 0.42ab | 5.20 ± 1.42a | 6.38 ± 1.68a |
| | | HG | 2.06 ± 0.53a | 2.96 ± 0.62a | 5.65 ± 0.94a |

（续表）

| 植物种群 | 年份 | 放牧强度 | 6月 | 7月 | 8月 |
|---|---|---|---|---|---|
| 碱韭 | 2015 | NG | 1.32 ± 0.84a | 9.39 ± 1.80a | 8.72 ± 2.85a |
| | | MG | 0.47 ± 0.00a | 2.01 ± 0.48b | 3.52 ± 0.72b |
| | | HG | 0.02 ± 0.02a | 1.84 ± 0.30b | 1.60 ± 0.44b |
| | 2016 | NG | 0.08 ± 0.04a | 4.18 ± 1.27a | 3.95 ± 1.67ab |
| | | MG | 0.00 ± 0.00 | 1.20 ± 0.36b | 3.27 ± 0.80ab |
| | | HG | 0.04 ± 0.03a | 1.77 ± 0.45b | 2.64 ± 0.48b |
| 银灰旋花 | 2015 | NG | 4.01 ± 1.99a | 8.77 ± 2.39b | 8.76 ± 1.84a |
| | | MG | 2.68 ± 0.70a | 3.55 ± 0.93ab | 5.47 ± 1.51ab |
| | | HG | 1.45 ± 0.56a | 2.47 ± 0.56b | 3.88 ± 1.22b |
| | 2016 | NG | 0.67 ± 0.27c | 3.31 ± 1.13a | 6.59 ± 1.58ab |
| | | MG | 1.87 ± 0.29c | 3.35 ± 0.62a | 4.85 ± 1.40ab |
| | | HG | 0.65 ± 0.12c | 2.93 ± 0.72a | 1.75 ± 0.39b |

## 五、优势种重要值对放牧的响应

重要值是植物在群落中所占比例的综合数量指标，反映的植物在样地内占用的优势程度。从表 3-5 中可以看出，优势种重要值在不同年份之间存在差异，2015 年各优势种重要值均比 2016 年重要值高，在相同年份的不同月份之间各优势种也存在明显差异（$P<0.05$）短花针茅作为荒漠草原建群种，重要值在不同放牧处理下均高于其他优势种。2015 年 6 月随着放牧强度增加，NG 处理短花针茅重要值显著高于 HG 处理（$P<0.05$），NG 和 MG 处理之间无显著性差异，HG 处理会降低优势种短花针茅在群落中的相对优势占比；同样随着季节的推移，MG 和 NG 处理之间差异不明显，HG 处理重要值减小。说明放牧会降低短花针茅在群落中的优势度；优势种无芒隐子草会逐渐替代短花针茅提升群落中的地位，随着放牧强度的增加，无芒隐子草重要值呈上升趋势，2015 年，无芒隐子草 7 月重要值从 NG 处理（12.92）增加到 HG 处理（17.47）；8 月重要值从 NG 处理（10.83）上升到 HG 处理（14.69）。2015 年 6 月碱韭和银灰旋花变化相一致，随着放牧强度的增加重要值逐渐增加，增长幅度较大，分别增长了 9.66 和 25.96，不同年份的不同月份碱韭和银灰旋花重要值在放牧处理下无规律性变化，整体比较，在重度放牧条件下建群种短花针茅重要值的下降，会提高其他优势种的重要值，保持群落可持续发展。

表 3-5　不同放牧强度下优势种重要值

| 植物种群 | 年份 | 放牧强度 | 6 月 | 7 月 | 8 月 |
|---|---|---|---|---|---|
| 短花针茅 | 2015 | NG | 64.49 ± 3.75ab | 22.32 ± 2.22a | 30.78 ± 3.27a |
| | | MG | 47.88 ± 4.31bc | 24.37 ± 1.78a | 26.01 ± 1.98ab |
| | | HG | 35.26 ± 8.11c | 19.83 ± 2.09a | 20.48 ± 2.25b |
| | 2016 | NG | 31.42 ± 2.36ab | 17.54 ± 1.43a | 20.97 ± 1.61a |
| | | MG | 19.68 ± 1.39bc | 12.62 ± 1.17ab | 9.93 ± 1.62b |
| | | HG | 10.57 ± 0.81c | 11.75 ± 1.28b | 11.30 ± 0.94b |
| 无芒隐子草 | 2015 | NG | 12.68 ± 0.00a | 12.92 ± 0.72b | 10.83 ± 1.83b |
| | | MG | 0.00 ± 0.00 | 14.08 ± 1.75ab | 15.97 ± 1.72ab |
| | | HG | 28.02 ± 8.84a | 17.47 ± 3.60ba | 14.69 ± 2.56ab |
| | 2016 | NG | 2.47 ± 0.35a | 8.87 ± 1.02a | 6.51 ± 0.66a |
| | | MG | 4.78 ± 0.79a | 8.78 ± 0.93a | 9.44 ± 1.16a |
| | | HG | 4.25 ± 0.87a | 9.97 ± 1.16a | 8.46 ± 1.21a |
| 碱韭 | 2015 | NG | 6.87 ± 1.36a | 23.23 ± 3.00a | 15.29 ± 2.56a |
| | | MG | 2.97 ± 0.00a | 23.23 ± 3.00a | 16.83 ± 1.04a |
| | | HG | 16.53 ± 0.00a | 17.10 ± 1.60ab | 14.78 ± 1.89a |
| | 2016 | NG | 1.21 ± 0.34a | 12.64 ± 1.57b | 9.19 ± 1.58a |
| | | MG | 0.00 ± 0.00 | 13.86 ± 1.08b | 9.62 ± 0.99a |
| | | HG | 2.36 ± 0.52a | 21.44 ± 2.76a | 8.25 ± 0.96a |
| 银灰旋花 | 2015 | NG | 19.1 ± 3.92bc | 21.61 ± 3.70a | 18.68 ± 2.38a |
| | | MG | 36.6 ± 3.99ab | 15.66 ± 2.57a | 19.86 ± 3.79a |
| | | HG | 45.06 ± 12.11a | 18.46 ± 3.82a | 15.11 ± 2.74a |
| | 2016 | NG | 21.54 ± 2.63a | 11.97 ± 2.23b | 13.52 ± 2.70a |
| | | MG | 27.51 ± 4.85a | 10.87 ± 2.74b | 9.07 ± 1.36a |
| | | HG | 25.47 ± 7.52a | 22.42 ± 6.48a | 5.78 ± 1.04a |

本研究中，短花针茅是返青较早的植物，也是家畜采食的主要来源，根据短花针茅的高度、生物量及重要值比例，证实短花针茅为该地区的主要建群种及优势种。植物生长状况与放牧有着密切的关系，在较早的研究中，把食草动物和植物之间的关系看作捕食关系，认为植物的生长和家畜动物的采食是纯粹的负作用（Crawley，1983）。而之后的研究发现，家畜动物的采食对植物的生长性能可能不仅仅是不利的，甚至在规定的放牧强度下可能有利于植物个体、种群的进化（刘军，2015）。研究表明，放牧对草地植被的影响既有促进作用，也有抑制作用，放牧能够维持或者刺激（超补偿生长）植物群落的生长（Mazancourt et al., 2000)。草地是由多种植物构成的群落，由于草食动物的偏食性和对植株喜好程度的差异，导致草地植物，尤其是优势种植物高度变化不一致。在生态系统中，主要个体植物的地上现存量，最终决定着草地生态系统总地上现存量，本试验对占群落总地上现存量 85% ~ 90% 的主要植物种的群落特征进行了研究。研究结果表明短花针茅是 4 个优势种中高度最高的植物，平均高度达 15cm。2015 年 7 月适度放牧短花针茅高度显著高于不放牧处理，说明家畜动物的采食会刺激植物的生长，但随着放牧强度的增加，重度放牧下短花针茅高度显著低于其他放牧处理。这与李俊生等（2005）的研究结果一致，该研究结果表明种群高度随着放牧强度的增加有明显下降的趋势，过度放牧下，植物种群出现叶片变短和节间缩短。优势种密度值最高的是银灰旋花，而建群种短花针茅密度较小，这说明两种植物对放牧的适应策略存在差别，有研究者认为，随着放牧强度的增加，单位面积内建群种羊草的密度逐渐下降，糙隐子草的密度逐渐增加，过度放牧阶段达到最大（王仁忠，1996；杜利霞，2005），与本试验的结果相一致。放牧对草地植物群落生产力的影响是可变的，家畜动物的采食和践踏能够降低植物地上生产力，也可以通过适度放牧提高群落生产力。本试验研究中，放牧对植物地上现存量有显著影响（$P<0.05$），在重度放牧条件下会造成草地植被生物量的严重下降。首先家畜动物的过度践踏，会造成土壤养分的流失，土壤板结严重，影响了营养物质的正常循环，使得土壤肥力下降，地上现存量降低；其次采食动物对草地的采食，会降低草地中凋落物的积累，凋落物是草地土壤的主要养分输入因子，凋落物的减少，会降低土壤中养分的补给；最后家畜动物的偏食性，会选择喜食植物，持续的采食使得植物没有休憩补偿时间，造成地上现存量的下降。

不同放牧强度对草地优势种群生长特征的影响，在一定程度上揭示了草地生态系统变化规律，但是没有探讨群落其他物种，对整个荒漠草原植被缺乏统一的描述；放牧对草地生态系统的影响是一个长期过程，所以通过长期观测才能更好地揭示放牧干扰对草地生态系统的影响。

## 六、放牧对植物株丛性状影响

生长和繁殖作为植物生活史适应对策的核心，同时也是植物两个最基本的生命过程。在长期的外界干扰下同一种植物会表现出不同的生长和繁殖特性，即特定的生长环境塑造了植物不同的生长方式，不同的生境条件形成植物各异的繁殖方式、繁殖过程和繁殖行为。这些生长和繁殖特性的改变，都可能反映出环境对植物本身的综合影响，同时植物为应对环境而做出的适应改变，体现了植物的适应对策（陈海军，2011）。

植物株丛特性是指在不同生境干扰条件下植物为躲避外界影响，选择适宜生存模式的不同差异性表现，体现了植物在环境下表现出独特的生存策略及资源获取最大化的适应对策。在短花针茅荒漠草原中放牧干扰是驱动该生态系统植被演替进程的一个重要组成因素，植物在漫长的进化和发展过程中，为了最大程度地减少放牧以及环境的不利影响，与环境相互作用逐渐形成许多外在形态方面的适应对策（孟婷婷等，2007）。把植物特性作为理论框架探索草原植物的放牧响应机制，预测群落和生态系统功能对人类放牧干扰的响应，是备受科学家青睐的思路（Stahlheber et al.，2013；李西良等，2014）。

短花针茅是多年生禾本科植物，其繁殖方式一种是通过生殖枝器官分蘖产生种子，种子萌发生成实生苗；一种是增加分蘖枝条进行无性繁殖。所以单位面积株丛个数和生殖枝数量、密度、高度、宽度能否作为判断外界环境干扰植物的一种响应呢？研究发现，放牧干扰下，地上植株表现出株丛破碎化、株丛密度增加等特征；或表现出灌丛幅减少、径叶性状矮型化等特征（Hglind et al.，1998；王炜等，2000）。观察羊草草甸草原植物株丛性状发现，过度放牧使植物形成避牧机制，出现植物个体矮小化和俯卧状生长现象，这也许是植物采取防御家畜采食，避免机械损伤的逃避策略（李西良等，2014；Suzuki et al.，2011）。生殖枝和营养枝作为短花针茅的繁殖工具，其性状特征体现了短花针茅的健康状况。在放牧干扰影响下，短花针茅株丛结构在总量资源恒定时，需要不断地调节株丛在无性繁殖和有性繁殖之间的分配比例。植物将资源投入有性繁殖过程中，有性繁殖对能量的消耗，会导致无性繁殖过程中能量的缺失和投入资源的减少，这势必会导致营养枝和生殖枝在不同放牧干扰下，会有不同的性状表现（张晓娜等，2010；Abrahamson.，1980；Pluess et al.，2005），在这种“此消彼长”的权衡策略影响下，一方面，植物通过降低生殖高度、减少叶数、丛生生长和坚硬的叶片性状来适应高强度的家畜采食和践踏。另一方面，植物通过匍匐生长、克隆繁殖、加快再生长能力表现出更强的耐牧能力。白永飞等（1999）研究克氏针茅在不同放牧梯度下种群特性和生长繁殖方式的响应变化，结果表明，长期的放牧干扰及草食动物蹄脚的踩踏会使克氏针茅株丛发生变化，致使株丛基径矮小、破碎化，导致通过营养繁殖的株丛数量增加，植物通过有性繁殖的生殖枝株丛数量减少，生殖枝重量降低，生殖枝枝条数和分蘖种子产量减少。在适度放牧条件下克氏针茅的株丛数量、基径大小、生殖枝和营养枝条数、枝条宽度、枝条比例维持稳定，有助于促进株丛的生长潜力和枝条的繁殖性能。这与杨树晶研等（2015）究老芒麦叶片数、生殖枝数和叶面积指数随放牧强度的增加显著下降结论相一致。本试验研究得出，不放牧区短花针茅株丛的营养枝、生殖枝枝条数量最多，随着放牧强度的增加枝条数量逐渐降低，其中重度放牧处理显著低于不放牧；通过对比发现营养枝和生殖枝枝条生物量适度放牧区显著高于重牧区，说明适度放牧对短花针茅生长繁殖有促进作用，是适宜的放牧强度。重度放牧不仅会降低枝条数量比例，而且会显著降低生殖枝的分蘖种子结实数量，放牧干扰会降低有性生殖占株丛比例，大部分资源会用于单个生殖枝的生长和种子结实量，使株丛整体资源配置趋于稳定（杨智明，2004），本试验结果证明适度放牧处理生殖枝分蘖种子结实数明显高于不放牧处理。

# 第二节　短花针茅繁殖性状

## 一、株丛性状

短花针茅不同龄级数量特征对放牧强度的响应由图 3-1 可以得出，龄级Ⅰ和龄级Ⅱ株丛数量随着放牧强度的增加显著下降，NG 显著高于 MG 和 HG（$P<0.05$），龄级Ⅰ在 NG 处理下单位面积内株丛数量最大，为 41 丛 /m$^2$，放牧会显著降低龄级Ⅰ的株丛个数，龄级Ⅱ株丛个数随着放牧强度的增加逐渐减少；龄级Ⅲ各放牧处理了下单位面积内株丛密度无显著性变化，不放牧处理下龄级Ⅲ株丛单位面积株丛个数最多，为 3 丛 /m$^2$；整体来看，龄级Ⅰ单位面积内的株丛密度高于其他龄级。

株丛高度在受放牧强度的影响均有显著性差异，龄级Ⅰ NG 和 MG 株丛高度显著高于 HG（41mm），NG 和 MG 之间株丛高度无显著性差异，分别为 62mm 和 55mm；龄级Ⅱ和龄级Ⅲ中短花针茅株丛高度随放牧强度的增加呈倒“V”形变化，均有显著性差异（$P<0.05$），MG 处理株丛高度显著高于 HG 处理，其中龄级Ⅲ下适度放牧株丛高度最高，为 112.4mm，是重度放牧的 2 倍。

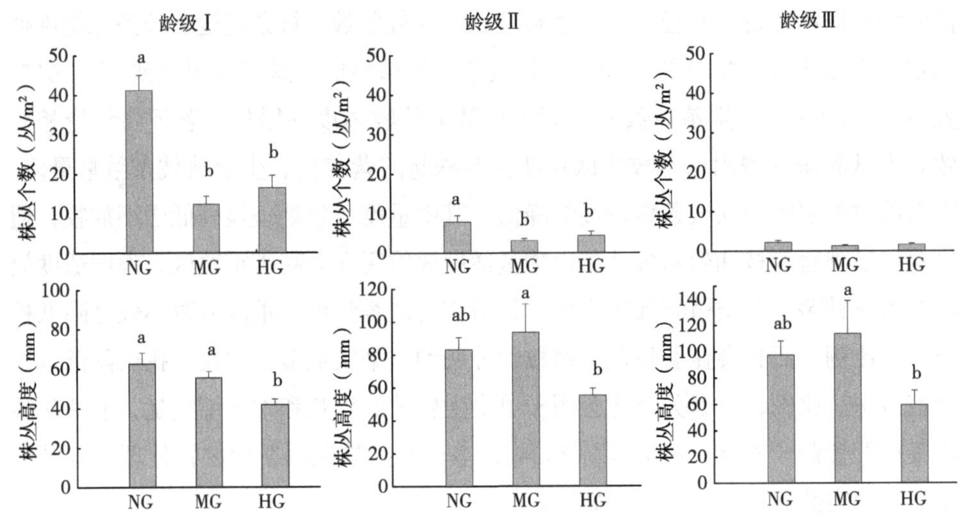


**图 3-1　不同放牧强度不同龄级短花针茅的株丛性状（平均值 ± 标准误差）**

## 二、营养枝性状

短花针茅株丛营养枝性状在龄级Ⅰ中营养枝长（VSH）、营养枝数（VSN）和营养枝重（VSWe）均为 NG>MG>HG，随着放牧强度的增加，营养枝不同性状均呈逐渐减小的趋势，说明在植物生长初期，营养枝性状已经形成适合环境的性状特征；但随着龄级的增加，营养枝变化规律不相同，龄级Ⅱ中营养枝宽度 NG 显著高于 MG 和 HG（$P$<0.05），呈逐渐下降的变化趋势；而龄级Ⅲ中营养枝宽度随放牧强度的增加呈“V”形变化趋势，HG 营养枝宽度为 0.45mm。

株丛龄级Ⅱ和龄级Ⅲ营养枝高度在 HG 处理下最高，均呈先上升后下降的变化趋势，随着龄级的增加，放牧时间的增长，家畜动物的采食会促进短花针茅营养枝的生长，但由于放牧年限较短，各处理无显著性变化。

营养枝枝条数量决定了短花针茅的分蘖情况，不放牧处理下营养枝枝条数显著高于其他放牧处理（$P$<0.05），说明短花针茅在不放牧条件下主要以分蘖营养枝的方式进行繁殖，随着载畜率的增加，短花针茅会以减少营养枝条数量的方式避免家畜动物的采食。营养枝条重量的减少也可以说明短花针茅采取的避牧措施，枝条重量的减少相应地降低了营养物质含量，家畜动物对其啃食无法获得相对应的能量，即采食其他草地植被，获得一定的生长缓冲时间（图 3-2）。

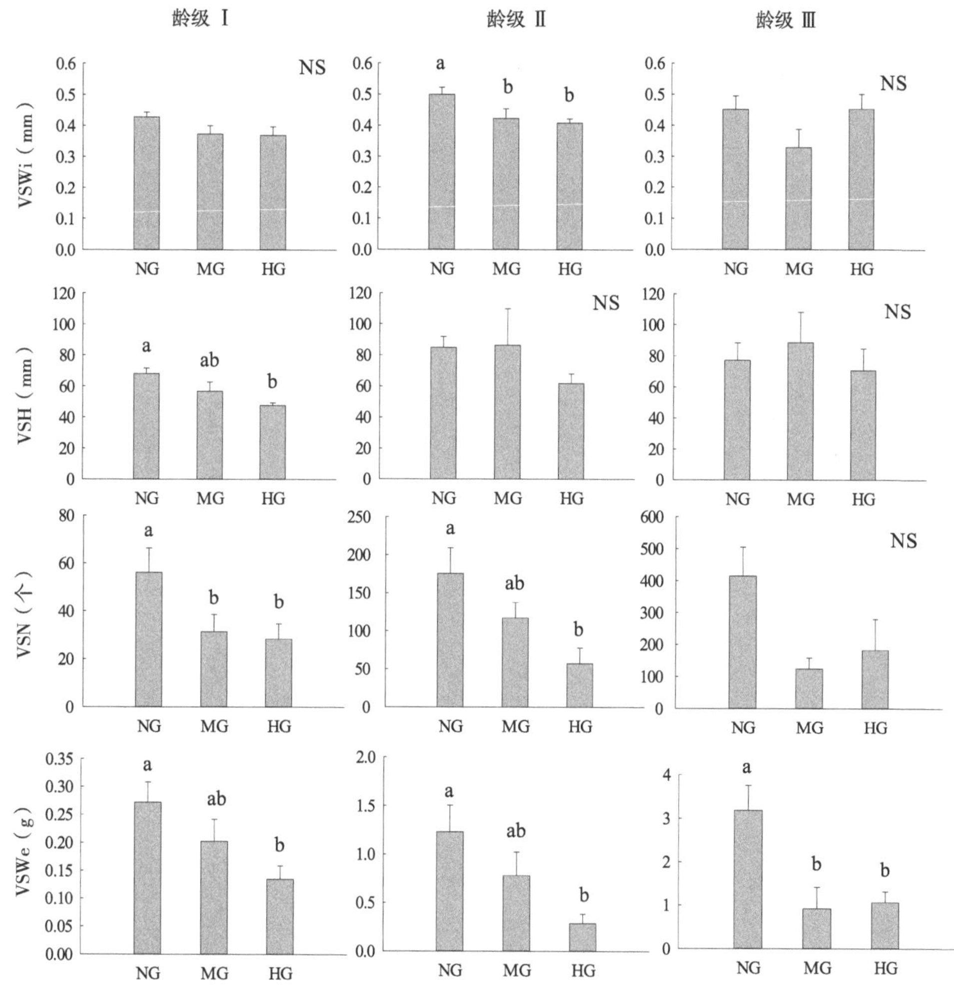


**图 3-2　不同放牧强度下不同龄级短花针茅的营养枝性状（平均值 ± 标准误差）**

注：NS 表示无统计学意义，后同。

## 三、生殖枝性状

短花针茅生殖枝高度在龄级Ⅱ和龄级Ⅲ变化趋势一致，HG 处理下生殖枝高度显著低于 MG，说明为了避免持续重度放牧对短花针茅有性繁殖的影响，植物会选择降低生殖枝高度来躲避家畜动物的采食，有利于植物的可持续生长和繁殖；生殖枝宽度无规律变化，各龄级之间在不同放牧条件下都没有显著性差异。龄级Ⅰ中株丛的生殖枝数在适度放牧条件下最高，为 5 枝 / 丛，显著高于重度放牧处理（$P<0.05$），而在龄级Ⅱ和龄级Ⅲ生殖枝数随放牧强度的增加显著降低，

NG 显著高于 HG（$P<0.05$）（图 3-3）。

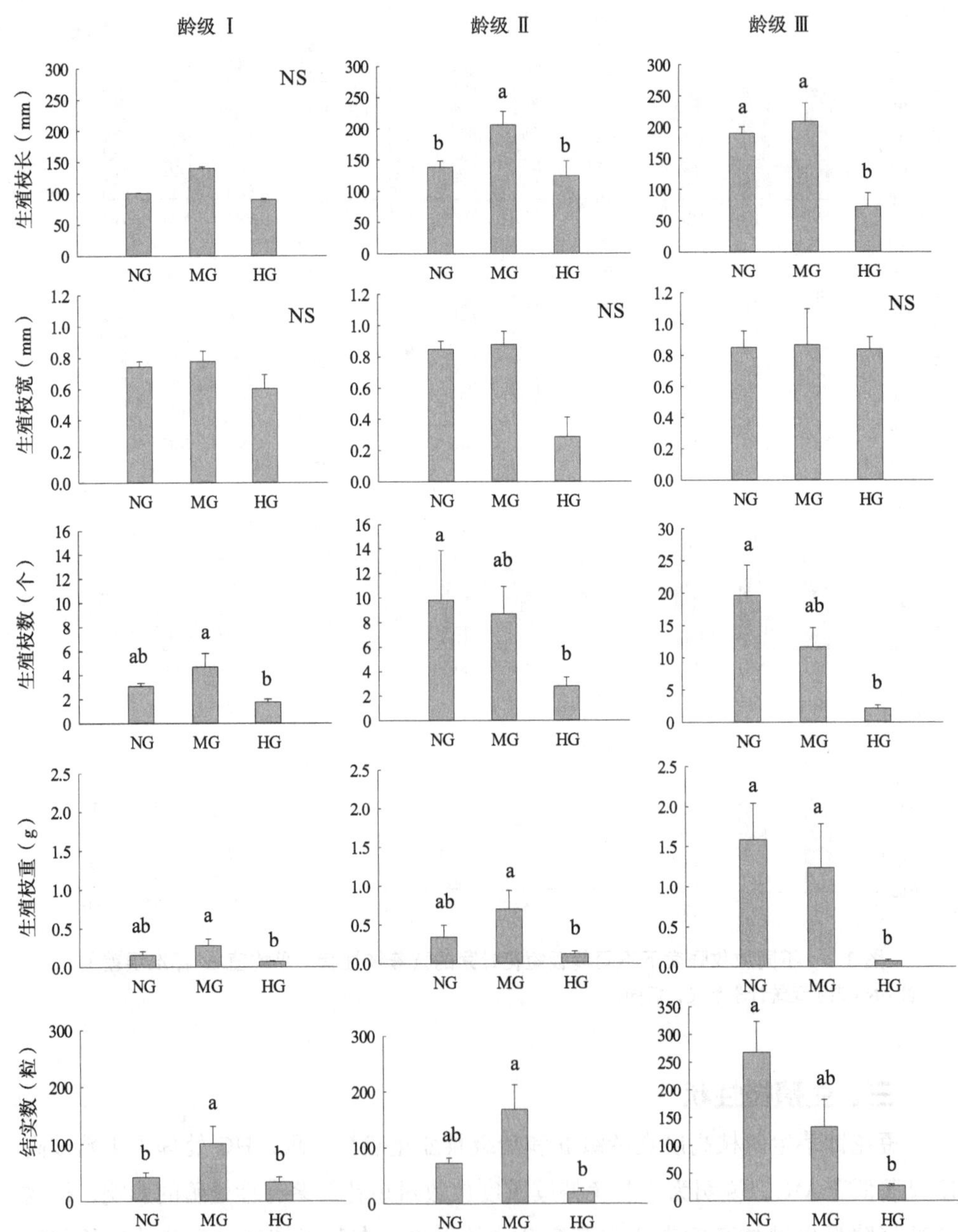


**图 3-3　不同放牧强度下不同龄级短花针茅的生殖枝性状（平均值 ± 标准误差）**

生殖枝重整体来看，MG 生殖枝重最大，变化趋势为 MG>NG>HG；短花针茅种子是其繁殖的基本方式，结实数的多少体现了短花针茅的繁殖情况，龄级

Ⅰ MG 结实数为 100 粒 / 丛，是 NG 的 2.5 倍，HG 的 3 倍；整体比较短花针茅在不同放牧强度下生殖枝各性状指标变化得出，适度放牧是适宜的放牧强度，对生殖枝的生长和种子结实有促进作用。

## 四、不同放牧强度短花针茅异龄繁殖性状

放牧强度、龄级和二者的交互作用对短花针茅繁殖性状均有显著性影响，从龄级结构分析，不同龄级对株丛个数（PN）、基径宽度（PWi）、营养枝数（VSN）、营养枝重（VSWe）、结实数（SN）亦存在显著性差异，株丛高度（PH）、营养枝宽（VSWi）、营养枝长（VSH）、生殖枝长（RSH）、生殖枝宽（RSWi）、生殖枝数（RSN）生殖枝重（RSWe）无明显差异，但在放牧强度和年龄交互作用结果显示，生殖枝长（RSH）存在显著性差异（$P$<0.05），生殖枝长对放牧有显著响应，可称为放牧敏感性状。而从放牧强度得出，株丛个数（PN）、高度（PH）、基径（PWi）、营养枝长（VSH）、生殖枝长（RSH）、营养枝数（VSN）、营养枝重（VSWe）、结实数（SN）存在显著性差异，但在放牧强度和年龄交互作用下株丛高度、营养枝长无显著变化，因此，在放牧调控下可将短花针茅繁殖性状按年龄响应模式分为年龄保守性状和年龄敏感性状，在放牧敏感性状中，株丛高度、营养枝长、生殖枝长和结实数、基本为 MG>NG>HG（表 3-6）。

**表 3-6　放牧强度与龄级对短花针茅繁殖性状影响的双因素方差分析**

| 短花针茅形态 | 变异来源 | 自由度 | 离均差平方和 | *F* 值 | *P* 值 |
|---|---|---|---|---|---|
| 株丛个数 | 放牧强度 | 2 | 1 113.19 | 33.60 | 0.00 |
| | 龄级 | 2 | 3 826.53 | 115.51 | 0.00 |
| | 放牧强度 × 龄级 | 4 | 581.86 | 17.56 | 0.00 |
| 高度 | 放牧强度 | 2 | 18 453.57 | 13.62 | 0.00 |
| | 龄级 | 2 | 2 161.28 | 1.59 | 0.21 |
| | 放牧强度 × 龄级 | 4 | 2532.70 | 1.87 | 0.13 |
| 基径 | 放牧强度 | 2 | 7 739.20 | 6.71 | 0.00 |
| | 龄级 | 2 | 29 009.77 | 25.15 | 0.00 |
| | 放牧强度 × 龄级 | 4 | 3 898.15 | 3.38 | 0.01 |
| 营养基径 | 放牧强度 | 2 | 2.64 | 1.24 | 0.29 |
| | 龄级 | 2 | 4.18 | 1.97 | 0.15 |
| | 放牧强度 × 龄级 | 4 | 1.40 | 0.66 | 0.62 |

（续表）

| 短花针茅形态 | 变异来源 | 自由度 | 离均差平方和 | $F$ 值 | $P$ 值 |
|---|---|---|---|---|---|
| 营养枝长 | 放牧强度 | 2 | 11 472.27 | 7.99 | 0.00 |
| | 龄级 | 2 | 2 356.61 | 1.64 | 0.20 |
| | 放牧强度 × 龄级 | 4 | 1 098.31 | 0.76 | 0.55 |
| 生殖枝长 | 放牧强度 | 2 | 88 890.91 | 23.14 | 0.00 |
| | 龄级 | 2 | 2 975.52 | 0.77 | 0.47 |
| | 放牧强度 × 龄级 | 4 | 20 155.28 | 5.24 | 0.00 |
| 生殖基径 | 放牧强度 | 2 | 9.49 | 2.09 | 0.13 |
| | 龄级 | 2 | 5.34 | 1.18 | 0.31 |
| | 放牧强度 × 龄级 | 4 | 4.77 | 1.05 | 0.39 |
| 生殖枝数 | 放牧强度 | 2 | 6 661.022 | 1.975 | 0.146 |
| | 龄级 | 2 | 5 500.324 | 1.631 | 0.203 |
| | 放牧强度 × 龄级 | 4 | 5 358.931 | 1.589 | 0.187 |
| 营养枝数 | 放牧强度 | 2 | 226 824.807 | 17.846 | 0.000 |
| | 龄级 | 2 | 146 786.500 | 11.549 | 0.000 |
| | 放牧强度 × 龄级 | 4 | 86 379.678 | 6.796 | 0.000 |
| 生殖枝重 | 放牧强度 | 2 | 45.563 | 1.953 | 0.149 |
| | 龄级 | 2 | 15.154 | 0.649 | 0.525 |
| | 放牧强度 × 龄级 | 4 | 23.642 | 1.013 | 0.406 |
| 营养枝重 | 放牧强度 | 2 | 13.038 | 20.484 | 0.000 |
| | 龄级 | 2 | 9.409 | 14.783 | 0.000 |
| | 放牧强度 × 龄级 | 4 | 5.629 | 8.844 | 0.000 |
| 种子数 | 放牧强度 | 2 | 102 519.442 | 13.138 | 0.000 |
| | 龄级 | 2 | 28 538.770 | 3.657 | 0.031 |
| | 放牧强度 × 龄级 | 4 | 62 461.283 | 8.004 | 0.000 |

## 五、变异系数

在各性状指标值中，生殖枝重（RSWe）、生殖枝数（RSN）、营养枝重（VSWe）、结实数（SN）、营养枝数（VSN）变异幅度最大，CV>0.80；株丛基径（PW）、营养枝长（RSH）、营养枝宽（VSWi）的变异幅度最小 CV<0.20。生殖枝高度（RSN）随放牧强度的增加变异系数逐渐降低，说明在重度放牧条件下较不放牧短花针茅生殖枝高度趋于稳定，变化幅度较小，躲避家畜动物的采食（图 3-4）。

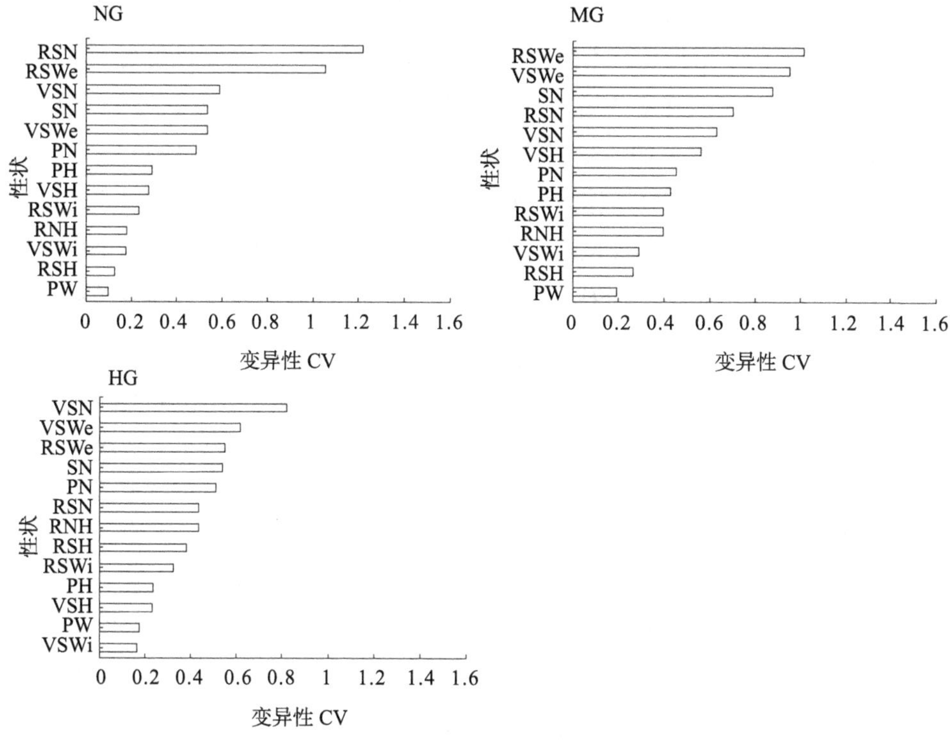


**图 3-4　短花针茅繁殖性状变异性比较**

在草地面积日趋减少，现有草地生产力不同程度退化的今天，放牧作为荒漠草原最经济、简便和应用广泛的利用方式，确定切实可行的放牧尤为重要。放牧通过直接和间接的作用，影响植物种群的动态，最终反映在植物种群结构、繁殖特征、构件资源分配和营养分配等方面；研究种群变化规律、演替方向为恢复退化草地，了解草地演替趋势，草地可持续利用提供理论依据（陈海军，2011）。短花针茅作为荒漠草原的优势种及建群种，其生物量和重要值在群落中占据重要位置，所以研究短花针茅种群的演替趋势，使用植物性状作为理论框架，研究物种在放牧干扰下的适应性，来预测未来草地对人类干扰的响应具有重要的代表性。

短花针茅个体存活数量及年龄组成结构，不仅反映了植物更新与个体行为策略，也说明短花针茅不同年龄组在种群中的地位，对于维持群落稳定性至关重要。试验结果表明，龄级Ⅰ的株丛个体数量要明显高于其他龄级，这与白永飞等（1999）在对大针茅繁殖特性的研究中指出，大针茅幼苗株丛比例要大于成年株丛的比例相一致。说明放牧会诱使年长的短花针茅株丛破碎化，使其转变为几个较小的株丛，在数量上提高了短花针茅中青年株丛的数量，同时也保护了通过种子进行有性繁殖的幼苗株丛。本研究认为，适度放牧下株丛高度显著高于重度放牧处理，同时随着放牧强度的增加，营养枝枝条数显著降低（$P<0.05$），说明短花针茅随着放牧强度的增加会限制营养枝条的萌生（李永宏等，1999）。不放牧处理短花针茅主要以营养繁殖作为种群稳定繁殖的方式，这是因为龄级Ⅰ短花针茅株丛数量较多，株丛具有较强的生活力，短花针茅通过增加营养更新来维持种群的可持续增长（王明玖，1993；安渊等，2002）。放牧会减少营养枝条数，在总枝条数比例守恒不变的情况下，生殖枝数在放牧处理下会相应增加。研究发现，龄级Ⅰ短花针茅适度放牧中生殖枝枝条数最高为5枝，高于不放牧处理，随着龄级的增加，生殖枝数随放牧强度逐渐下降。在重度放牧处理下，生殖枝和营养枝数量较小，这说明过度啃食不仅会影响到株丛的营养繁殖，而且通过分蘖种子进行有性繁殖的生殖枝也会减少，种子产量下降。

适度放牧下的生殖枝结实数和种子产量最高，这主要是由于适度放牧不会过度抑制短花针茅的株丛繁殖分配比例，而且在营养枝被大量啃食的条件下，为使储藏在植物体内的碳水化合物在各生殖部件中不会严重流失，植物会自动将一部分能量传递给有性生殖系统，进行有性繁殖，发挥株丛的生殖潜力（杨智明，2004）。本研究得出，适度放牧下生殖枝结实种子数最高，这与李希来等（2002）研究矮蒿草随着放牧强度的增加，生殖分蘖中种子数呈增加的趋势，其中适度放牧干扰下的分蘖种子数最高的结论一致。

在短花针茅旺盛生长期结束时，研究短花针茅叶片性状和器官生物量发现，在重度放牧条件下，短花针茅叶片宽而短，同时重量显著下降（$P<0.05$），这说明短花针茅通过降低生长高度，提高叶片硬实度抵抗家畜的采食践踏；这与李西良（2014）研究结果一致，有趣的是，在重度放牧下，地下根系分配比和根冠比显著低于其他放牧处理（$P<0.05$），遵循能量守恒，地下生物量的减少，相应地会将资源传递给地上部分，可叶片重量却没有显著上升，反而地上部分分配比在重度放牧下最高；那么这部分资源是否保存到分蘖枝当中，用于之后生殖枝种子提高活性进行有性繁殖呢？试验证明重度放牧种子萌发率显著高于不放牧处理（$P<0.05$），植物在权衡生长和繁殖中，种子较高的萌发率，会减小株丛体积（郝虎东，2009）。为了达到繁殖目的，植物会将更多的能量传递给繁殖体，产生更多高合适度的种子，那么就会具备较高的萌发率（Volis et al.，2004；Stinchcombe et al.，2004）。

## 六、放牧对植物根系性状影响

根系是植物吸收水分和营养物质，积累和贮藏非结构性碳水化合物为株丛生长提供能量的重要组成器官，植物为了能够适应所处的环境和长期地适应陆地生活，与根系的生理生长密不可分。根系通常埋藏在土壤中，由于外界环境的影响，根系自身的生长特性及理化性质与所处的环境有紧密联系，具有一定的敏感性（严小龙，2007）。所以根系的形态特征、分布状况、生长发育规律由于受环境、自然和人为因素的干扰，生长在不同生境下的植物根系都有它自身的特点。不同的根系发育性状类型对所处的生态环境有重要的影响，同时对生态系统有至关重要的作用（Lee et al.，2005；董亭，2011）。

目前国内外研究人员关于放牧对植物根系的影响，大部分都是研究植物群落根系总生物量对放牧处理的响应，一些研究结果得出，随着放牧强度的增加，家畜动物的采食会增加对地上植被的摄取，从而会改变株丛整体生物量的有效分配比例，降低地下根系分配比，减少根系生物量，影响株丛的生长发育。梁燕等（2008）在羊草草甸草原研究不同放牧强度对植物根系影响得出，在适度放牧干扰地段，单位面积内羊草地下根系生物量出现最大值，随着放牧强度的增加，株丛根系地下生物量呈逐渐降低的变化趋势。这与大针茅在不同载畜率下，根系生物量在适度放牧条件下最高，重度放牧处理下大针茅根系生物量最低的结论一致。Gao 等（2008）在典型草原研究不同放牧强度对草地植被地下根系生物量的影响结果表明，典型草原地下生物量不放牧和重度放牧处理之间有显著性差异，重度放牧处理地下生物量最低。上述结论基本与本试验研究结果一致，本研究得出，在短花针茅荒漠草原，短花针茅根系生物量在适度放牧条件下生物量最高，并随着放牧强度的增加，在重度放牧条件下，短花针茅根系生物量显著降低（$P<0.05$）（陈万杰，2017）。在放牧过程中，短花针茅叶片受到家畜动物的啃食，枝条数量减少相应地降低了植物叶片光合作用的能力，导致输入到根系能量减少，根系能量缺失，必然导致根系无法及时向植株传输营养物质，在不影响地上部分生长的情况下，遵守植物各部分分配比恒定，通过消耗根系贮藏的能量，减少根数、根长、根粗的数量大小，将一部分能量传递给叶片进行植株再生和分蘖，保证植被群落的稳定生长。所以根系形态特征不仅受到遗传基因的影响，不同环境条件对根系形态特征也有不同的影响，研究根系形态特征是反映植物在外界干扰下保持稳定，保证植被正常生长的重要参数。

根冠比是反映了植物地下部分与地上部分相关性的重要指标，植株生物量在群落中守恒的条件下，地上部分和地下部分会对环境做出适应和响应，安慧（2014）在研究放牧干扰对荒漠草原优势植物形态特征得出，随着放牧强度的增加，优势种短花针茅根冠比在重度放牧条件下显著下降，根系生物量也有显著影响。根系长度是反映植物对地下营养物质含量获取效率的重要指标，体现了植物对水分和养分的需求（Eissenstat，2010），在不同生境条件下植物为获取更多养分和水分会通过增加长度达到扩展的目的（Eissenstat et al.，1991）。Gregory 等（2006）指出热带草原与热带稀树大草原的根系平均长度可达（15.0 ± 5.4）m，资源获取率对长度具有直接的影响。在贫瘠资源稀缺的黄土高原地区，油松的根系长度会随着土层深度的增加而减少。目前放牧对植物根系影响的研究有不同的观点，有学者认为，放牧对抑制根系的生长（Zhou et al.，2007；周本智等，2007），还有学者认为适度放牧会促进植物根系的生长（王静等，2005）。

由于草地植物根系较复杂，关于放牧对草地植物根系形态特征研究报道也较少，短花针茅作为荒漠草原的建群种及优势种，是群落中的代表性植物。以短花针茅为研究对象，研究不同放牧强度对优势种短花针茅根系形态性状和有效生物量分配的影响，结合地上与地下的株丛分配情况，探讨草地的适应性和可持续利用。

# 第三节　株丛性状分配

## 一、株丛叶性状

方差分析结果显示，放牧压力对植物叶片性状有显著性影响，短花针茅叶片长（LL）HG 处理显著低于 NG 和 MG（$P$<0.05），叶长在 MG 处理下最高，为 91.7mm。随着放牧强度的增加，叶宽（LD）和地上部分分配比（APF）显著增加，短花针茅叶片随放牧强度的增加更倾向于选择叶厚、叶长缩短的生存策略，以适应干旱、贫瘠的环境。叶重（LW）和叶分配比（LF）表现一致，MG 处理下显著高于 HG 处理，MG 处理较 HG 处理叶重下降了 34.09%，叶分配比下降了 25.06%。短花针茅株丛自然高度 NG 和 MG 显著高于 HG（$P$<0.05），不放牧和适度放牧株丛自然高度无显著性差异。分别为 82.91mm 和 74.92mm（图 3-5）。

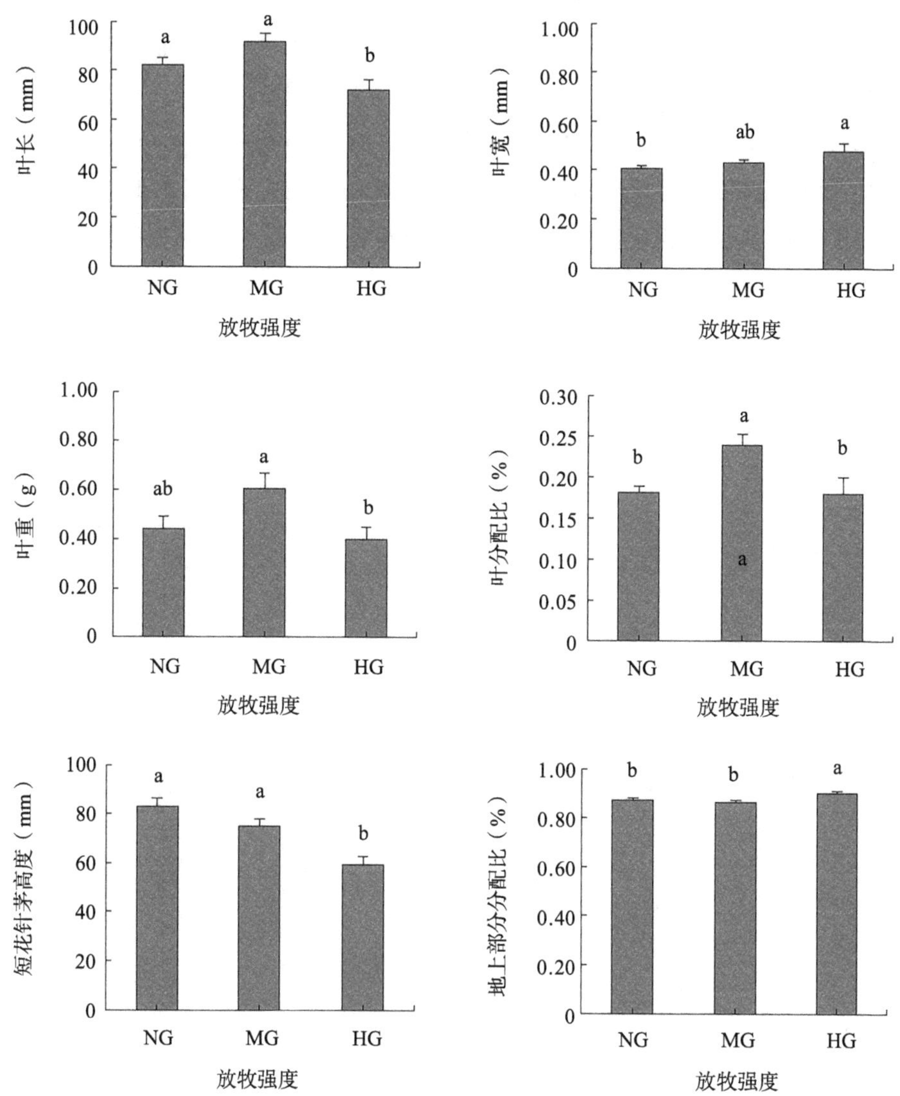


**图 3-5　不同放牧强度短花针茅叶性状（平均值 ± 标准误差）**

## 二、株丛根系性状

由图 3-6 可以看出，短花针茅地下根系生物量对放牧强度的响应不敏感，各放牧处理条件下，NG、MG 和 HG 之间无显著性差异，整体可以得出，根系生物量呈现倒“V”字形变化趋势，即先增加后减少的变化趋势，说明中度放牧有利于草地地下根系生物量的增加。短花针茅根系基径（RD）和根数（RN）对放牧强度的响应也不同，短花针茅根系基径随放牧强度的增加逐渐下降，而根系数量随放牧强度的增加呈先增加后减少的变化趋势，根长（RL）、根冠比（RSR）和地下根系分配比（UPF）对放牧响应敏感，变化趋势一致，随着放牧强度的增加，根长、根冠比和地下根系分配比 HG 处理下均显著低于 MG 处理（$P<0.05$），可见中度放牧强度显著提高了短花针茅根系生物量、根长、根冠比

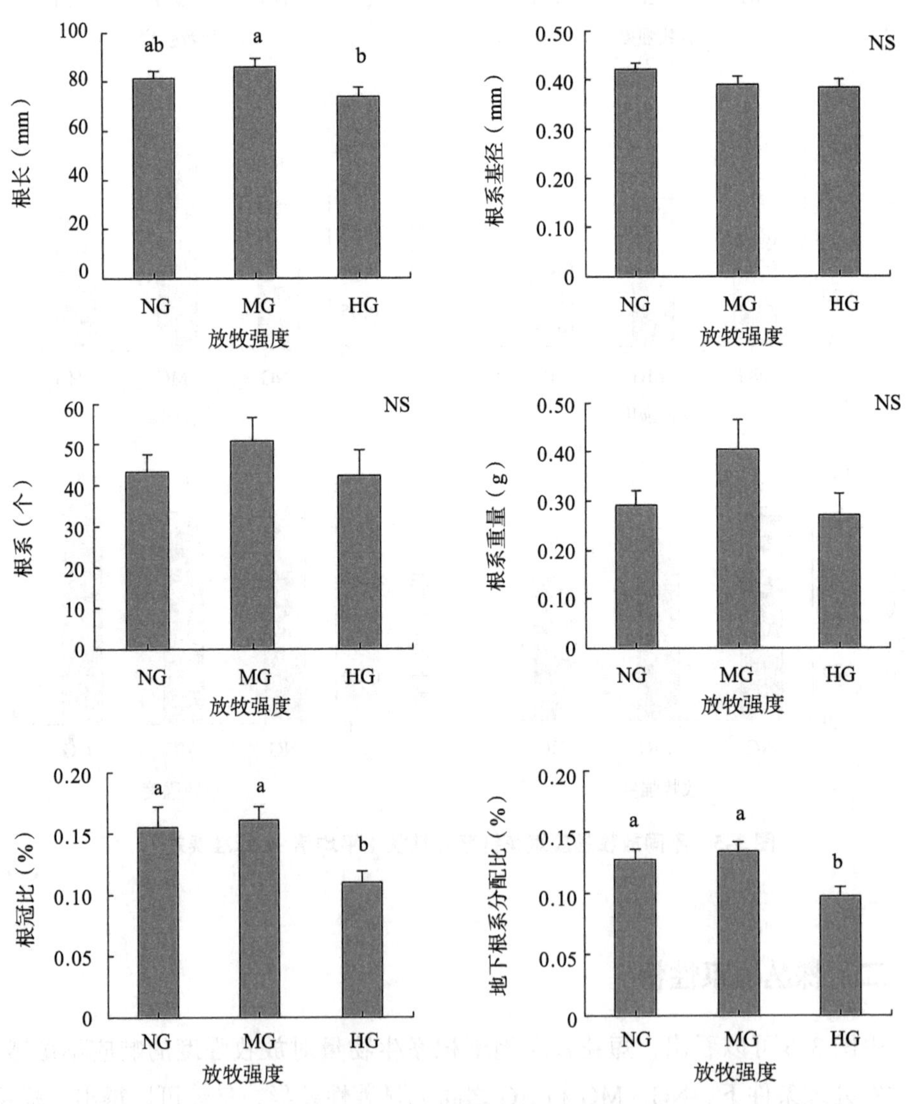


**图 3-6　不同放牧强度短花针茅根性状（平均值 ± 标准误差）**

和地下根系分配比，与不放牧地相比，适度放牧有利于增加植物产量，家畜动物对地上部分的采食，间接作用于地下根系部分，适度放牧可以增加根系生物量，即存在超补偿现象。安渊等（2002）在研究大针茅种群得出结论，超补偿现象可以弥补根系生物量，但当放牧强度超过一定范围，补偿特性消失。

## 三、短花针茅株丛性状可塑性

以 NG 处理为对照系，对短花针茅植株性状指标的可塑性指数排序，变化程度最大的叶重（LW）、根重（RW）、根数（RN）、叶分配比（LF）、基径（PWi）、地上部分重（APW）和植株总重（PWe）的可塑性指数表现为 MG>HG，整体比较，株丛各性状的可塑性指数大小排序规律基本相同，适度放牧的植物可塑性指数最高。叶重（LW）、基径（PWi）、根重（RW）、根数（RN）、地上部分重（APW）、株丛总重（PW）的可塑性指数较大 PI>0.6，对放牧的响应较敏感，是敏感性性状（表 3-7）。

**表 3-7 不同放牧强度下短花针茅株丛性状指标可塑性指数（PI）**

| 性状指标名称 | MG | HG |
| --- | --- | --- |
| 叶长 | 0.26 | 0.25 |
| 叶宽 | 0.17 | 0.22 |
| 叶重 | 0.80 | 0.53 |
| 高度 | 0.25 | 0.32 |
| 基径 | 0.68 | 0.56 |
| 根长 | 0.24 | 0.22 |
| 根粗 | 0.22 | 0.19 |
| 根重 | 0.94 | 0.61 |
| 根数 | 0.72 | 0.58 |
| 叶分配比 | 0.53 | 0.45 |
| 地上部分分配比 | 0.05 | 0.05 |
| 地下根系分配比 | 0.37 | 0.33 |
| 根冠比 | 0.42 | 0.37 |
| 地上部分重 | 0.88 | 0.75 |
| 植株总重 | 0.87 | 0.73 |

## 四、短花针茅株丛性状变异系数

各性状变异系数中，叶重（LW)、根重（RW)、根冠比（RSR)、地上部分重（APW)、植株总重（PWe）等变异系数最大，即 CV>0.80；叶宽（LD）地上部分分配比（APF）的变异幅度最小 CV<0.20（图 3-8)。整体而言，叶宽（LD)、叶分配比（LF）随着放牧强度的增加变异系数增幅较大，随着放牧强度的增加叶宽（LD）和叶分配比（LF）指标呈逐渐升高的变化趋势。根冠比（RSR）变异系数随放牧强度增加，减小幅度较大，NG 处理下为 0.84，HG 处理下为 0.45，说明根冠比在不同放牧强度下的响应较明显。研究发现，受放牧强度越敏感的性状往往具有较大的变异性。短花针茅在不同放牧强度下的变异系数（CV）与其响应程度（PI）之间通过建立拟合回归（图 3-7)，符合线性方程（$y=1.169\,8x+0.027\,3$），拟合关系（$R^2=0.891\,9$，$P<0.05$）。

**表 3-8　不同放牧梯度下短花针茅株丛性状指标变异系数（CV）**

| 性状指标名称 | NG | MG | HG |
|---|---|---|---|
| 叶长 | 0.25 | 0.28 | 0.30 |
| 叶宽 | 0.19 | 0.29 | 0.40 |
| 叶重 | 0.88 | 0.76 | 0.71 |
| 高度 | 0.33 | 0.33 | 0.33 |
| 基径 | 0.67 | 0.51 | 0.63 |
| 根长 | 0.29 | 0.29 | 0.30 |
| 根粗 | 0.22 | 0.32 | 0.26 |
| 根重 | 0.81 | 1.16 | 0.91 |
| 根数 | 0.77 | 0.85 | 0.81 |
| 叶分配比 | 0.34 | 0.42 | 0.64 |
| 地上部分分配比 | 0.08 | 0.07 | 0.04 |
| 地下根系分配比 | 0.53 | 0.44 | 0.41 |
| 根冠比 | 0.84 | 0.52 | 0.45 |
| 地上部分重 | 1.27 | 1.10 | 1.04 |
| 植株总重 | 1.20 | 1.09 | 1.02 |

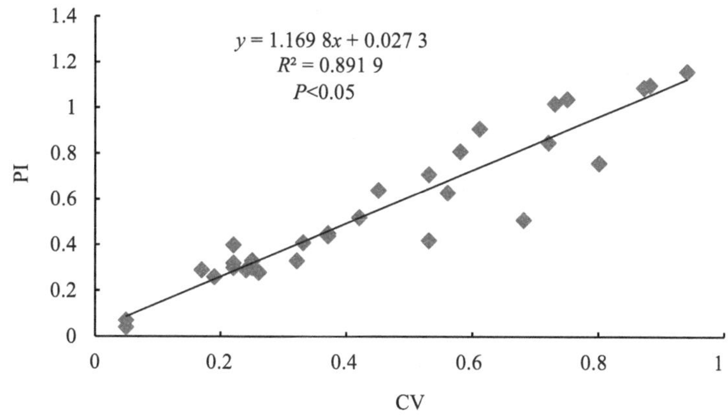


**图 3-7　短花针茅株丛性状变异系数（CV）与可塑性指数（PI）的关系**

## 五、短花针茅株丛性状关系

短花针茅株丛各性状之间关系，从表3-9中分析得出，地上部分分配比（APF）与地下根系分配比（UPF）呈极显著负相关（$P$<0.01），地上部分分配比（APF）随地下根系分配比（UPF）、根冠比（RSR）的升高而显著降低。地上部分分配比（APF）与基径（PWi）、根重（RWe）、根长（RL）、根数（RN）、叶重（LWe）、叶长（LL）、叶宽（LWi）、高度（PH）呈极显著正相关（$P$<0.01）。地下根系分配比（UPF）与根冠比（RSR）呈极显著正相关（P<0.01）。短花针茅叶重（LW）与根重（RWe）、根长（RL）、根数（RN）呈极显著正相关（P<0.01），说明植物存在超补偿现象，即植物地上与地下部分是一个统一的整体，地上部分的生长会将能力向下传递，同时当地上部分能量缺乏时，地下部分将储藏的能量传递给地上部分，使得地上部分的叶重随着地下部分根重、根长和根数的增加而显著增加（$P$<0.05）。

叶宽（LWi）和叶长（LL）之间极显著负相关（$P$<0.01），叶片宽度的增加可以有效增加叶片直立程度，减少披垂现象发生，抵抗草地多风带来的影响；同时叶长缩减，既避免动物采食又抵抗动物践踏。

**表 3-9　短花针茅株丛各性状之间的相关关系**

| 因素 | UPF | RSR | PWe | RWe | RL | RWi | RN | LWe | LL | LWi | APF | PH | PWi |
|---|---|---|---|---|---|---|---|---|---|---|---|---|---|
| UPF | 1 | — | — | — | — | — | — | — | — | — | — | — | — |
| RSR | 0.967** | 1 | — | — | — | — | — | — | — | — | — | — | — |
| PWe | −0.198* | −0.172* | 1 | — | — | — | — | — | — | — | — | — | — |
| RWe | 0.156 | 0.144 | 0.830** | 1 | — | — | — | — | — | — | — | — | — |
| RL | 0.181* | 0.186* | 0.352** | 0.407** | 1 | — | — | — | — | — | — | — | — |
| RWi | −0.127 | −0.128 | 0.081 | 0.088 | −0.021 | 1 | — | — | — |  | — | — | — |
| RN | 0.085 | 0.058 | 0.776** | 0.869** | 0.351** | 0.042 | 1 | — | — | — | — | — | — |
| LWe | −0.07 | −0.08 | 0.731** | 0.727** | 0.393** | 0.108 | 0.764** | 1 | — | — | — | — | — |
| LL | −0.025 | −0.041 | 0.258** | 0.325** | 0.353** | 0.162 | 0.378** | 0.499** | 1 | — | — | — | — |
| LWi | −0.109 | −0.083 | 0.227** | 0.048 | −0.013 | 0.01 | 0.041 | 0.049 | −0.272** | 1 | — | — | — |
| APF | −0.234** | −0.205* | 0.998** | 0.793** | 0.338** | 0.078 | 0.749** | 0.715** | 0.245** | 0.242** | 1 | — | — |
| PH | −0.082 | −0.081 | 0.315** | 0.353** | 0.220** | 0.142 | 0.399** | 0.377** | 0.478** | 0.132 | 0.306** | 1 | — |
| PWi | −0.177* | −0.166* | 0.673** | 0.635** | 0.335** | 0.086 | 0.666** | 0.733** | 0.323** | 0.177* | 0.665** | 0.282** | 1 |

注：* 和 ** 分别表示显著相关（$P<0.05$）和极显著相关（$P<0.01$）。

根系是植物生长中养分供给的主要器官，根系会通过调整生理功能和形态结构，适应放牧干扰对植物群落及土壤理化性质的变化，进化出多种适应机制，以保护其与非生物环境和放牧家畜的协调共存（张震，2006）。适度放牧下根系生物量最高，本试验结果得出，随着放牧强度的增加，短花针茅根系重量呈倒“V”字形变化趋势，短花针茅生物量表现为适度＞对照＞重度，说明适度放牧促进短花针茅根系的生长（Eddy et al.，1989）。根系长度适度放牧下最高，显著高于重牧，（$P<0.05$），说明适度放牧不仅可以刺激植物的生长，而且可以增加根系长度，有快速获得养分与水分的能力和潜力。根冠比作为计算光合产物向植物地下部分分配的依据，对预测草地地下生物量有重要意义（李旭东等，2012），试验得出，不放牧和适度放牧的短花针茅根冠比显著高于重牧区，根冠比的增加增大了水分和养分的吸收量，增强了植物抗旱和抗瘠薄能力，对植物适应不良环境具有重要作用（安慧，2014）。适度放牧存在超补偿现象，这与 Dyer 提出的放牧优化假说相一致，该假说指出，与不放牧地相比，适度放牧有利于增加植物产量，家畜动物对地上部分的采食，间接作用于地下根系部分，适度放牧可以增加根系生物量，且存在超补偿现象（Dyer，1975）。但是每一个植物存在关键的限制点，超过这个值补偿就不能弥补放牧造成的损失（张震，2006）。在重度放牧

下，超过限制点，使得重度放牧下短花针茅根冠比显著降低。

## 六、放牧对植物种子性状影响

种子是植物进行有性繁殖的重要器官，种子性状差异体现了植物在不同生境下的适应机制，同一植物因所处环境不同，生殖分蘖结实的种子形态、重量和萌发时间存在较大差异。因此，针对植物种子繁殖性状的研究也是植物繁殖生态学研究的基础内容（陈海军，2011），种子作为有性繁殖的最初载体，是草地植被更新与恢复的关键基础，植物种子阶段主要涉及种子生产、种子扩散、种子萌发及出苗过程。植物生活史的众多生态过程以及长期受环境的影响形成了种子形态特征，种子成熟后，大部分种子扩散到土壤表面、或萌发、或损失（死亡、被捕食）、或进入到土壤形成土壤种子库，在风力、水流、动物搬运下进行散布（王东丽，2014），种子在干扰环境下成功萌发、出苗、定殖并长成植株的过程，对植物种群更新、分布、扩散有重要影响。

不同的环境因子会影响种子生产和演替，采煤沉陷区的短花针茅种子千粒重小于对照区，土壤侵蚀地区会对种子的生产、扩散及萌发产生影响，刘志民在干旱胁迫下研究表明，在干旱条件下小种子较大种子的蒸腾水分相对减少，对干旱胁迫有较强的适应性（包丽颖，2015；刘志民等，2004）。张小彦（2010）发现小种子具有萌发快、萌发率高的特点。在动物捕食的影响下，大种子比小种子具有较低的生存概率，大种子较小种子难进入土壤，在土壤表面存留时间长，在不同坡面上研究得出种子密度越大，种子在坡面上的位移越小，种子流失率越低，但是在降水量较大的地区，重量大的种子能够抵抗雨滴击溅和泥沙搬运，减少单位面积种子的散失（于顺利等，2007；Isselin-Nondedeu et al.，2006；Han et al.，2011）。所以，种子形态受诸多外因和内因的影响。

因此，种子在不同生境条件下涉及研究的内容较多，包括种子生产、扩散、捕食和萌发。本试验对于短花针茅种子性状的研究关键在于不同放牧强度下自身的反应情况和种子萌发能力的研究，面对不同的环境条件，种子会选择什么时候萌发，萌发多少，以及种子适应环境所表现出来的形态特征是目前研究的主要问题。

# 第四节　短花针茅种子性状与萌发特征

短花针茅颖果主要由两部分组成，即种子和芒柱，芒柱分为旋转部、膝曲部和尾部（图 3-8）。种子性状特点和芒柱表面形态特征如长度、宽度、重量等某一要素的变化反应对不同放牧强度的适应对策。

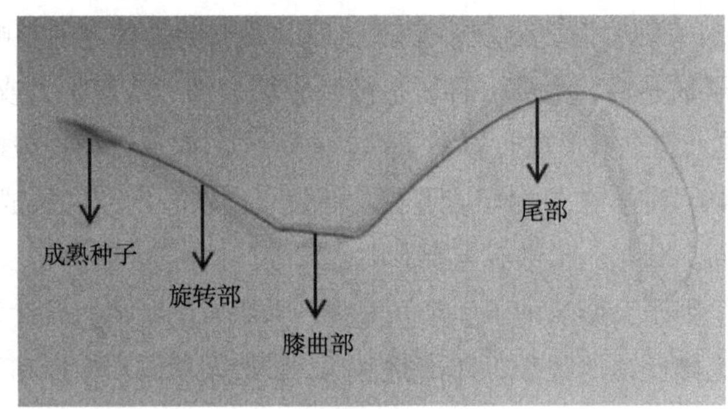


图 3-8　短花针茅颖果结构

## 一、种子性状

种子是植物进行有性繁殖的繁殖体，它可以完全脱离母体借助外力来进行空间上的散布和生长，在特殊的环境条件下种子会表现出对不同环境的适应能力。对于生长在恶劣生境的短花针茅，其萌发特性和种子性状是适应环境的一种生存对策。试验结果得出，随着放牧强度的增加，种子长度显著减小，NG 处理显著大于 MG 和 HG 处理（$P<0.05$）；种子宽度变化趋势在 NG 处理下最高，为 0.69mm。随着放牧强度的增加，种子宽度显著降低（$P<0.05$），依次为 0.63mm 和 0.61mm，MG 和 HG 处理之间无显著性差异。种子重量在 NG 处理下最高，为 0.002g，显著高于 MG 和 HG 处理，其重量是其他两个放牧处理的 2 倍。种子芒柱重的变化趋势与种子的长、宽和重一致，NG 处理下芒柱重为 0.001 3g，显著高于 MG 和 HG 处理（$P<0.05$）（图 3-9）。

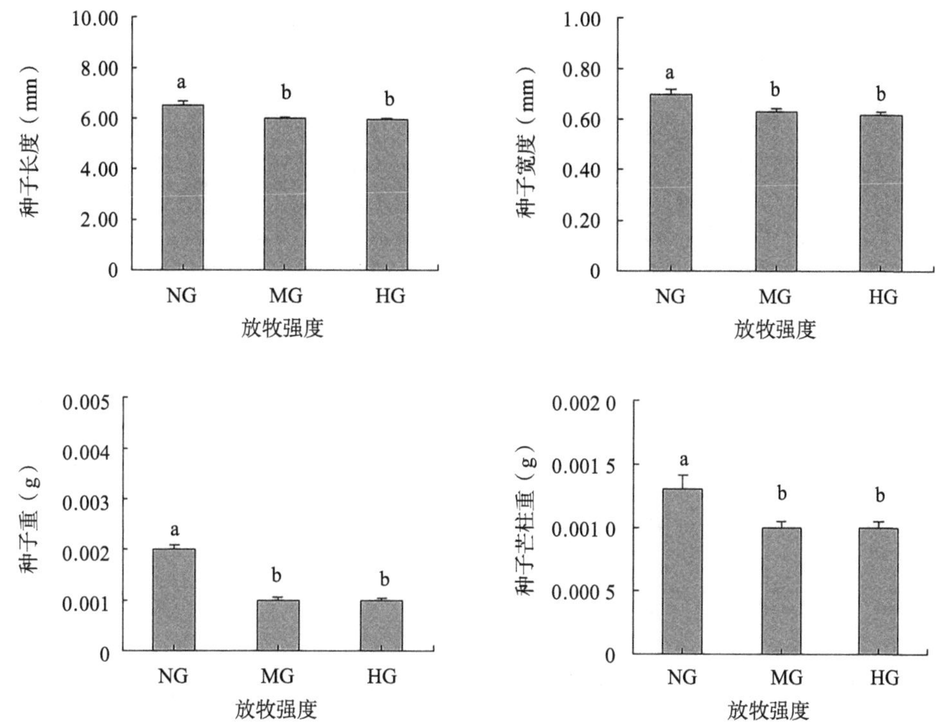


**图 3-9　不同放牧强度下短花针茅种子性状（平均值 ± 标准误差）**

## 二、芒柱旋转部

芒柱旋转部各性状在不同放牧强度下都有显著性变化，旋转部长在 NG 表现最长，为 15.43mm，随着放牧强度的增加，旋转部长呈先减少后增加的变化趋势，HG（11.21mm）显著高于 MG（$P$<0.05）；旋转部宽在 NG 为 0.25mm，显著高于 MG 和 HG（$P$<0.05），HG 和 MG 之间无显著变化。旋转部重变化趋势与旋转部长相一致，各处理之间有显著性差异（$P$<0.05），NG（0.000 67g）是 MG 的 2 倍多，是 HG 的 1.5 倍（图 3-10）。

## 三、芒柱膝曲部

芒柱膝曲部长度在各放牧处理条件下，NG 显著高于 MG 和 HG，为 6.88mm（$P$<0.05），MG 和 HG 处理之间无显著性变化。种子膝曲部宽 NG 和 HG 显著高于 MG（$P$<0.05），MG 最小，为 0.197mm。膝曲部重在不同放牧处理下无显著性响应（图 3-11）。

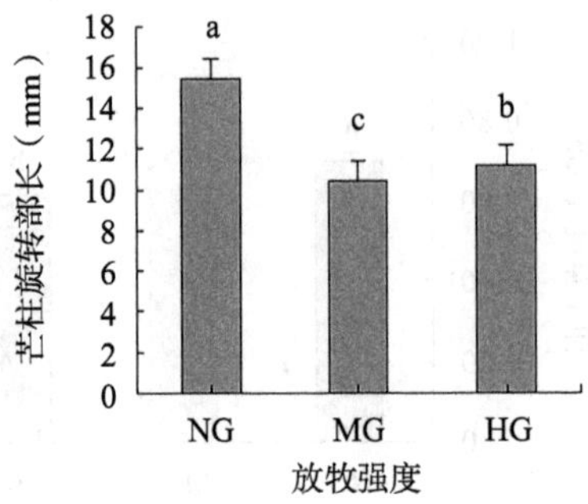


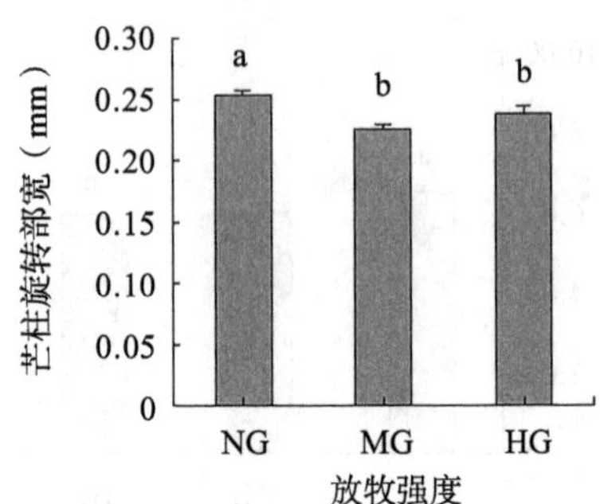


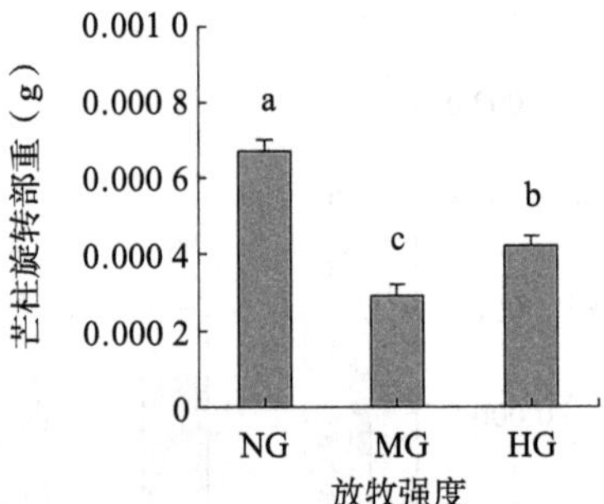


**图 3-10　不同放牧强度下短花针茅芒柱旋转部性状（平均值 ± 标准误差）**

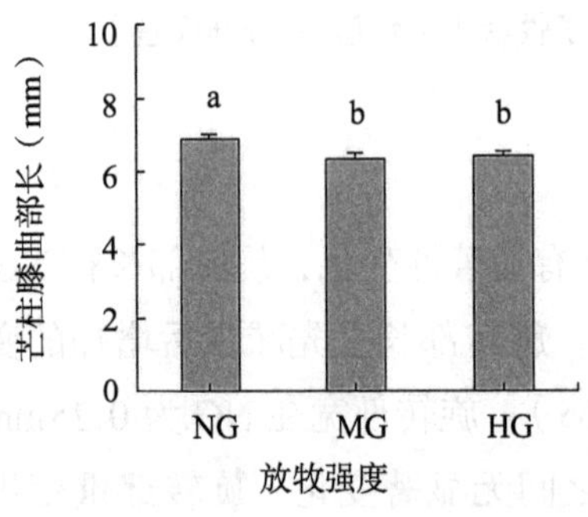


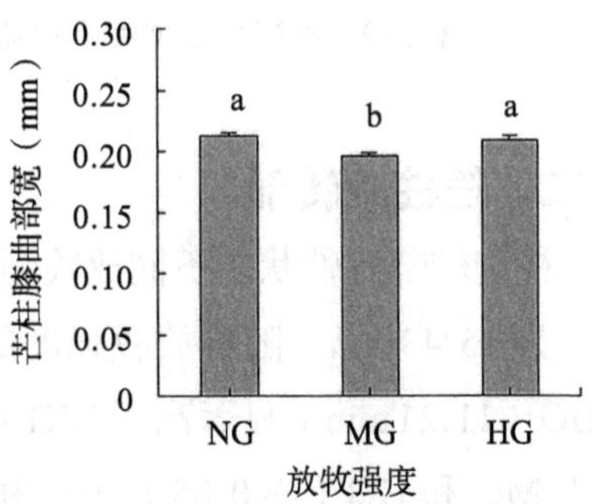


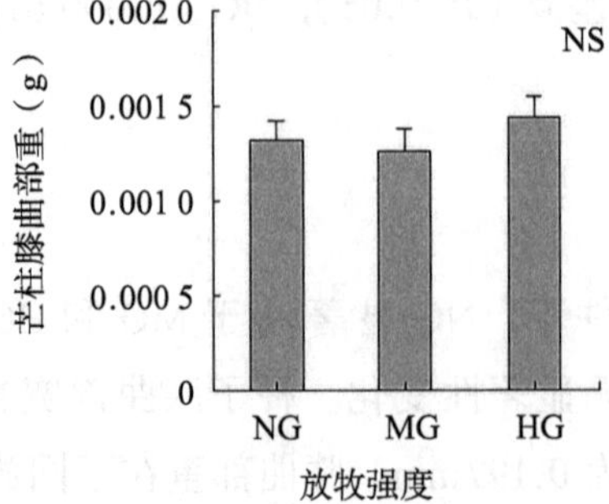


**图 3-11　不同放牧强度下短花针茅芒柱膝曲部性状（平均值 ± 标准误差）**

## 四、芒柱尾部

种子尾部长度在不同放牧处理下无显著性差异，种子尾部宽随放牧强度的增加显著增加（$P<0.05$），NG 处理宽度最小为 0.116mm，HG 处理宽度最大，为 0.133mm，种子尾部重 NG 处理最高，随着放牧强度的增加尾部重呈显著降低的变化趋势，这说明在较高的放牧强度下，短花针茅为了种子的再繁殖，就要降低种子尾部重量，借助风力进行传播，可以逃离不利的环境，这是植物长期适应外界环境压力的对策（图 3-12）。

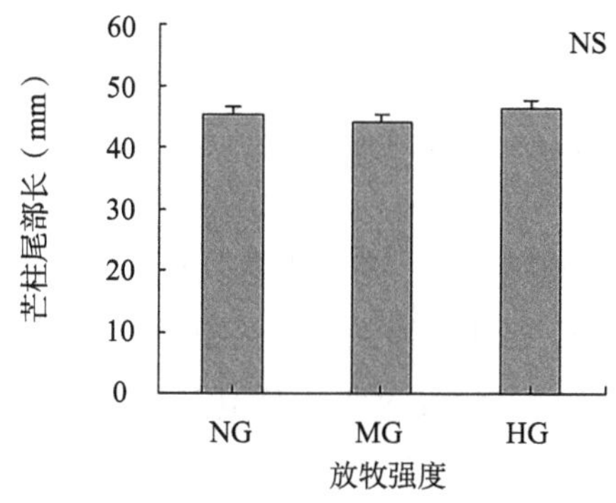


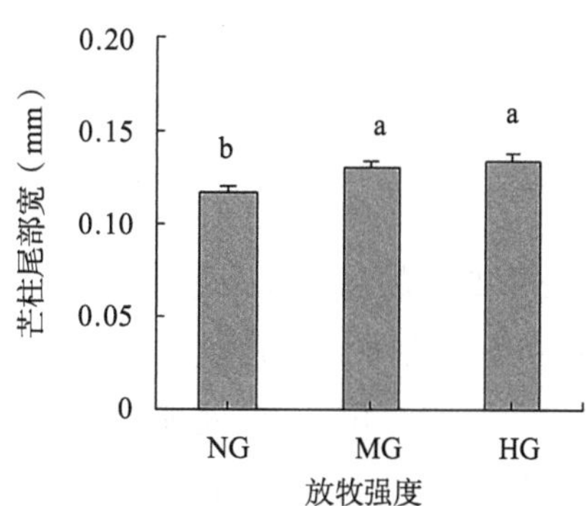


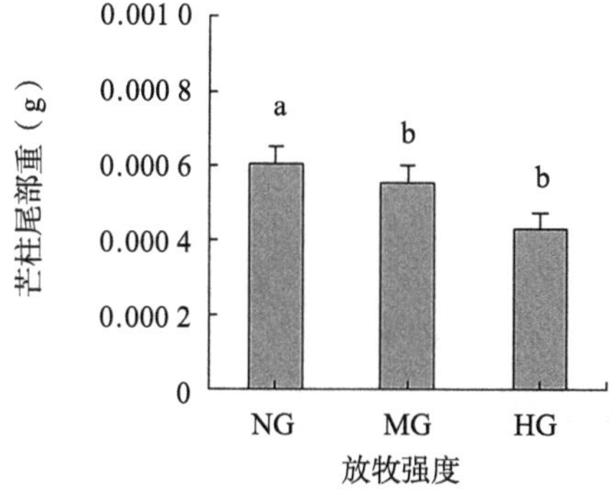


**图 3-12　不同放牧强度下短花针茅芒柱尾部性状（平均值 ± 标准误差）**

## 五、种子萌发特征

种子萌发是植物繁殖成功的关键过程，种子萌发速率的差异体现了植物对各自生境的适应。由图 3-13 可以得出，在 1~3d，不同放牧处理下，短花针茅种子都无发芽现象。种子当天发芽数在第 3 至第 7 天，出现第 1 次发芽高峰，HG 处

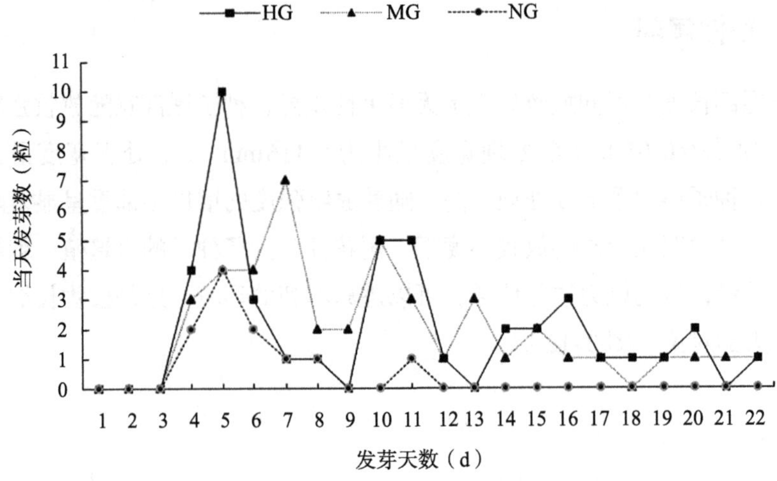


**图 3-13　不同放牧强度下短花针茅种子当天发芽数变化**

理在第 5 天的当天发芽数为 10 粒，占供发芽数的 1/5，在第 1 次发芽高峰期中 HG 处理发芽累计数占供发芽粒数的 36%。MG 处理下当天，发芽数峰值出现在第 7 天，为 7 粒。NG 处理 5 天当天萌发数是整个萌发过程中最高的，为 4 粒。第 2 次较小的发芽高峰期，出现在第 9 至第 11 天，第 10 天，MG 和 HG 处理下的种子发芽率均在 50% 以上。在第 12 至第 22 天发芽趋于平缓，种子发芽过程结束后，在各放牧强度水平下，HG 和 MG 处理的累积发芽率均在 85% 以上，NG 处理的累积发芽率仅为 22%（图 3-14）。

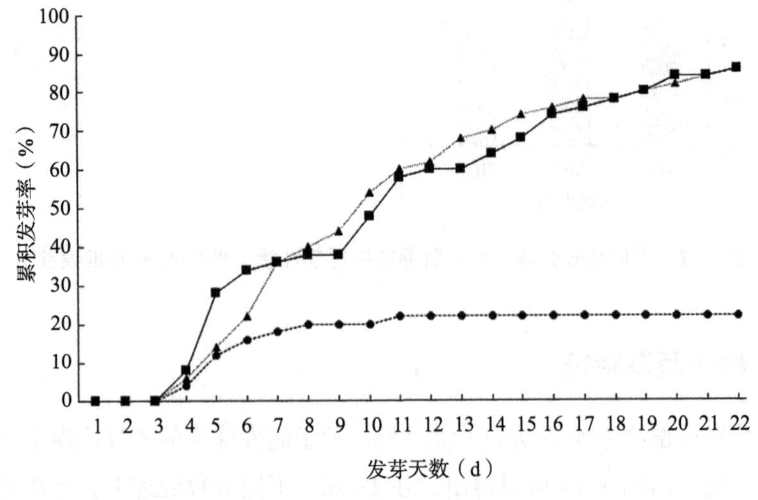


**图 3-14　不同放牧强度下短花针茅种子累积发芽率变化**

## 六、种子发芽各项指标动态

本试验研究中，短花针茅种子发芽指标包括：发芽势、发芽率、未发芽率、平均发芽率和发芽指数，同一结实时间的不同放牧强度，各项指标存在差异性。NG 处理的发芽率为 0.22%，MG 和 HG 处理的发芽率显著高于 NG，是 NG 的 4 倍（$P$<0.05）。说明放牧会增加种子萌发的活性，平均发芽率 MG 和 HG 处理显著高于 NG 处理（$P$<0.05），MG 处理平均发芽率最高，为 5.34%。种子发芽指数是种子活力的重要指标之一，发芽指数越高，活力就越高，NG 处理下种子发芽指数仅为 0.40，MG 和 HG 处理发芽指数显著高于 NG 处理（$P$<0.05），分别为 1.09 和 1.00（表 3-10）。发芽势是规定 7d 内种子的发芽数，试验结果得出，各放牧处理的发芽势无显著性差异。

**表 3-10　不同放牧强度下短花针茅成熟种子发芽各项指标动态比较（均值 ± 标准误）**

| 项目 | NG | MG | HG |
|---|---|---|---|
| 发芽势（%） | 0.18 ± 0.09a | 0.38 ± 0.07a | 0.36 ± 0.04a |
| 发芽率（%） | 0.22 ± 0.09b | 0.88 ± 0.04a | 0.86 ± 0.06a |
| 未发芽率（%） | 0.78 ± 0.09a | 0.12 ± 0.04b | 0.14 ± 0.06b |
| 平均发芽率（%） | 3.11 ± 1.20b | 5.34 ± 0.65a | 4.82 ± 0.59a |
| 发芽指数 | 0.40 ± 0.20b | 1.09 ± 0.10a | 1.00 ± 0.18a |

注：相同指标同行不同字母表示不同处理间差异显著（$P$<0.05）。

种子作为植物生命载体的繁殖器官，在高等植物生活史中占据着重要地位，作为一个能够独立生存的生命体，承担着植物适应进化选择作用。种子性状是长期因生境差异不同而表现出的性状特征。种子重量就是躲避环境的一种性状表现，因为重量较轻的种子更有利于借助外界动物和风力进行扩散传播；在放牧区，家畜动物的过度采食，使得草地退化，在逆境条件下，短花针茅种子为了躲避该区域，从而借助风力扩散到适宜的萌发生境中，风力扩散种子较小，重量较轻，这样种子就容易扩散到离母体较远的生境。本试验得出，放牧条件下的短花针茅种子重量要显著低于不放牧处理，不放牧处理下的种子长度和宽度同样显高于放牧处理（$P$<0.05），这与包丽颖（2015）采煤沉陷干扰导致种子千粒重下降的结果相一致。植物从种子长到幼苗是一生中最重要的时期，当种子处在不可预测、多变复杂的环境，面临着较高的死亡风险，在多种选择压力下，植物生活史

对策的最大生态效益是减少不利条件下个体死亡的风险（Cavieres et al.，2000；王桔红等，2009）。在放牧处理下获得的种子有较高的发芽率，这与王桔红研究的风扩散性种子，有较高的萌发率和较早萌发开始时间的结论相一致；本试验结果得出，不放牧处理下短花针茅种子的累积发芽率为22%，放牧处理下短花针茅种子的累积发芽率为85%，Greenberg等（2001）研究认为，在恶劣环境下，许多植物进化出两种对立的萌发对策，一是“保持休眠”的萌发对策，即种子成熟后在适宜的萌发条件下仍保持缓慢萌发或休眠状态，在不放牧处理下种子萌发率在22%，表明在长期不放牧的环境下，种子保持休眠的萌发对策，降低了植物生存的危险，这样大量的种子可以保留在种子库中，降低了种子萌发和幼苗建植过程中的死亡风险，为未知的环境变化做好准备，确保种族的延续；另一种是“冒险”的萌发对策，即一旦遇到有利的条件，如光、水或适宜的温度，种子便迅速萌发，进行成员的补充。在放牧条件下，种子萌发率在85%以上，因为家畜动物采食会减少优势种的数量，为了防止种群灭亡，冒险型种子会对水和温度产生积极响应，如遇适宜的环境条件，种子快速萌发占领生境，具有时间和空间上的优势（Greenberg et al.，2001）。放牧处理下成熟种子各性状的减小也可以避免草食动物的采食，王树林等（2017）在研究禾本科植物种子形态对瘤胃液消化反应得出，种子在动物体内停留时间过长，消化道内的微生物、酶和消化液会给种子造成致命伤害，并且有可能将种子彻底消化掉。有研究结果表明，小种子经食草动物消化道后更容易存活，这是由于小种子通过消化道的速率较快，不仅能够在动物咀嚼过程中成功逃脱，而且被反刍破坏的可能性也较小（鲁为华等，2013）。

# 第四章

# 放牧对荒漠草原地表沙尘释放与传输作用机制的研究

土壤侵蚀（Soil erosion）在地球上非常普遍，几乎影响着所有的陆地生态系统类型。全球陆地面积中，受水蚀（Water erosion）和风蚀（Wind erosion）影响的面积分别有 10.54 亿 $hm^2$ 和 5.45 亿 $hm^2$，因此，土壤侵蚀被列为世界最严重的环境问题之一。有许多研究表明，很多古老文明的衰落与土壤侵蚀有着直接的关系。在干旱半干旱地区，土壤风蚀是最主要侵蚀类型，影响着超过 1/3 的地球陆地面积，在北非、中东、中亚、澳大利亚、北美和中国北方都造成了严重的环境问题。风沙带走大量的土壤营养物质，是荒漠化地区土壤养分变异的重要驱动力。荒漠化过程中的地表粗化、营养物质丧失以及植被退化等，都与土壤风蚀有直接或间接关系。中国是世界上面临荒漠化问题最严重的国家之一，2015 年发布的《中国荒漠和沙漠化状况公报》指出，中国荒漠化土地总面积 261.16 万 $km^2$，占国土总面积的 27.20%，与第四次监测结果（2009 年）相比，虽然荒漠化和沙化状况都有所缓解，但防治荒漠化进程仍是我国边疆地区主要的环境问题。荒漠化类型按照形成的主要原因可以分为风蚀、水蚀、盐渍化和冻融荒漠化等四种类型，其中风蚀荒漠化占全国荒漠化土地总面积的 69.93%，是我国土地荒漠化主要类型。内蒙古自治区荒漠化面积 60.92 万 $km^2$，占全国荒漠化面积的 23%。除了已经荒漠化的土地，我国还有相当一部分土地由于土地过度利用或水资源匮乏等原因临界与沙化与非沙化土地之间，截至 2014 年，全国具有明显沙化趋势的土地面积为 30.03 万 $km^2$，内蒙古占到一半以上，达到 17.40 万 $km^2$；因此，全国荒漠化问题依然严重，而内蒙古是荒漠化问题发生的重点省区。

放牧作为草地利用的主要方式，全世界超过 50% 的草地面积存在过度放牧，过度放牧导致草地土壤侵蚀加剧。由超载过牧导致的草地退化沙化是沙化土地面积的重要来源，放牧导致的草地风蚀加剧和草地沙化现象已经引起人们的普遍关注。内蒙古中西部的强沙尘暴几乎占我国北方沙尘暴总频数的2/3（李万元等，2007），草地的不合理利用也是引起沙尘暴频发的主要原因之一。因此，研究放牧利用下草原风蚀和固沙能力将有助于合理利用天然草地，对维持天然草原的生态服务功能具有重要意义。目前开展的研究主要是在自然状态下的风沙流结构方面（贺晶等，2015；丁延龙等，2016），关于放牧干扰下的防风固沙能力方面的研究还较为缺乏。李永强等（2016）研究表明放牧强度对风沙通量有不同程度的影响，放牧强度越大，风蚀越严重，这些研究对放牧干扰下草地风蚀的影响进行了初步探索。放牧干扰措施对草地防风固沙功能影响的机理还需要进一步阐明。本放牧试验于2020—2022年进行，试验设置4个放牧处理和1个对照组，每个处理3个重复，分别是轻度放牧（LG）、中度放牧（MG）、重度放牧（HG）、极重度放牧（EG）和对照（CK），共15个放牧小区。每个放牧小区面积2.60hm$^2$，样地随机分布，每个放牧小区内分别放牧苏尼特羊4只、8只、12只、18只，换算成羊的载畜率分别为1.54只/（hm$^2$·年）、3.08只/（hm$^2$·年）、4.62只/（hm$^2$·年）、6.92只/（hm$^2$·年）和0只/（hm$^2$·年），每年5月中旬开始放牧，9月末结束放牧，期间羊群不归牧，每个小区内配有饮水装置。

## 第一节　不同放牧强度下荒漠草原输沙率与日平均输沙通量特征变化

输沙率作为评价地表土壤侵蚀和土地荒漠化的重要指标，目前关于输沙率的研究主要倾向于理论计算、输沙高度与输沙率的关系以及群落特征与输沙率的关系等（康永德等，2019）。大多数学者对输沙率与输沙高度的关系进行研究发现，输沙率随着输沙高度的升高呈幂函数、分段函数和指数函数变化。其中，闫德仁等在2020年的研究中发现输沙率随着高度的增大而降低，其拟合方程为幂函数的变化特征（闫德仁等，2020）。另外，哈斯在腾格里沙漠研究了迎风坡和背风坡不同部位的输沙率和高度的关系，结果发现在迎风坡和背风坡的下部输沙率和高度之间的关系为指数函数分布，背风坡上部为幂函数分布，且均随高度的升高，输沙率呈下降趋势（哈斯等，2004）。

## 一、输沙率随高度的变化特征

将 2021—2022 年连续两年内输沙率随高度的变化整理成图，结果如图 4-1 所示，在 2021—2022 年，各放牧处理之间的输沙率均随着高度的上升呈现下降趋势，通过对高度（$H$）和输沙率（$q_H$）的拟合，建立两者的函数模型（表 4-1），可以发现，随着高度的升高，输沙率表现出幂函数降低趋势，表达式为：

$$q_H = aH^{-b} \tag{4-1}$$

式中，$q_H$ 为输沙率；$H$ 为高度；$a$、$b$ 为系数。

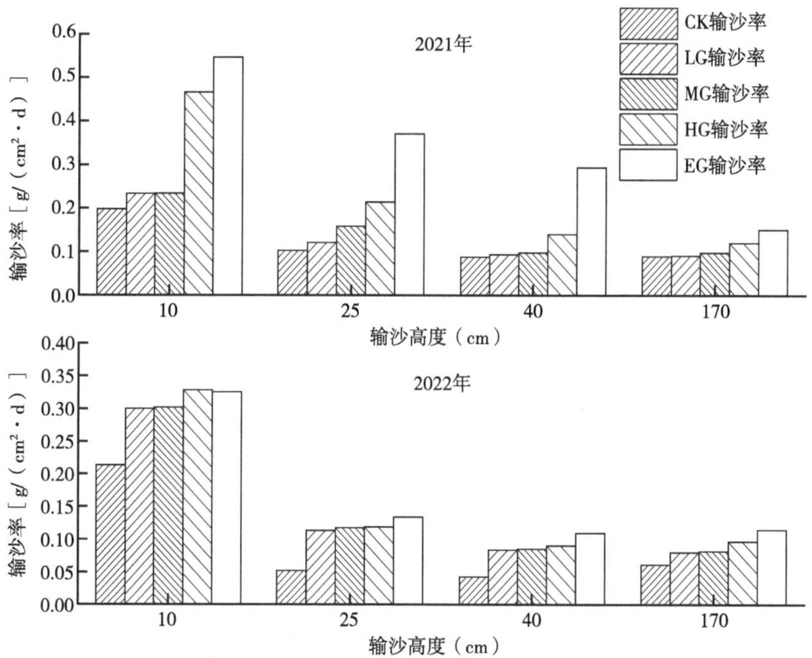


**图 4-1　2021—2022 年输沙率随高度变化特征**

**表 4-1　2021—2022 年不同放牧强度输沙率与高度拟合函数**

| 放牧处理 | 2021 年 | | 2022 年 | |
|---|---|---|---|---|
| | 拟合函数 | $R^2$ | 拟合函数 | $R^2$ |
| CK | $y$=0.454 6$x^{-0.398}$ | 0.75 | $y$=3.155 3$x^{-1.179}$ | 0.83 |
| LG | $y$=0.667 0$x^{-0.482}$ | 0.84 | $y$=1.321 4$x^{-0.634}$ | 0.87 |
| MG | $y$=0.569 6$x^{-0.402}$ | 0.86 | $y$=1.849 7$x^{-0.801}$ | 0.90 |

（续表）

| 放牧处理 | 2021 年 | | 2022 年 | |
|---|---|---|---|---|
| | 拟合函数 | $R^2$ | 拟合函数 | $R^2$ |
| HG | $y$=2.412 3$x^{-0.725}$ | 0.93 | $y$=1.939 9$x^{-0.824}$ | 0.90 |
| EG | $y$=1.535 0$x^{-0.447}$ | 0.99 | $y$=2.093 4$x^{-0.820}$ | 0.88 |

由图 4-1 可知，CK 对照处理输沙率随着高度变化整体呈现幂函数单调递减趋势。其中，在 2021 年 4 月，CK 对照组在距地面 10cm 处的输沙率为 0.198g/（cm$^2$ · d），25cm 处的输沙率为 0.103g/（cm$^2$ · d），40cm 处下降为 0.088g/（cm$^2$ · d），170cm 处的输沙率上升为 0.090g/（cm$^2$ · d），但是和 40cm 处的输沙率相比上升幅度较低，输沙率整体呈下降趋势。到了 2022 年 4 月，CK 对照处理在距离地面 10cm 处的输沙率为 0.213g/（cm$^2$ · d），25cm 处下降为 0.052g/（cm$^2$ · d），40cm 处的输沙率为 0.043g/（cm$^2$ · d），170cm 处的输沙率为 0.061g/（cm$^2$ · d）。由表 4-1 可知，2021 年 CK 处理下，输沙率与高度的拟合方程为 $y$=0.454 6$x^{-0.398}$。到了 2022 年，CK 处理下输沙率与高度的拟合方程为 $y$=3.155 3$x^{-1.179}$。整体看来，两年中 CK 对照处理的风沙活动主要以 0~10cm 范围为主，而且两年的输沙率均在距离地面 10cm 最大。

LG 处理输沙率与高度的变化趋势与对照处理类似。随着高度的上升，输沙率逐渐降低。2021 年输沙率由 0~10cm 高度处的 0.233g/（cm$^2$ · d）下降到 25cm 处的 0.121g/（cm$^2$ · d），随后在 40cm 处下降为 0.094g/（cm$^2$ · d）。当高度上升到 170cm 时，输沙率下降为 0.091g/（cm$^2$ · d），变化逐渐稳定。2022 年输沙率在 10cm 处为 0.300g/（cm$^2$ · d），25cm 下降到 0.113g/（cm$^2$ · d），随后在高度达到 40cm 和 170cm 时，输沙率稳定在了 0.083g/（cm$^2$ · d）和 0.080g/（cm$^2$ · d）左右。另外，通过函数模型可以看到 2021 年 LG 处理下，输沙率与高度的拟合方程为 $y$=0.667 0$x^{-0.482}$。2022 年输沙率与高度的拟合方程为 $y$=1.321 4$x^{-0.634}$。输沙率在 25~40cm 范围内下降明显，在 40~170cm 时变化趋于稳定。两年中，输沙率最大出现在 0~10cm 处，与 CK 对照处理相似，但是输沙率整体有了明显升高。

2021 年 MG 处理在 10cm 处的输沙率为 0.234g/（cm$^2$ · d），25cm 处的输沙率为 0.158g/（cm$^2$ · d），40cm 处的输沙率为 0.098g/（cm$^2$ · d），170cm 处的输沙率为 0.097g/（cm$^2$ · d）。2022 年 MG 处理在 10cm 处的输沙率为 0.302g/

（$cm^2 \cdot d$），25cm 处的输沙率下降为 0.118g/（$cm^2 \cdot d$），40cm 高度处的输沙率为 0.085g/（$cm^2 \cdot d$），170cm 处的输沙率为 0.082g/（$cm^2 \cdot d$）。整体来看，MG 处理下 10cm 和 25cm 两个高度处的输沙率下降明显，40cm 和 170cm 最上面两层输沙率变化不明显。风沙流在 0~25cm 范围内活动剧烈，但输沙率在 0~10cm 范围内最大，明显高于其他 3 个高度。结合相关函数模型可以看出，2021 年 MG 处理输沙率与高度的拟合方程为 $y=0.569\,6x^{-0.402}$。2022 年 MG 处理输沙率与高度的拟合方程为 $y=1.849\,7x^{-0.801}$。

HG 处理下，2021 年输沙率在 10cm 处为 0.466g/（$cm^2 \cdot d$），25cm 处输沙率为 0.214g/（$cm^2 \cdot d$），40cm 处输沙率下降为 0.140g/（$cm^2 \cdot d$），170cm 处输沙率为 0.121g/（$cm^2 \cdot d$）。2022 年 10cm 处的输沙率为 0.328g/（$cm^2 \cdot d$），25cm 处的输沙率为 0.119g/（$cm^2 \cdot d$），40cm 处的输沙率为 0.090g/（$cm^2 \cdot d$），170cm 处的输沙率与 40cm 处相比略有上升，达到 0.097g/（$cm^2 \cdot d$），但是整体来看，随着高度的升高，输沙率处于下降趋势。在 10cm 和 25cm 两层高度的输沙率下降最明显，高度为 40cm 和 170cm 时，输沙率的变化趋于平稳，综上所述，HG 处理的风沙活动主要集中在 0~25cm 附近，但在 10cm 处的输沙率最大，明显高于其他 3 个高度。结合函数模型，2021 年 HG 处理输沙率与高度的拟合方程为 $y=2.412\,3x^{-0.725}$。2022 年输沙率与高度的拟合方程为 $y=1.939\,9x^{-0.824}$。该放牧处理下，输沙率随高度变化呈负幂函数递减趋势，两者拟合效果良好。

2021 年 EG 处理在高度 10cm 处的输沙率为 0.546g/（$cm^2 \cdot d$），25cm 处的输沙率为 0.371g/（$cm^2 \cdot d$），40cm 处输沙率下降为 0.294g/（$cm^2 \cdot d$），170cm 处的输沙率最低，下降为 0.151g/（$cm^2 \cdot d$）。2022 年 EG 处理在高度 10cm 处的输沙率为 0.325g/（$cm^2 \cdot d$），25cm 处的输沙率为 0.134g/（$cm^2 \cdot d$），高度上升到 40cm 时，输沙率为 0.115g/（$cm^2 \cdot d$），170cm 处的输沙率为 0.110g/（$cm^2 \cdot d$）。综合看来，EG 处理下的风沙流在 0~25cm 范围内最活跃，输沙率在此区间下降最明显，而且输沙率在 10cm 处最大，显著高于其他 3 个高度。当高度达到 40~170cm 范围时，输沙率变化趋于平稳。结合相关函数模型，2021 年 EG 处理输沙率与高度的拟合方程为 $y=1.535\,0x^{-0.447}$。2022 年该处理输沙率与高度的拟合方程为 $y=2.093\,4x^{-0.820}$。通过观察发现，EG 处理下，输沙率随高度变化呈下降趋势，而且两者之间拟合效果良好。

综上所述，各放牧处理中，输沙率均随高度的升高而下降，两者之间符合幂函数形式，相关性系数高。另外，各放牧处理的输沙率均在 10cm 高度处最大，而且输沙率在高度低于40cm时变化最明显，当高度在40~170cm时，输沙率的变化逐渐平稳。此外，在距离地面相同高度处，随着放牧强度的增大，输沙率逐渐增大。而且在各放牧处理下，随着高度的升高，输沙率的变化趋势呈逐级递减，而且在近地面0~10cm处，HG和EG处理的输沙率要显著高于CK和LG处理，各放牧处理规律一致。不同放牧处理下输沙率的变化规律为EG>HG>MG>LG>CK。

为进一步分析输沙率随高度的变化规律，在图4-1的基础上确定输沙率与高度的函数模型，详细结果见表4-1，通过结果可以发现，2021年各放牧处理输沙率与高度的相关性系数分别为0.75、0.84、0.86、0.93和0.99。2022年各放牧处理输沙率与高度的相关性系数分别为0.83、0.87、0.90、0.90和0.88。综合来看，各函数拟合良好，整体趋势保持一致，均为负幂函数单调递减趋势。

对不同高度的输沙率进行方差分析，能够反映出对应高度在相同时间内的风沙流强度。表4-2的结果表明，2021—2022年，集沙高度和放牧强度对输沙率的影响达到显著水平（$P<0.05$）。两者的交互作用对输沙率的影响也达到显著水平（$P<0.05$）。2021年各放牧处理在不同集沙高度的平均输沙率分别为0.12g/（$cm^2\cdot d$）、0.13g/（$cm^2\cdot d$）、0.15g/（$cm^2\cdot d$）、0.24g/（$cm^2\cdot d$） 和 0.34g/（$cm^2\cdot d$）。到了2022年各放牧处理在不同集沙高度的平均输沙率分别为0.09g/（$cm^2\cdot d$）、0.14g/（$cm^2\cdot d$）、0.15g/（$cm^2\cdot d$）、0.16g/（$cm^2\cdot d$） 和 0.17g/（$cm^2\cdot d$）。随着放牧强度增大，平均输沙率在逐渐增大。当放牧强度为重度和极重度时，平均输沙率的差别逐渐降低。

**表4-2 集沙高度和放牧处理影响的方差分析**

| 年份 | 因子 | 平方和（SS） | 自由度（Df） | 均方（MS） | $F$ | $P$ |
|---|---|---|---|---|---|---|
| 2021 | 集沙高度 | 0.445 | 3 | 0.148 | 23.514 | <0.05 |
| | 放牧处理 | 0.413 | 4 | 0.103 | 16.362 | <0.05 |
| | 集沙高度 × 放牧处理 | 0.129 | 12 | 0.011 | 1.710 | <0.05 |
| | 误差 | 0.252 | 40 | 0.006 | | |
| 2022 | 集沙高度 | 0.463 | 3 | 0.154 | 58.909 | <0.05 |
| | 放牧处理 | 0.043 | 4 | 0.011 | 4.132 | <0.05 |
| | 集沙高度 × 放牧处理 | 0.007 | 12 | 0.001 | 0.229 | <0.05 |
| | 误差 | 0.105 | 40 | 0.003 | | |

## 二、不同放牧强度下日平均输沙通量变化特征

根据输沙率与高度的拟合方程计算不同放牧强度的水平输沙通量，详见图 4-2。从图 4-2 中可以看到，2021 年 CK 处理的日平均输沙通量为 12.08g/（m · d），LG 处理的日平均输沙通量为 14.00g/（m · d），MG 处理的日平均输沙通量为 14.97g/（m · d），HG 处理的日平均输沙通量为 31.13g/（m · d），EG 处理的日平均输沙通量为 35.44g/（m · d）。2022 年 CK 处理的日平均输沙通量为 7.74g/（m · d），LG 处理的日平均输沙通量为 19.46g/（m · d），MG 处理的日平均输沙通量为 23.23g/（m · d），HG 处理的日平均输沙通量为 24.77g/（m · d），EG 处理的日平均输沙通量为 26.66g/（m · d）。两年中 EG 处理的日平均输沙通量显著高于其他 4 个放牧处理。两年中 EG 处理的输沙通量分别是 CK 处理的 2.93 倍和 3.44 倍。不同放牧强度下的日平均输沙通量的变化为 EG>HG>MG>LG>CK。造成输沙通量在不同放牧处理之间差异性的主要原因是放牧导致植物群落的覆盖度下降，进而引起沙尘释放和输移的速率加快。因此，日平均输沙通量的变化与植物群落特征之间关系密切。

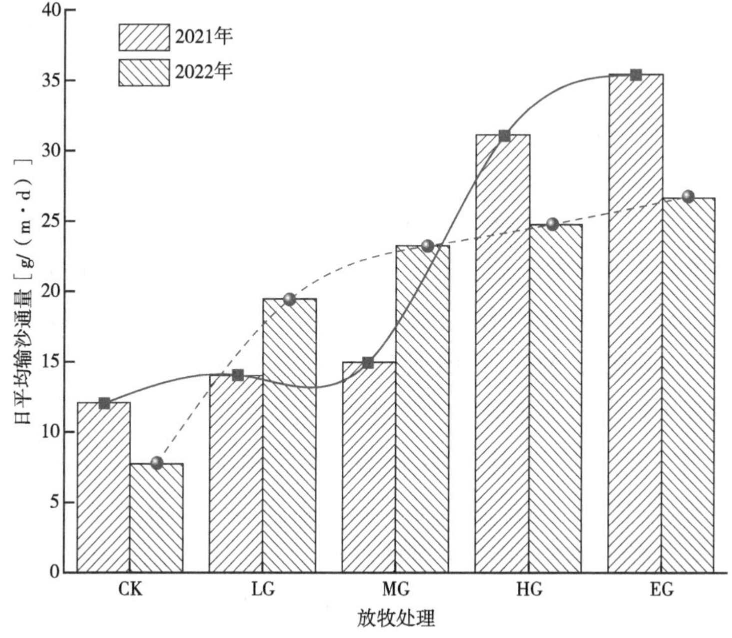


**图 4-2　2021—2022 年不同放牧强度下日平均输沙通量变化**

## 三、草地群落特征对输沙通量的影响

**1. 不同放牧强度对群落高度的影响**

放牧时间和放牧强度都是影响群落高度的主要原因。方差分析发现，放牧月份和放牧强度对群落高度的影响均达到显著水平（$P<0.05$），而且两者的交叉作用对群落高度的影响也达到了显著水平（$P<0.05$）。2021 年群落的高度在 5—9 月，各月份的群落高度随着放牧强度的增大呈现下降趋势。但是不同放牧强度的群落平均高度在 8 月达到一年中的峰值，为 12.04cm。随着天气的变冷，群落的生长速度变缓，到了生长末期，群落的高度逐渐降低。9 月群落的平均高度为 8.38cm，和 5 月的 6.96cm 相比略高一些，这两个月的群落平均高度均属于年内的低值。2022 年的变化规律与 2021 年相似，在 8 月群落的平均高度达到一年内的峰值。

在不同放牧强度下，2021 年中 CK、LG、MG、HG 和 EG 的群落平均高度分别为 11.67cm、10.65cm、8.56cm、7.41cm 和 6.79cm。通过对不同放牧处理的多重比较发现，CK 处理的群落平均高度显著高于 MG、HG 和 EG 处理（$P<0.05$）。但是 LG 处理和 CK 处理之间差异不显著。EG 和 HG 处理的群落平均高度显著低于 LG 和 MG 处理（$P<0.05$），但是它们两者之间未达到显著水平。不同的放牧月份单独进行比较发现，5 月 CK 的群落平均高度与 LG、MG 两个处理之间未达到显著水平，其余各处理之间差异显著（$P<0.05$）；6 月 CK 的群落平均高度与 LG 处理之间未达到显著水平，但两者均显著高于其他放牧处理（$P<0.05$）；7 月 CK 的群落平均高度与 LG、MG 两个处理之间未达到显著水平，但是显著高于其余两个放牧处理（$P<0.05$），MG 处理与 HG 处理之间未达到显著水平，EG 和 HG 之间未达到显著水平；8 月 CK 群落平均高度显著高于其他放牧处理（$P<0.05$），MG 和 HG 处理之间未达到显著水平，HG 和 EG 处理之间也未达到显著水平；9 月不同放牧处理之间群落平均高度的差异性与 8 月一致。

2022 年中 CK、LG、MG、HG 和 EG 的群落平均高度分别为 9.81cm、8.22cm、6.33cm、5.06cm 和 5.01cm。与 2021 年相比，各放牧处理的群落平均高度略有下降。不同放牧处理的多重比较发现，CK 处理的群落平均高度显著高于其他放牧处理（$P<0.05$）。HG 和 EG 处理的群落平均高度显著低于其他放牧处理（$P<0.05$），但 HG 和 EG 处理未达到显著水平。不同放牧月份单独比较，各月份中群落平均高度与放牧处理的显著性与 2021 年相似（图 4-3、表 4-3）。

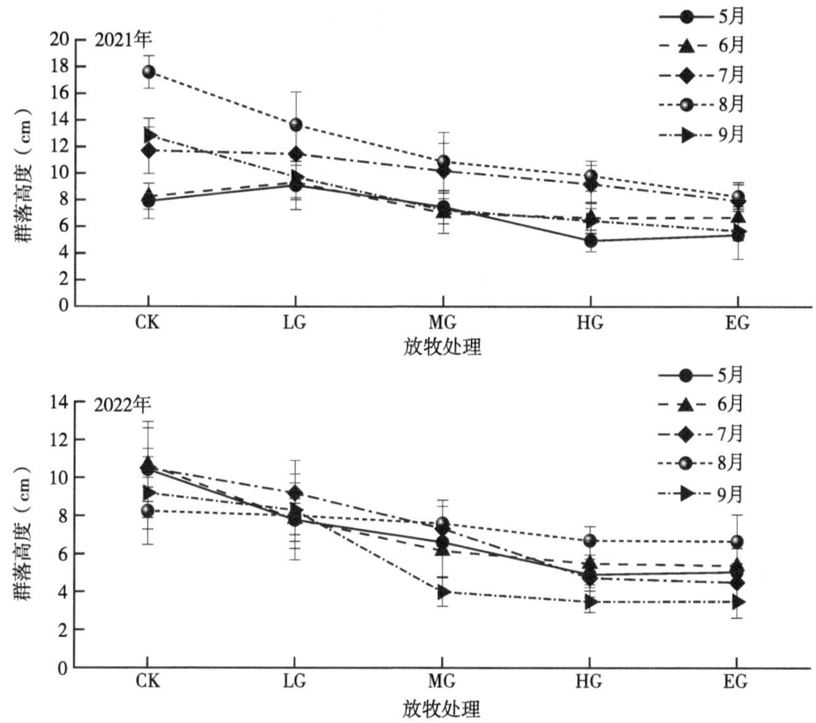


**图 4-3　不同放牧时期放牧影响下的群落高度**

**表 4-3　不同放牧处理和月份对群落高度影响的方差分析**

| 年份 | 因子 | 平方和（SS） | 自由度（Df） | 均方（MS） | *F* | *P* |
|---|---|---|---|---|---|---|
| 2021 | 月份 | 766.043 | 4 | 191.511 | 87.684 | <0.05 |
| | 放牧处理 | 784.745 | 4 | 196.186 | 89.825 | <0.05 |
| | 月份 × 放牧处理 | 257.797 | 16 | 16.112 | 7.377 | <0.05 |
| | 误差 | 436.821 | 200 | 2.184 | | |
| 2022 | 月份 | 86.501 | 4 | 21.625 | 12.106 | <0.05 |
| | 放牧处理 | 784.198 | 4 | 196.049 | 109.748 | <0.05 |
| | 月份 × 放牧处理 | 137.301 | 16 | 8.581 | 4.804 | <0.05 |
| | 误差 | 357.272 | 200 | 1.786 | | |

### 2. 群落高度与输沙通量的关系

不同放牧处理下群落高度与输沙通量的关系是采用两年内不同放牧强度的群落平均高度与同一时期不同放牧处理的日平均输沙通量数据进行相关性拟合，得到两者之间的函数关系式。图 4-4 为输沙通量随群落平均高度变化趋势，两者为负相关。为了使两者的拟合效果最佳，本章采用二次多项式拟合输沙通量和群落高度的关系，具体关系式见图 4-4，两者的相关性系数 $R^2$=0.869 3。这表明输沙通量大约有 87% 的方差可以被群落高度的变化解释，拟合方程达到显著性水平（$P$<0.05）。

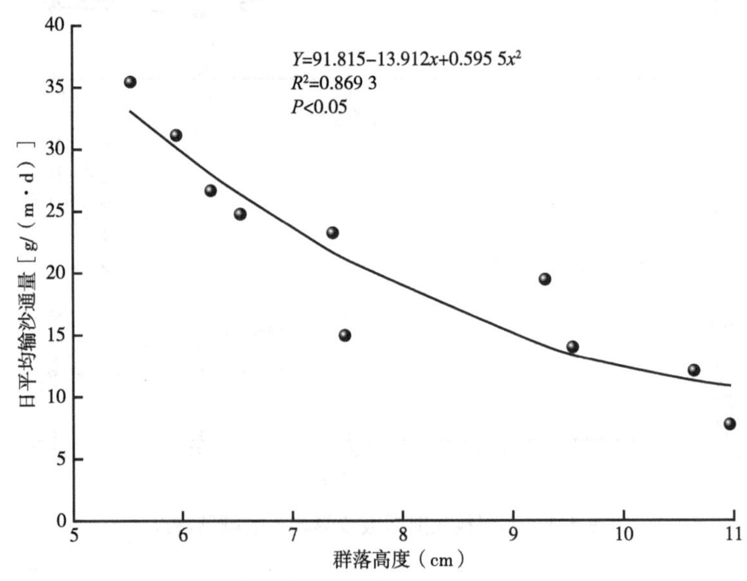


**图 4-4　群落高度和日平均输沙通量关系**

### 3. 不同放牧强度对群落盖度的影响

长期连续性放牧会使草地发生根本性变化，群落盖度也是影响土壤侵蚀的重要因素之一。表 4-4 对 2021—2022 年 5—9 月的群落盖度进行整理。其中，2021 年 5 月 CK 处理的群落盖度显著高于 LG、MG、HG 和 EG 处理（$P$<0.05），LG 显著高于 HG 和 EG 处理，MG 也显著高于 HG 和 EG 处理。LG 和 MG 处理之间差异不显著，HG 和 EG 处理之间差异也不显著。不同放牧处理之间，群落的平均盖度呈现下降趋势，在生长旺季的 8 月左右达到峰值。2021 年是 9 月的群落平均盖度达到全年峰值，各放牧处理的群落平均盖度分别为 28.60%、19.52%、17.37%、12.07% 和 11.77%，2022 年群落平均盖度的峰值出现在 8 月，各放牧处理的群落平均盖度分别为 36.16%、40.82%、28.05%、20.19% 和 16.82%。两年的峰值月份内各放牧处理的群落平均盖度均存在显著差异（$P$<0.05）。两年内群落平均盖度的峰值月份存在差异，不同月份的群落盖度也存在一定差异性。方差分析发现，放牧月份和放牧强度对群落盖度的影响均达到

了显著性水平（$P<0.05$），两者的交互作用同样也达到了显著水平（$P<0.05$）。

**表 4-4　不同放牧时期放牧影响下的群落盖度**

| 月份 | 放牧强度 | 2021 年 | | 2022 年 | |
|---|---|---|---|---|---|
| | | 群落盖度（%） | SD | 群落盖度（%） | SD |
| 5 月 | CK | 11.78a | 3.49 | 25.88a | 7.35 |
| | LG | 6.24b | 2.96 | 15.16b | 3.92 |
| | MG | 7.20b | 2.58 | 14.36b | 2.11 |
| | HG | 3.27c | 1.19 | 10.41bc | 4.53 |
| | EG | 1.84c | 0.94 | 9.59c | 1.91 |
| 6 月 | CK | 12.82a | 4.40 | 26.57a | 6.36 |
| | LG | 13.93a | 2.79 | 19.11b | 6.97 |
| | MG | 10.59ab | 2.54 | 16.88b | 5.73 |
| | HG | 9.59b | 3.39 | 15.34b | 3.40 |
| | EG | 9.22b | 1.31 | 15.27b | 6.27 |
| 7 月 | CK | 26.37a | 4.96 | 31.04a | 8.37 |
| | LG | 16.37b | 2.09 | 24.84b | 8.07 |
| | MG | 16.76b | 3.73 | 17.86c | 4.39 |
| | HG | 16.09b | 3.89 | 16.02c | 2.97 |
| | EG | 13.27b | 4.53 | 13.18c | 1.66 |
| 8 月 | CK | 23.92a | 5.88 | 36.16a | 6.76 |
| | LG | 17.93b | 4.91 | 40.82a | 3.00 |
| | MG | 14.67bc | 2.71 | 28.05b | 6.16 |
| | HG | 12.42c | 3.31 | 20.19c | 5.54 |
| | EG | 8.28d | 2.60 | 16.82c | 3.53 |
| 9 月 | CK | 28.60a | 5.88 | 31.19a | 6.94 |
| | LG | 19.52b | 4.04 | 28.67a | 9.27 |
| | MG | 17.37b | 3.71 | 20.61b | 4.66 |
| | HG | 12.07c | 2.31 | 18.51b | 2.66 |
| | EG | 11.77c | 3.62 | 17.77b | 2.61 |

注：同一月份同一列内不同放牧处理间字母不同表示差异显著（$P<0.05$），下同。

表 4-5　不同放牧处理和月份对群落盖度影响的方差分析

| 年份 | 因子 | 平方和（SS） | 自由度（Df） | 均方（MS） | $F$ | $P$ |
| --- | --- | --- | --- | --- | --- | --- |
| 2021 | 月份 | 4 558.574 | 4 | 1 139.643 | 88.465 | <0.05 |
|  | 放牧处理 | 3 649.337 | 4 | 912.334 | 70.820 | <0.05 |
|  | 月份 × 放牧处理 | 893.848 | 16 | 55.866 | 4.337 | <0.05 |
|  | 误差 | 2 576.482 | 200 | 12.882 |  |  |
| 2022 | 月份 | 4 544.820 | 4 | 1 136.205 | 38.257 | <0.05 |
|  | 放牧处理 | 7 838.398 | 4 | 1 959.600 | 65.981 | <0.05 |
|  | 月份 × 放牧处理 | 1 486.814 | 16 | 92.926 | 3.129 | <0.05 |
|  | 误差 | 5 939.906 | 200 | 29.700 |  |  |

### 4. 群落盖度与输沙通量的关系

不同放牧处理下群落盖度与输沙通量的关系计算方法参照前面群落高度与输沙通量的计算。将 2021—2022 年两年内不同放牧处理下的输沙通量与对应放牧处理的群落平均盖度进行相关性分析，通过函数表达式将两者关系具体化，并以图的形式直观表现出来。如图 4-5 所示，输沙通量与群落平均盖度表现为负相关关系。为了使两者的拟合关系达到最佳。利用二次多项式对输沙通量和群落平均盖度的关系拟合，拟合结果见图 4-5，相关性系数 $R^2$=0.861 7，表明输沙通量大约有 86% 的方差可以被群落盖度的变化解释，拟合方程达到显著水平（$P$<0.05）。

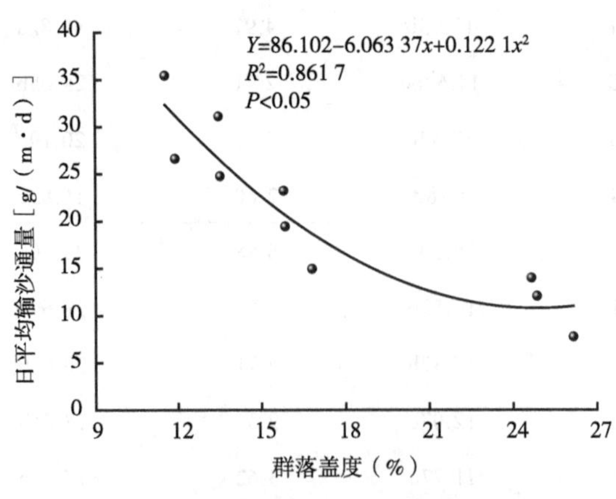


图 4-5　群落盖度和日平均输沙通量关系

**5. 不同放牧强度对枯落物生物量的影响**

荒漠草原由于自身气候干旱，植物种类和数量稀少。再加上连续长期的放牧作用，导致荒漠草原地区的枯落物生物量含量普遍较低。表 4-6 对 2021—2022 年两年中 5—9 月不同放牧处理下枯落物的生物量进行调查整理，2021 年各月份的枯落物生物量随着放牧强度的增大呈现下降趋势，其中，CK 处理的枯落物生物量显著高于 HG 和 EG 处理（$P$<0.05）。随着放牧季节的改变，到了 9 月末，植物的生长逐渐变缓，大多数植物开始凋落，各放牧处理的枯落物生物量达到全年峰值。2021 年 9 月枯落物生物量在各放牧处理分别为 9.66g/m$^2$、7.02g/m$^2$、6.12g/m$^2$、4.91g/m$^2$ 和 4.38g/m$^2$。2022 年各月份的枯落物生物量随放牧强度的变化趋势与 2021 年一致，而且枯落物生物量的峰值同样出现在 9 月。2022 年 9 月枯落物生物量在各放牧处理分别为 15.40g/m$^2$、12.49g/m$^2$、10.50g/m$^2$、10.20g/m$^2$ 和 7.16g/m$^2$。另外，对放牧月份、放牧强度和枯落物生物量三者进行多因素方差分析，结果表明放牧月份和放牧处理均对枯落物生物量的影响达到了显著水平（$P$<0.05），两者的交叉作用对枯落物生物量的影响也达到了显著水平（$P$<0.05）（表 4-7）。

**表 4-6　不同放牧时期放牧影响下的枯落物生物量**

| 月份 | 放牧强度 | 2021 年 | | 2022 年 | |
|---|---|---|---|---|---|
| | | 枯落物生物量（g/m$^2$） | SD | 枯落物生物量（g/m$^2$） | SD |
| 5 月 | CK | 6.92a | 0.73 | 6.27a | 1.32 |
| | LG | 6.29b | 0.68 | 6.03a | 1.03 |
| | MG | 5.76bc | 0.54 | 6.09a | 2.22 |
| | HG | 5.21c | 0.67 | 4.45b | 0.63 |
| | EG | 4.51d | 0.64 | 4.66b | 0.32 |
| 6 月 | CK | 5.67a | 0.71 | 6.16a | 2.19 |
| | LG | 5.16ab | 0.49 | 5.93a | 1.94 |
| | MG | 4.80b | 0.56 | 5.26ab | 1.08 |
| | HG | 4.94b | 1.07 | 3.74bc | 1.24 |
| | EG | 4.56b | 0.59 | 3.70c | 1.44 |

（续表）

| 月份 | 放牧强度 | 2021 年 | | 2022 年 | |
|---|---|---|---|---|---|
| | | 枯落物生物量（g/m²） | SD | 枯落物生物量（g/m²） | SD |
| 7 月 | CK | 6.81a | 1.31 | 7.46a | 1.42 |
| | LG | 5.95ab | 1.13 | 8.12a | 1.50 |
| | MG | 5.44bc | 0.78 | 6.15b | 0.86 |
| | HG | 5.21bc | 0.68 | 5.37b | 0.40 |
| | EG | 4.81c | 0.50 | 5.25b | 0.54 |
| 8 月 | CK | 6.20a | 1.00 | 9.29a | 2.85 |
| | LG | 5.23b | 0.63 | 5.47b | 1.64 |
| | MG | 4.42c | 0.46 | 4.25bc | 1.35 |
| | HG | 4.32c | 0.42 | 3.57c | 1.29 |
| | EG | 4.24c | 0.40 | 3.49c | 1.46 |
| 9 月 | CK | 9.66a | 4.32 | 15.40a | 3.76 |
| | LG | 7.02b | 1.99 | 12.49b | 2.69 |
| | MG | 6.12bc | 0.43 | 10.50b | 2.79 |
| | HG | 4.91c | 1.06 | 10.20b | 2.81 |
| | EG | 4.38c | 0.35 | 7.16c | 1.72 |

**表 4-7　不同放牧处理和月份对枯落物生物量影响的方差分析**

| 年份 | 因子 | 平方和（SS） | 自由度（Df） | 均方（MS） | *F* | *P* |
|---|---|---|---|---|---|---|
| 2021 | 月份 | 68.255 | 4 | 17.064 | 12.194 | <0.05 |
| | 放牧处理 | 169.263 | 4 | 42.316 | 30.239 | <0.05 |
| | 月份 × 放牧处理 | 71.285 | 16 | 4.455 | 3.184 | <0.05 |
| | 误差 | 279.872 | 200 | 1.399 | | |
| 2022 | 月份 | 1 194.118 | 4 | 298.529 | 89.349 | <0.05 |
| | 放牧处理 | 482.864 | 4 | 120.716 | 36.130 | <0.05 |
| | 月份 × 放牧处理 | 196.494 | 16 | 12.281 | 3.676 | <0.05 |
| | 误差 | 668.235 | 200 | 3.341 | | |

**6. 枯落物生物量与输沙通量关系**

枯落物生物量与输沙通量的关系的计算方法与前面群落高度和群落盖度的方法一致。将不同放牧处理的枯落物生物量与对应处理下的输沙通量进行相关性分析，并将两者关系以函数表达式的形式表示。如图 4-6 所示，输沙通量与枯落物生物量的关系为负相关关系，为了使两者拟合效果最佳，采用二次多项式对输沙通量和枯落物生物量进行拟合，拟合结果见图 4-6。输沙通量和枯落物生物量的 $R^2$=0.943 8，这表明大约有 94% 的输沙通量方差可以被枯落物生物量解释。说明拟合结果达到了显著水平（$P$<0.05）。

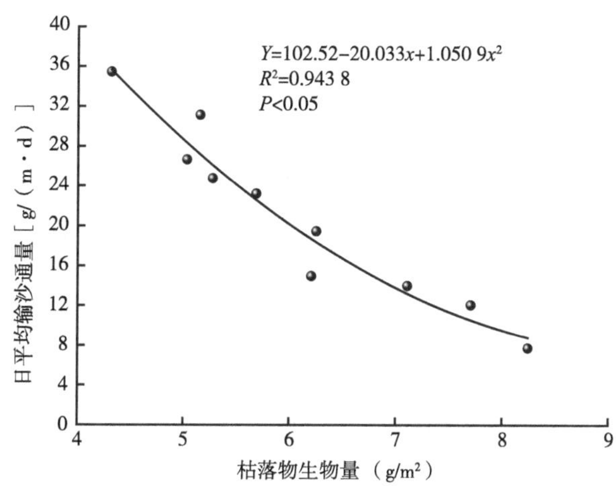


**图 4-6　枯落物生物量和日平均输沙通量关系**

# 第二节　不同放牧强度下风沙沉积物粒径和土壤水分特征

## 一、不同放牧强度下风沙流粒径垂直分布规律

根据国际制的划分标准对土壤质地进行分级，将土壤质地划分为沙粒（20~2 000 μm）、粉粒（2~20 μm）和黏粒（<2 μm）。为了更好分析风沙流粒径垂直分布规律，选择不同放牧处理中距地面不同高度（10cm、25cm、40cm、170cm）的沉积物粒径百分数进行比较，如图 4-7 所示，各放牧处理下随着高度

的上升，黏粒和粉粒的百分比含量呈增加趋势，沙粒的百分比含量逐渐降低。其中，黏粒的平均百分比含量由10cm处的5.72%上升到40cm处的10.38%和170cm处的10.49%；粉粒的平均百分比含量由10cm处的21.37%上升到40cm处的39.24%和170cm处的42.74%；而沙粒的平均百分比含量由10cm处的72.86%下降到40cm处的50.38%和170cm处的46.77%。因此整体看来各放牧处理在距离地面10cm处的黏粒和粉粒的平均百分比含量显著低于40cm和170cm处（$P<0.05$），而沙粒的平均百分比含量在10cm处则显著高于40cm和170cm处（$P<0.05$）。

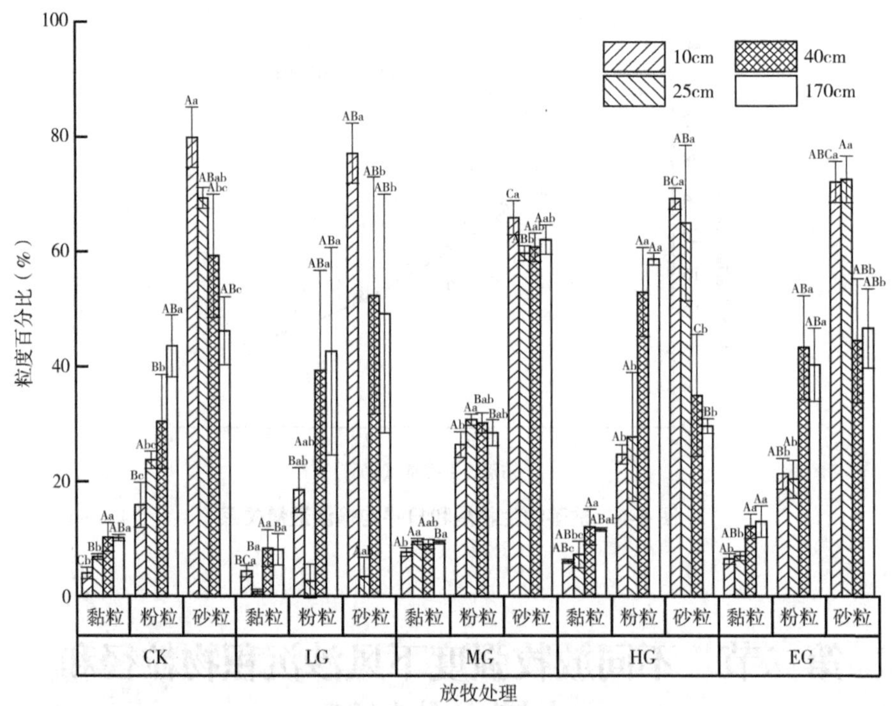


**图 4-7　不同放牧处理下风沙流粒径垂直分布规律**

在距离地面10cm处，随着放牧强度的增大，黏粒和粉粒的百分比含量呈先上升后下降趋势，两者均在MG处理时达到最大。而且MG处理下，黏粒和粉粒百分比含量均显著高于LG和CK处理（$P<0.05$）。沙粒百分比含量在CK处理中最大，达到79.89%，显著高于MG和HG处理（$P<0.05$）。高度为25cm时，黏粒在MG处理下的百分比含量显著高于CK和LG处理（$P<0.05$），粉粒在各放牧处理之间的差异不显著。高度为40cm时，黏粒的百分比含量在各放牧处理之间差异不显著，粉粒的百分比含量在CK和MG处理下显著低于HG处理

（$P<0.05$），沙粒的百分比含量在HG处理下下降到34.99%，显著低于其他放牧处理（$P<0.05$）。高度为170cm时，黏粒的百分比含量在LG和MG处理下显著低于EG处理（$P<0.05$）；粉粒含量在MG处理显著低于HG处理（$P<0.05$）；沙粒含量在HG处理下最低为29.65%，显著低于其他放牧处理（$P<0.05$）。综合来看，同一放牧强度下，随着高度的上升，沙粒的优势度逐渐下降，而黏粒和粉粒的优势度逐渐提高。在同一水平高度下，随着放牧强度的增大，各粒级的变化趋势与同一放牧强度下不同高度的变化规律一致。

## 二、不同放牧强度下结皮粒径特征

由于研究区位于干旱半干旱区，气候干燥、降水稀少，因此在各放牧处理中主要以物理结皮为主，而生物结皮对水分要求较高，在干旱半干旱区很少出现。本章对生物结皮不做研究。比较不同放牧处理中的物理结皮粒径特征，按照国际制将土壤质地划分为沙粒（20~2 000μm）、粉粒（2~20 μm）和黏粒（<2 μm），结果见图4-8。随着放牧强度的增加，结皮中的黏粒和粉粒含量呈下降趋势，而且LG处理下黏粒和粉粒的含量分别为10.64%和30.16%，均显著高于HG和EG（$P<0.05$），CK和LG处理之间差异不显著。而沙粒在EG处理下达到67.50%，显著高于CK和LG处理（$P<0.05$），其余各放牧处理之间差异不显著。而且在每个放牧处理下，结皮中的粉粒和沙粒的占比最大，黏粒含量均为最低。因此可以发现，荒漠草原地区土壤结皮的机械组成主要以粉粒和沙粒为主。

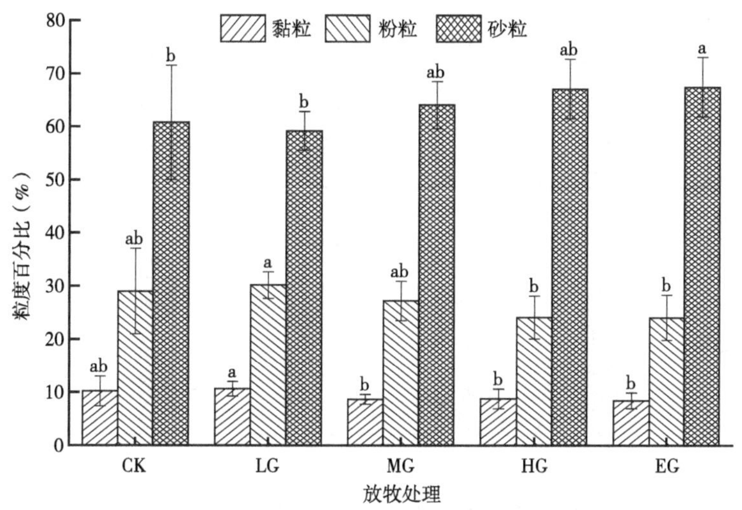


**图4-8　不同放牧处理下结皮粒径特征**

## 三、不同放牧强度下表土粒径特征

研究区内的土壤类型以淡栗钙土为主，本研究选取不同放牧处理下表面0~2cm、2~5cm两层土壤样品进行粒径测定。结果如图4-9所示，放牧强度的变化会对土壤粒径特征产生影响。其中，在0~2cm土层中，随着放牧强度的增大，黏粒和粉粒呈先上升后下降的趋势，在MG处理中，两者的含量达到最大，分别为9.34%和26.91%。其中，黏粒显著高于CK、LG和EG处理（$P<0.05$），粉粒则显著高于HG和EG处理（$P<0.05$）。沙粒随着放牧强度的增大，含量逐渐增大，在EG中达到70.14%，显著高于MG处理（$P<0.05$），其余各处理差异不显著。在2~5cm土层中，黏粒和粉粒随着放牧强度的增大呈下降趋势，但是黏粒在各放牧处理间差异不显著，粉粒在CK和LG处理下显著高于HG和EG处理（$P<0.05$），沙粒随着放牧强度的增大呈上升趋势，在EG处理下达到显著高于CK处理（$P<0.05$），其余各处理之间差异不显著。整体来看，各土层中随放牧强度的增大，在MG处理之后土壤中的黏粒和粉粒含量降低，沙粒含量明显升高，而且在2~5cm土层中HG和EG处理下沙粒的含量要高于0~2cm土层。放牧使土壤结构变差，在重度和极重度放牧过程中，对下层土壤的破坏程度同样明显。因此草地退化严重，土壤粗粒化势必会降低土壤的抗侵蚀能力，提高土壤可蚀性。

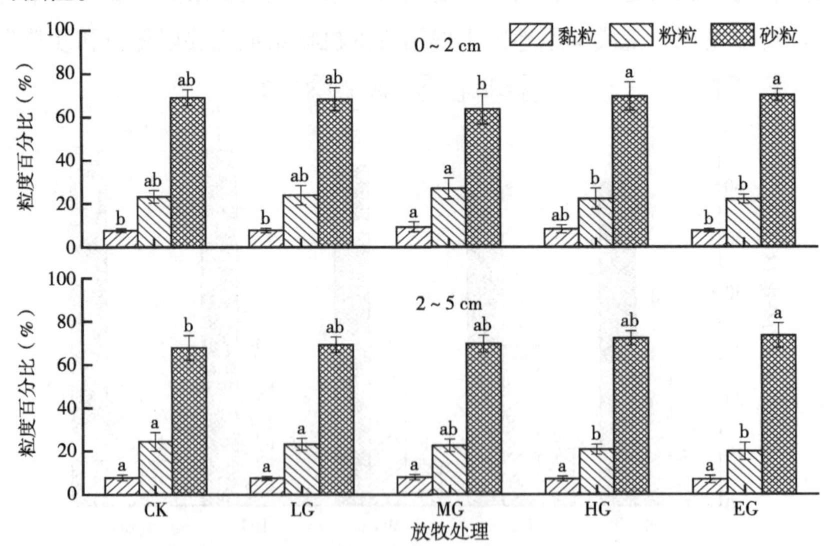


**图4-9　不同放牧处理下表土层的土壤粒径特征**

## 四、不同放牧强度下土壤水分特征

土壤水分含量是土壤重要的物理性质之一，也是影响土壤侵蚀的重要因素。在研究土壤侵蚀过程中，土壤水分含量的多少会直接影响土壤侵蚀发生程度。土壤中水分含量越高，土壤颗粒越黏着。颗粒间的作用力增大，加大了土壤被侵蚀的难度，能有效抑制土壤侵蚀的发生。本研究于 2021 年 8 月对试验区内不同放牧小区的土壤进行分层取样，测定其土壤水分含量。试验选取 0~10cm、10~20cm 和 20~30cm 共 3 个土层，每个土层 3 个重复测定土壤水分含量。通过分析得到图 4-10。对比发现，在同一放牧处理下土壤水分含量和土层深度为正相关关系，即随着土层深度增加，土壤水分含量逐渐增大。其中，0~10cm 土层 CK 的土壤水分含量为 3.08%，比其他放牧处理的 0~10cm 土壤水分含量分别高了 0.89%、1.09%、1.11% 和 1.20%；10~20cm 土层 CK 处理的土壤水分含量为 3.46%，比其他放牧处理的 10~20cm 土壤水分含量分别高了 0.91%、0.84%、1.07% 和 1.14%；20~30cm 土层 CK 处理的土壤水分含量为 3.47%，比其他放牧处理的 20~30cm 土壤水分含量分别高了 0.46%、0.50%、0.52% 和 0.80%；CK 处理与其他放牧处理的土壤水分含量在不同土层中均达到显著水平（$P<0.05$）。整体来看，不同放牧处理的土壤水分含量变化趋势为 CK>LG>MG>HG>EG。另外，分析发现，植被特征变化对 0~10cm 土层的土壤

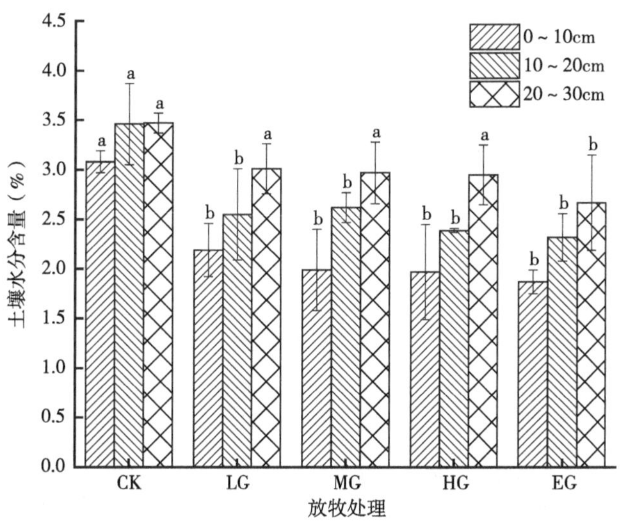


**图 4-10　不同放牧处理表层土壤水分含量变化**

水分含量影响最大，随着土层深度加大，不同放牧处理间的土壤水分含量差异性降低。

# 第三节　不同放牧强度下土壤侵蚀过程中结皮养分特征

## 一、不同放牧强度下土壤结皮全效养分和速效养分特征

为了揭示放牧和土壤侵蚀过程中土壤结皮养分的分布规律，本研究分别对结皮样品中全效养分和速效养分进行测定，结果见图 4-11 和图 4-12。其中，全效养分中 C、N 和 P 的含量均是先增大后减小，C、N 的含量在 LG 处理下最大，分别为 2.19% 和 0.24%，均显著高于其他放牧处理（$P<0.05$），P 的含量在 MG 处理最高为 5.92%，显著高于其他放牧处理（$P<0.05$）。$K_2O$ 的变化规律不

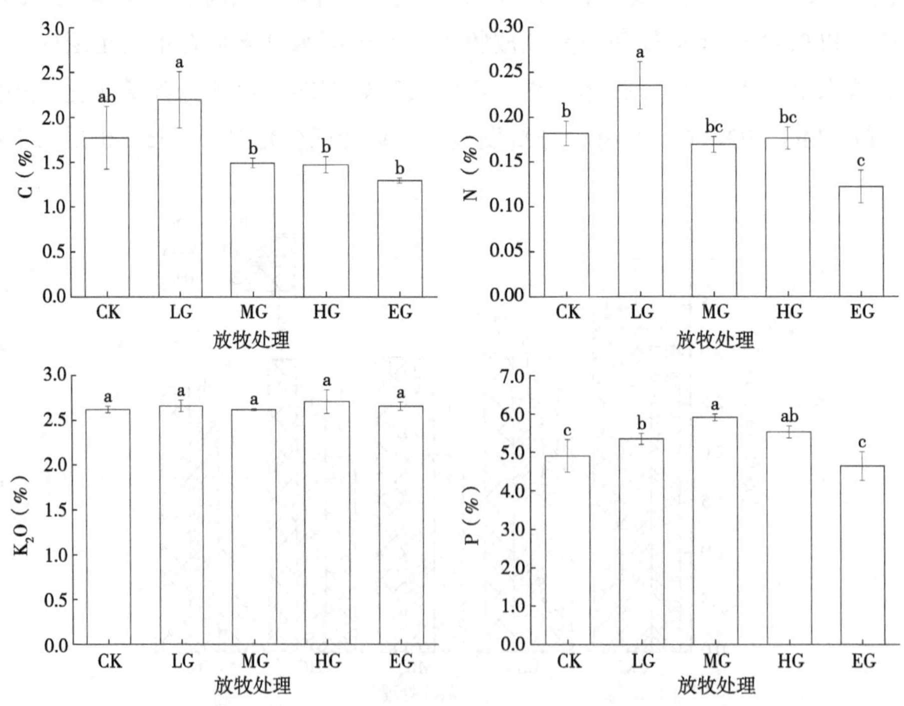


图 4-11　不同放牧处理下土壤结皮全效养分特征

明显，整体呈上升趋势，各放牧处理间未达到显著水平。速效养分中 $NH_4$-N 含量随着放牧强度的增大呈下降趋势，CK 与 LG 处理之间差异不显著，但是它们显著高于其他放牧处理（$P<0.05$）。$NO_3$-N 含量先增大后减小，在 LG 处理下最大，为 3.45mg/kg，显著高于 EG 处理（$P<0.05$），但是与其他放牧处理差异不显著。速效 P 和速效 K 的变化规律与 $NO_3$-N 一致，其中，速效 P 在各放牧处理间差异不显著。速效 K 含量在 LG 处理下显著高于 MG 和 EG 处理（$P<0.05$），但和 CK 和 HG 处理之间差异不显著。

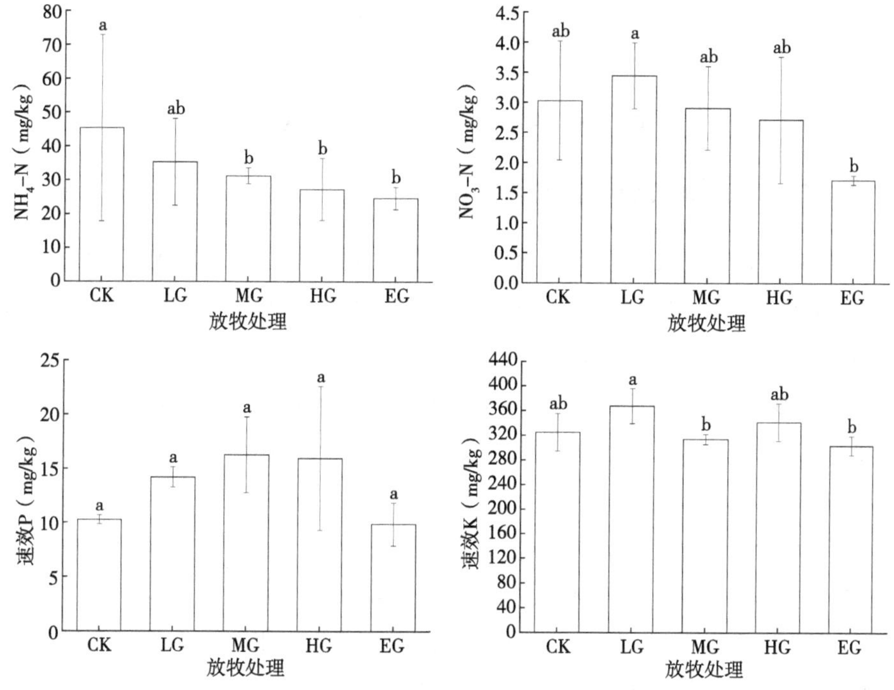


**图 4-12　不同放牧处理下土壤结皮速效养分特征**

## 二、不同放牧强度下土壤结皮 C/N 变化规律

C 和 N 作为土壤养分中的重要元素，一直以来被广大学者所研究，两者的比值同样重要。图 4-13 是不同放牧强度下土壤结皮中 C/N 的变化规律。从图 4-13 中可以发现，不同放牧强度下土壤结皮中的 C/N 维持在一定区间内。在 CK、LG、MG、HG 和 EG 处理下，C/N 分别为 9.64、9.29、8.78、8.86 和 8.31。随着放牧强度的增大，土壤结皮中的 C/N 逐渐降低。其中，CK 处理显著高于 EG 处理（$P<0.05$），其余各放牧处理之间差异不显著。

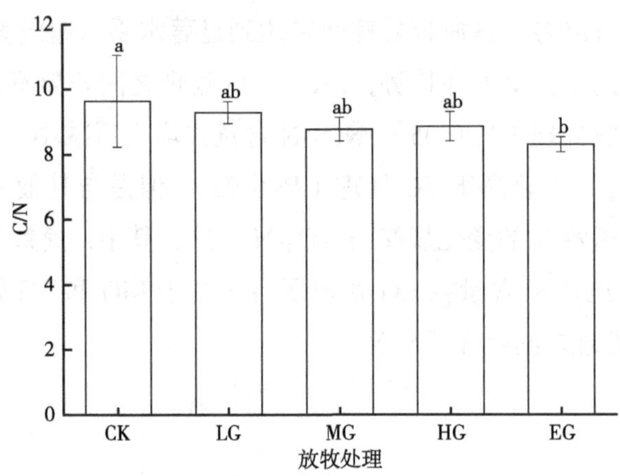


图 4-13　不同放牧处理下土壤结皮 C/N

## 三、土壤结皮养分间的相关性

表 4-8 对不同放牧处理下土壤结皮中的全效养分（C、N、P、$K_2O$、P）和速效养分（$NH_4$-N、$NO_3$-N、速效 P、速效 K）以及 C/N 例进行 Pearson 相关性分析，按照相关性的分级标准，其中，0.8~1.0 为极强相关，0.7~0.8 为强相关，0.4~0.6 为中等相关，0.2~0.4 是弱相关，0~0.2 是极弱相关或无关。从表 4-8 中可以看出，C 和 N 相关性系数为 0.884（$P<0.01$），为极强相关；C 和 $NO_3$-N 的相关性系数为 0.658（$P<0.01$），为强相关；C 和 $NH_4$-N 的相关系数为 0.501（$P<0.05$），为中等相关；C 与速效 K 的相关性系数为 0.803（$P<0.01$），为极强相关。N 和 $NO_3$-N 的相关性系数为 0.650（$P<0.01$），为强相关；N 和速效 K 的相关性系数为 0.700（$P<0.01$），为强相关。P 和速效 P 的相关性系数为 0.651（$P<0.01$），为强相关；P 和 $NO_3$-N 的相关性系数为 0.487（$P<0.05$），为中等相关。$K_2O$ 与其他元素之间的相关性为弱相关或极弱相关到无关。$NH_4$-N 和 $NO_3$-N 的相关性系数为 0.747（$P<0.01$），为强相关。$NO_3$-N 和速效 K 的相关性系数为 0.648（$P<0.01$），为强相关。速效 P 和速效 K 的相关性系数为 0.444（$P<0.05$），为中等相关。其余各元素之间的相关性为弱相关和极弱相关或无关。

表 4-8　土壤结皮中养分间的 Pearson 相关性

| 指标 | N | C | P | $K_2O$ | C/N | $NH_4$-N | $NO_3$-N | 速效 P | 速效 K |
|---|---|---|---|---|---|---|---|---|---|
| N | 1 | 0.884** | 0.374 | −0.119 | 0.329 | 0.286 | 0.650** | 0.322 | 0.700** |
| C | | 1 | 0.240 | −0.284 | 0.370 | 0.501* | 0.658** | 0.161 | 0.803** |

（续表）

| 指标 | N | C | P | $K_2O$ | C/N | $NH_4$-N | $NO_3$-N | 速效 P | 速效 K |
|---|---|---|---|---|---|---|---|---|---|
| P | | | 1 | −0.028 | −0.205 | 0.208 | 0.487* | 0.651** | 0.368 |
| $K_2O$ | | | | 1 | −0.167 | −0.236 | −0.398 | −0.240 | −0.403 |
| C/N | | | | | 1 | 0.353 | 0.229 | −0.176 | 0.114 |
| $NH_4$-N | | | | | | 1 | 0.747** | 0.045 | 0.370 |
| $NO_3$-N | | | | | | | 1 | 0.414 | 0.648** |
| 速效 P | | | | | | | | 1 | 0.444* |
| 速效 K | | | | | | | | | 1 |

注：* 表示显著相关（$P$<0.05）；** 表示极显著相关（$P$<0.01）；下同。

# 第四节　不同放牧强度下的地表产流产沙特征及其与群落特征的关系

## 一、不同放牧强度下的地表径流特征

由于研究区属于干旱半干旱地区，自身降雨稀少，很难产生地表径流。因此为了更容易收集地表径流，本研究收集了一年中降雨集中的 7 月和 8 月的多次强降雨产生的地表径流，用平均法得到单次强降雨的地表径流量。表 4-9 对 2022 年 7—8 月共 9 次强降雨（其中，7 月 5 次，8 月 4 次）的地表径流数据进行分析整理，并求得单次强降雨的平均地表径流。通过表 4-9 可以发现，8 月的整体降水量要高于 7 月，因此单次降雨产生的地表径流也高于 7 月。其中，8 月的单次平均径流量除了 HG 处理外，其余放牧处理与 7 月相比分别增加了 25.83%、36.63%、21.43% 和 27.18%。HG 处理在 8 月的地表径流与 7 月同处理相比略有下降，下降比例为 14.52%。进一步分析发现，随着放牧强度的增大，单次强降雨产生的地表径流逐渐增多，两个月均在 EG 处理下显著高于 CK 和 LG 处理（$P$<0.05）。

表 4-9　不同放牧强度下地表径流变化规律

| 取样时间 | 放牧处理 | 净水量（mL） | 径流小区面积（$m^2$） | 总径流量（mm） | 降雨次数（次） | 单次径流量（mm） |
|---|---|---|---|---|---|---|
| 2022 年 7 月 | CK | 4 536.67 | 4 | 1 134.17 | 5 | 226.83 |
| | LG | 4 513.33 | 4 | 1 128.33 | 5 | 225.67 |
| | MG | 5 423.33 | 4 | 1 355.83 | 5 | 271.17 |
| | HG | 8 603.33 | 4 | 2 150.83 | 5 | 430.17 |
| | EG | 8 510.00 | 4 | 2 127.50 | 5 | 425.50 |
| 2022 年 8 月 | CK | 4 566.67 | 4 | 1 141.67 | 4 | 285.42 |
| | LG | 4 933.33 | 4 | 1 233.33 | 4 | 308.33 |
| | MG | 5 268.33 | 4 | 1 317.08 | 4 | 329.27 |
| | HG | 5 883.33 | 4 | 1 470.83 | 4 | 367.71 |
| | EG | 8 658.33 | 4 | 2 164.58 | 4 | 541.15 |

## 二、不同放牧强度下的地表产沙量

与地表径流的收集时间同步，表 4-10 将同一时期的地表产沙量数据进行整理。并按照降雨次数求得单次强降雨的地表产沙量。从表 4-10 中可以发现，2022 年 7—8 月，各月份随着放牧强度的增大，单次强降雨的地表产沙量均逐渐增大，在 EG 处理下达到最大，通过进一步分析发现，随着地表产沙量的提高，7 月 CK 处理下的地表产沙量显著低于其他放牧（$P<0.05$），但是其余各放牧处理之间差异不显著。8 月 EG 处理下的地表产沙量显著高于其他放牧处理（$P<0.05$），但是从 CK 到 HG 处理之间差异不显著。同一放牧处理下的产沙量相比，8 月除了 CK 和 EG 处理略高于 7 月外，其余各处理的产沙量均低于 7 月，其中，8 月 CK 和 EG 处理的产沙量比 7 月提高了 79.51% 和 25.97%，其余各处理的产沙量分别降低了 35.18%、34.66% 和 15.98%。

表 4-10　不同放牧强度下的地表产沙量

| 取样时间 | 放牧处理 | 净泥量（g） | 径流小区面积（$m^2$） | 总产沙量（$g/m^2$） | 降雨次数（次） | 单次产沙量（$g/m^2$） |
|---|---|---|---|---|---|---|
| 2022 年 7 月 | CK | 25.20 | 4 | 6.30 | 5 | 1.26 |
| | LG | 79.51 | 4 | 19.88 | 5 | 3.98 |
| | MG | 85.47 | 4 | 21.37 | 5 | 4.27 |
| | HG | 87.64 | 4 | 21.91 | 5 | 4.38 |
| | EG | 92.34 | 4 | 23.08 | 5 | 4.62 |
| 2022 年 8 月 | CK | 36.19 | 4 | 9.05 | 4 | 2.26 |
| | LG | 41.23 | 4 | 10.31 | 4 | 2.58 |
| | MG | 44.65 | 4 | 11.16 | 4 | 2.79 |
| | HG | 58.82 | 4 | 14.70 | 4 | 3.68 |
| | EG | 93.14 | 4 | 23.29 | 4 | 5.82 |

## 三、不同放牧强度下地表产流产沙与群落特征的关系

群落特征的变化与地表产流产沙关系密切，尤其群落盖度、群落高度以及枯落物生物量是影响地表径流和侵蚀产沙的重要因素。表 4-11 对不同放牧处理下的群落的高度、盖度以及枯落物生物量变化与地表产流产沙进行皮尔森相关性分析，从表中可以发现群落高度和枯落物生物量的变化与地表径流和产沙量的关系均呈极显著负相关关系（$P<0.01$），而群落盖度与地表径流的关系为显著负相关关系（$P<0.05$），与地表产沙量的关系为极显著负相关关系（$P<0.01$）。即随着群落高度、盖度和枯落物生物量的增大，地表径流量和产沙量逐渐降低。而且随着放牧强度的增大，群落高度对地表产流产沙的影响高于群落盖度，枯落物生物量对地表径流的影响要高于产沙量。

表 4-11　群落特征与地表产流产沙量的 Pearson 相关性

| 指标 | 群落高度 | 群落盖度 | 枯落物生物量 | 地表径流 | 产沙量 |
|---|---|---|---|---|---|
| 群落高度 | 1 | 0.639** | 0.906** | −0.677** | −0.641** |
| 群落盖度 | | 1 | 0.520** | −0.424* | −0.555** |

（续表）

| 指标 | 群落高度 | 群落盖度 | 枯落物生物量 | 地表径流 | 产沙量 |
|---|---|---|---|---|---|
| 枯落物生物量 | | | 1 | $-0.517^{**}$ | $-0.503^{**}$ |
| 地表径流 | | | | 1 | $0.630^{**}$ |
| 产沙量 | | | | | 1 |

# 第五节　不同放牧强度下土壤侵蚀过程中表土养分特征

## 一、不同放牧强度下表土全效养分和速效养分特征

与前面的土壤结皮一样，本研究选择土壤表面 0~2cm 和 2~5cm 两层土样进行全效养分和速效养分的测定。结果见图 4-14 至图 4-17。其中，在 0~2cm 土层中，全效养分中 C、N 和 P 均随着放牧强度的增大呈先增大后下降趋势，$K_2O$ 含量随着放牧强度的增大呈先减小后增大趋势，但是各元素在不同放牧处理之间均未达到显著水平。速效养分 $NH_4$-N、$NO_3$-N、速效 P 和速效 K 的含量均随着放牧强度的增大呈现先上升后下降的趋势，并且在 LG 处理下达到最大值，上述各速效养分在 LG 处理下的含量分别为 5.51mg/kg、4.60mg/kg、13.03mg/kg 和 328.97mg/kg。除速效 K 以外，其余元素含量均在 LG 处理下显著高于其他放牧处理（$P$<0.05）。2~5cm 土层中，全效养分中各元素的变化趋势与 0~2cm 土层一致，各元素含量在不同放牧处理之间差异不显著。速效养分 $NH_4$-N 含量随着放牧强度的增大逐渐降低，在 CK 处理下显著高于 EG 处理（$P$<0.05）；$NO_3$-N 的含量随着放牧强度的增大整体呈增大趋势，且在 EG 处理下显著高于 CK、MG 和 HG 处理（$P$<0.05）。速效 P 含量的变化趋势与 0~2cm 土层一致，呈先增大后减少趋势，且在 LG 处理下显著高于其他处理（$P$<0.05）。速效 K 的变化趋势与 0~2cm 土层一致，表现为先升高后降低趋势，但是各放牧处理之间差异不显著。

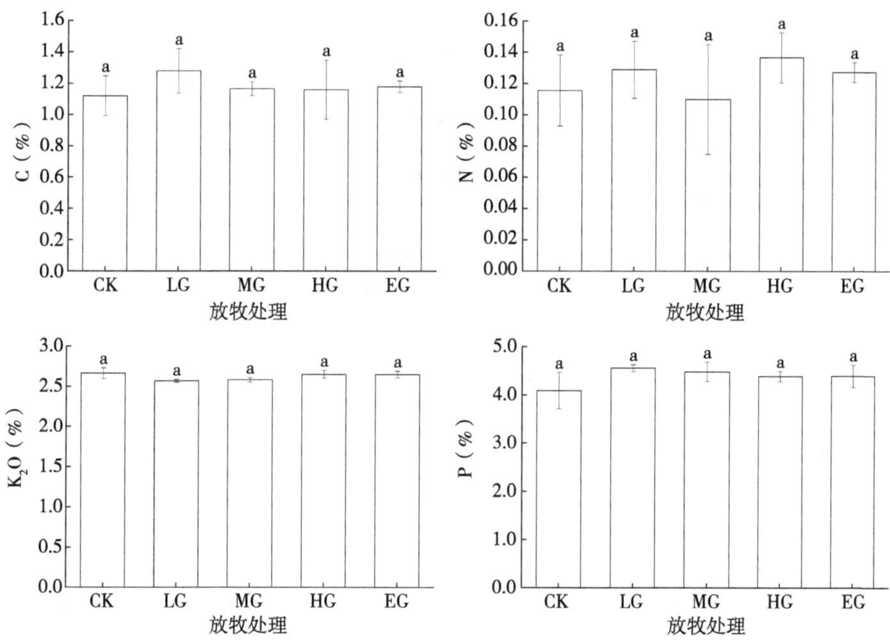


图 4-14　不同放牧处理下表土 0~2cm 土层全效养分特征

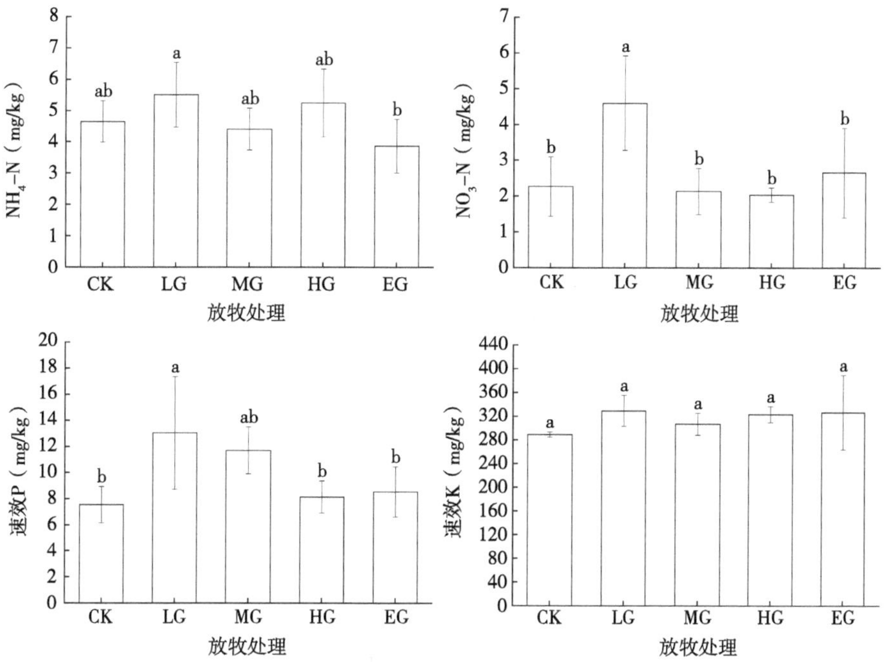


图 4-15　不同放牧处理下表土 0~2cm 土层速效养分特征

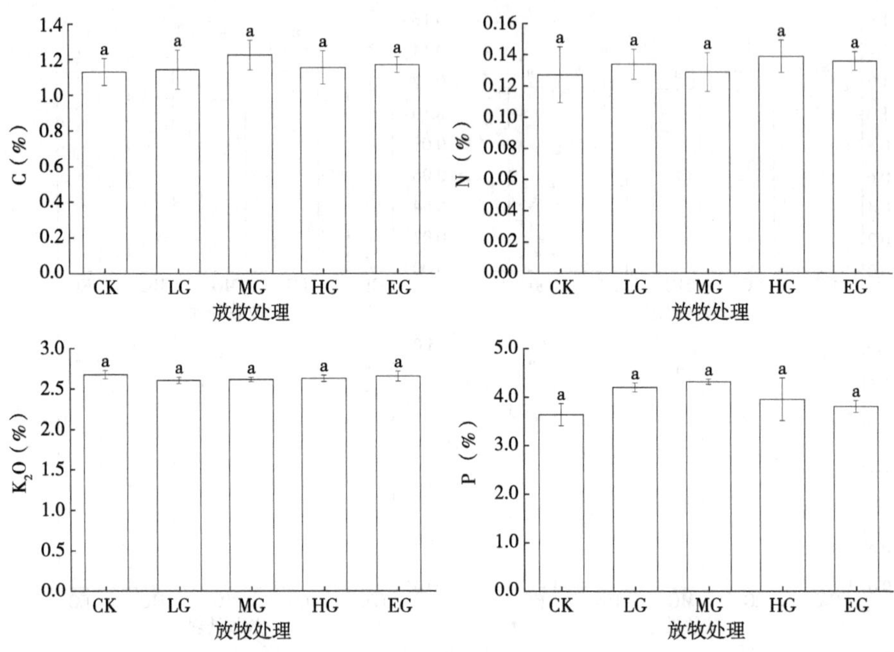


图 4-16　不同放牧处理下表土 2~5cm 土层全效养分特征

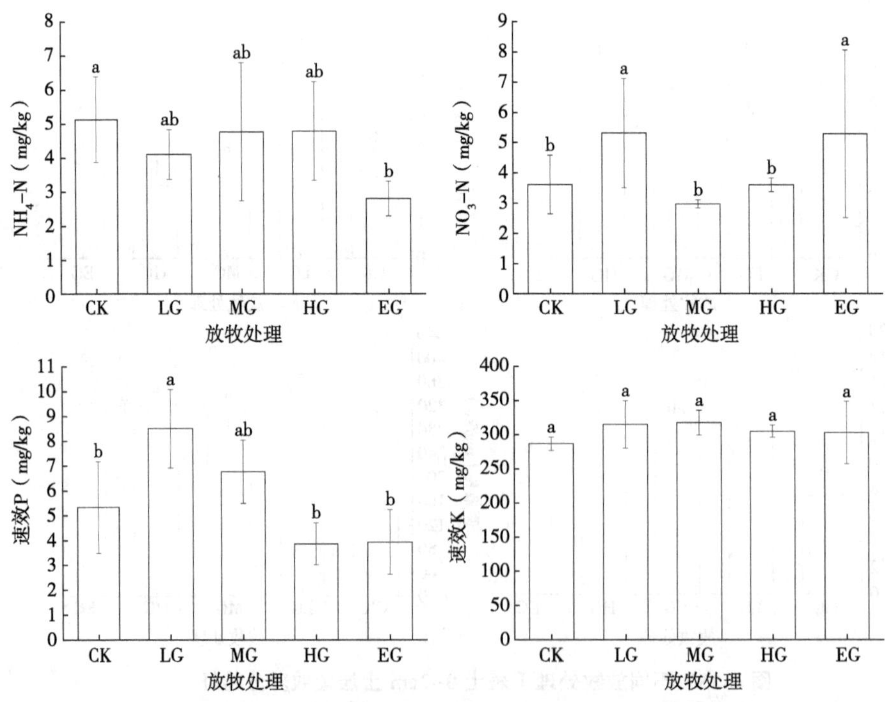


图 4-17　不同放牧处理下表土 2~5cm 土层速效养分特征

## 二、不同放牧强度下表土 C/N 变化规律

图 4-18 对不同放牧处理下 0~2cm 和 2~5cm 两个土层的 C/N 的变化规律进行整理，如图 4-18 所示，在 0~2cm 的土层中，不同放牧处理下的 C/N 分别为 9.92、10.11、9.30、8.45 和 9.31，虽然略有波动但整体看来，随着放牧强度的增大，C/N 呈下降趋势，各放牧处理之间的差异不显著。2~5cm 土层中，C/N 的变化规律与 0~2cm 土层一致，不同放牧处理下的 C/N 分别为 9.05、8.52、9.66、8.31 和 8.61。各放牧处理之间差异不显著。两个土层中的 C/N 均保持在一定区间，其中，0~2cm 土层中 C/N 的平均值为 9.42，2~5cm 土层的 C/N 的平均值 8.83。由此可以发现，土层深度变大，土壤中的 C、N 含量变低。

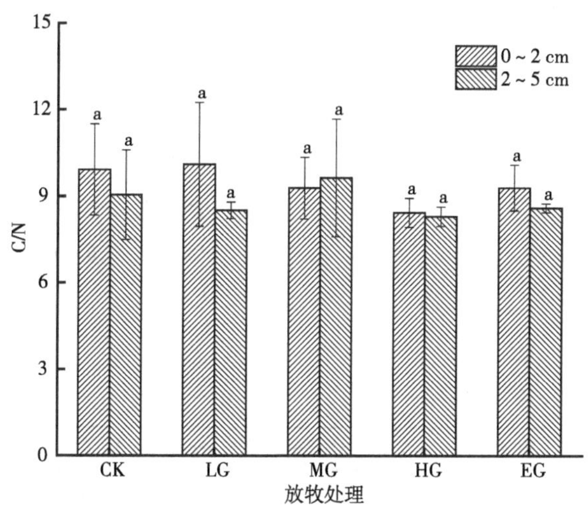


**图 4-18　不同放牧处理下表土 C/N**

## 三、表土养分间的相关性

与土壤结皮分析方法一致，表 4-12 和表 4-13 分别对 0~2cm 和 2~5cm 两个土层的全效养分和速效养分以及 C/N 比例进行 Pearson 相关性分析，从表 4-12 可以看出 0~2cm 土层中 C 和 N 的相关性系数为 0.453（$P$<0.05），为中等相关；C 和 P 的相关性系数为 0.565（$P$<0.05），为中等相关；C 和 $NH_4$-N 的相关性系数与 P 的相同，也为中等相关；C 和速效 P 的相关性系数为 0.519（$P$<0.05），为中等相关；P 和速效 P 的相关性系数为 0.493（$P$<0.05），为中等相关；N-$NO_3$ 与速效 P 和速效 K 均达到中等相关，相关性系数分别为 0.660（$P$<0.01）和 0.552

（$P<0.05$）；速效 P 和 $K_2O$ 为显著负相关，达到中等相关水平。其余各元素之间为弱相关或极弱相关至无关。从表 4-12 可以看出，2~5cm 土层中 C 和 P 的相关性系数为 0.549（$P<0.05$），为中等相关；P 和 $K_2O$ 为显著负相关，相关性系数为 −0.457（$P<0.05$），为中等相关；P 和速效 P 的相关性系数与 C 相同，为中等相关；N-$NO_3$ 和速效 K 的相关性系数为 0.527（$P<0.05$），为中等相关；速效 K 和 N 的相关性系数为 0.495（$P<0.05$），为中等相关。其余各元素之间为弱相关或者极弱相关至无关。两层土壤中各元素之间的相关性随着土层深度增加而降低，个别元素之间由中等相关变为弱相关或极弱相关至无关。

**表 4-12　0~2cm 土层养分间的 Pearson 相关性**

| 指标 | N | C | P | $K_2O$ | C/N | $NH_4$-N | $NO_3$-N | 速效 P | 速效 K |
|---|---|---|---|---|---|---|---|---|---|
| N | 1 | 0.453* | 0.298 | 0.341 | −0.825** | 0.414 | −0.135 | −0.138 | 0.100 |
| C | | 1 | 0.565* | −0.065 | 0.091 | 0.565* | 0.425 | 0.519* | 0.373 |
| P | | | 1 | −0.134 | 0.028 | 0.000 | 0.114 | 0.493* | 0.209 |
| $K_2O$ | | | | 1 | −0.392 | 0.005 | −0.316 | −0.585* | 0.208 |
| C/N | | | | | 1 | −0.072 | 0.320 | 0.461* | 0.086 |
| $NH_4$-N | | | | | | 1 | 0.416 | 0.271 | 0.395 |
| $NO_3$-N | | | | | | | 1 | 0.660** | 0.552* |
| 速效 P | | | | | | | | 1 | 0.217 |
| 速效 K | | | | | | | | | 1 |

**表 4-13　2~5cm 土层养分间的 Pearson 相关性**

| 指标 | N | C | P | $K_2O$ | C/N | $NH_4$-N | $NO_3$-N | 速效 P | 速效 K |
|---|---|---|---|---|---|---|---|---|---|
| N | 1 | 0.214 | 0.370 | −0.190 | −0.755** | 0.089 | 0.387 | 0.071 | 0.495* |
| C | | 1 | 0.549* | −0.228 | 0.463* | 0.078 | 0.242 | 0.238 | 0.431 |
| P | | | 1 | −0.457* | −0.001 | 0.182 | −0.075 | 0.549* | 0.398 |
| $K_2O$ | | | | 1 | 0.022 | 0.093 | −0.118 | −0.529* | 0.195 |
| C/N | | | | | 1 | 0.006 | −0.211 | 0.115 | −0.167 |
| $NH_4$-N | | | | | | 1 | −0.076 | −0.023 | 0.226 |
| $NO_3$-N | | | | | | | 1 | 0.085 | 0.527* |
| 速效 P | | | | | | | | 1 | 0.203 |
| 速效 K | | | | | | | | | 1 |

第五章

# 围封对荒漠草原群落特征及土壤物理性质的影响

地球上占地面积最大、约占陆地总面积 2/5（不含格陵兰岛和南极）的陆地生态系统——草地生态系统，其面积约为 52.2 亿 $hm^2$。草地生态系统是受人类影响最大的陆地生态系统之一，它不仅维持大气各组分的相对恒定，维持着物质循环和水循环，维持生物遗传和物种的多样性，而且还为人类提供了具有直接经济价值的产品（如肉、奶、毛、皮等）和活动场所，同时还有净化环境的功能，且草地还能够固定 $CO_2$、保水固沙，在抚育和传承多民族文化中也具重要的服务功能（Sala et al.，1997；White et al.，2000）。

我国各类草地总面积 4 亿 $hm^2$，约占国土面积的 41%，是一个草地资源大国。目前，我国处于不同程度退化中的草地有九成左右，其中六成以上出现严重退化的现象。我国出现草地大面积退化在于过度放牧和开垦等人为因素、极端气候等自然因素、国家投入和牧区政策不足（韩俊等，2011）。经过大量研究显示，草地出现退化是由长期过度放牧主导，即首要因素。植被的初级生产力会受到过度放牧的极大影响，生物多样性也会减少，造成产值降低（White et al.，2000；Schönbach et al.，2011），土壤养分和水分保持能力下降，土壤侵蚀和水土流失加剧（Steffens et al.，2008；Reszkowska et al.，2011），过度放牧也会增强气候变化的敏感性，这将会使不同空间尺度上的生态功能受到极大影响，驱使草地的退化演替加速，从而使草地生态系统的服务功能日益衰减，各种自然灾害发生频繁，如沙尘暴和鼠虫害，对我国北方及其周边地区的生态安全造成严重威胁（韩俊等，2011）。

草地围栏封育就是把草场分成若干小区围起来，当放牧压力除掉，退化草地就会自然恢复。它是人类有意识的手段，去对草地生态系统中动植物之间的关系进行调节以及对草地的管理。草地围栏封育由于成本低、见效快的优势，已成为退化草地恢复重建的有效措施之一，并在世界范围内得到广泛应用。

因此，进行草地围封研究，对于阐释草地生态系统功能受人畜活动干扰的适应机理，退化草地恢复重建，完善生态功能，具有重要的理论和实践价值。

# 第一节　试验区概况与研究方法

## 一、短花针茅荒漠草原

短花针茅广泛分布在亚洲中部草原亚区荒漠草原带的偏暖气候区域，同时也生长在荒漠区的一些山地。短花针茅属株丛高30~40cm，芒长5~8cm，全芒被短柔毛。在内蒙古高原上，短花针茅4月上旬开始萌动返青，5月下旬至6月中旬抽穗开花进入生长盛期，6月下旬至7月上旬颖果成熟脱落，生殖枝开始枯黄进入果后营养期。之后，株丛再次分蘖长出部分营养枝，直至9月下旬株丛逐渐枯黄而进入相对休眠期。短花针茅株丛干枯残枝的保存率较高，有利于家畜冬春放牧利用。

短花针茅草原分布区的气候特点属偏暖的干旱气候，年降水量267~350mm，年均温3.6℃以上（百灵庙站）。该群系在我国境内的主要分布区是从黄土高原丘陵区西北部起，往东向北越过阴山到达内蒙古高原中部的南端边缘地区。在这个地区范围内，西起乌梁素海以东的大佘太镇，向东经达茂旗、四子王旗，止于镶黄旗、化德县等地一带。东西横贯内蒙古高原中部荒漠草原带的南部边缘，形成一条连续分布在淡栗钙土、暗棕钙土上的以短花针茅建群的荒漠草原的分布区域。这是从典型草原带向荒漠草原带过渡而首先出现的荒漠草原群落，再往西北即可见到更干旱的小针茅荒漠草原群落。

据中国科学院蒙宁综合考察队在其考察区内考察的结果，组成短花针茅群落的高等植物有51种。其中以禾本科植物占优势，菊科、藜科次之，百合科、蔷薇科和十字花科的一些植物也有一定的数量。而构成群落建群种和优势种的植物大多属于针茅属、隐子草属、蒿属和锦鸡儿属的植物。再者，对短花针茅草原的植物成分作水分生态类型分析，旱生植物处于主导地位，为群落总种数的

84.3%，其中草原种占 56.9%，荒漠草原种占 25.5%，荒漠种占 1.9%（表 5-1）。

**表 5-1　短花针茅群落生物学类群与生态学类群综合分析表**

| 生物学类群 | | | 生态学类群 | | | | | | | 合计 |
|---|---|---|---|---|---|---|---|---|---|---|
| | | | 超旱生植物 | 旱生植物 | | | | 中生植物 | | |
| | | | 荒漠旱生 | 草原旱生 | 草原广旱生 | 草原中旱生 | 荒漠草原旱生 | 草甸旱中生 | 草甸中生 | |
| 多年生草类 | 禾草薹草 | 丛生禾草 | — | 1 | 2 | | 4 | — | — | 7 |
| | | 根茎禾草 | — | — | — | 1 | — | — | — | 1 |
| | | 根茎薹草 | — | 2 | — | | — | — | — | 2 |
| | 杂类草 | 豆　科 | — | 2 | — | 2 | — | — | — | 6 |
| | | 百合科 | — | 1 | — | | 2 | 2 | — | 3 |
| | | 其　他 | — | 8 | 1 | 2 | 3 | — | — | 14 |
| 半灌木 | | 菊　科 | — | 1 | — | — | 2 | — | — | 3 |
| | | 豆　科 | — | 1 | — | — | — | — | — | 1 |
| | | 其　他 | — | — | — | — | 1 | — | — | 1 |
| 灌木 | | 豆　科 | 1 | 3 | — | — | — | — | — | 4 |
| 一、二年生植物 | | 蒿　类 | — | — | — | — | 1 | 1 | — | 2 |
| | | 藜　类 | — | 1 | — | — | — | 1 | 1 | 3 |
| | | 其　他 | — | — | — | 1 | — | — | 3 | 4 |
| 低等植物 | | 地　衣 | — | — | — | — | — | — | — | (2) |
| | | 藻　类 | — | — | — | — | — | — | — | (2) |
| 总计 | | | 1 | 20 | 3 | 6 | 13 | 4 | 4 | 51(4) |

注：引自《内蒙古植被》，1985 年。

## 二、小针茅荒漠草原

小针茅荒漠草原是亚洲中部荒漠草原地带的一类小型丛生禾草草原。在我国主要分布在阴山山脉以北的乌兰察布层状高平原和鄂尔多斯高原中西部地区。再往西在极干旱的荒漠区山地（贺兰山、祁连山、东天山、阿尔泰山、柴达木等）也有出现。小针茅荒漠草原是最耐旱的针茅草原之一，它的分布与温带干旱的大陆性气候存在极为密切的联系。在它的分布区域内年降水量平均低于 250mm（130~245mm），湿润度在 0.11~0.26，≥ 10℃的积温为 2 000~3 100℃，植物发育期长达 180~240d。春秋两季尤其是春季 4—6 月经常出现持续的干旱，严重地制约着植物的生长和群落初级生产力的稳定性。小针茅荒漠草原发育在暗棕钙土和棕钙土上，土体腐殖质层浅薄，一般在 20~30cm，在其下面普遍有一层坚实的钙积层（B 层），土壤干燥且肥力较低（腐殖质含量为 1.0%~1.8%）。春季干旱期土壤含水量低于 8% 以下，表土层薄且多沙质，由于风蚀作用而覆盖有一层粗沙和碎石砾，地表十分粗糙。小针茅荒漠草原的垂直分布与海拔高度的相关性表现为自北向南、自东向西逐渐升高的趋势。在乌兰察布高平原的北部、东部，它广泛分布在 950~1 000m 的层状高平原上，向南向西随着丘陵山地地势的上升和湿度的下降，小针茅荒漠草原大多出现在海拔 1 300~1 600m 的山麓坡脚和丘间谷地。

与其他针茅草原植被相比，小针茅荒漠草原具有自己独特的种类组成。首先，因受干旱气候的长期作用，小针茅荒漠草原的植物种类十分贫乏。通常在 $1m^2$ 地面上群落种饱和度仅在 10~12 种，但其种类组成相对比较稳定，一般群落种数无明显的变化。在群系分布区的中心区域，群落的种数稳定性偏高，但绝对值偏低，而在分布区的外缘，其种数波动性偏大，且绝对值普遍有所升高。通常分布区域的东界较西界为高，即分布在偏东的群落总种数约为 46 种（以小针茅 + 糙隐子草 + 克氏针茅群落为例），偏西的群落总种数则只有 26 种（以小针茅 + 亚菊草原、小针茅 + 女蒿草原为例）。

## 三、试验设计

依据小针茅和短花针茅物候及地上生物量波动规律选择其生物量高峰期，于 2013 年 7 月中旬进行植被调查。共选取了地貌相对一致，地形平坦的 7 个样地，小针茅样地围封时间分别是 2012 年、2008 年和未围封的放牧样地，短花针茅样地围封时间分别是 2012 年、2011 年、2005 年和未围封的放牧样地，至 2014 年取样时小针茅样地围封时间分别为围封 3 年、围封 6 年，短花针茅样地围封时间分别为围封 2 年、围封 3 年和围封 8 年，样地面积 100m × 100m。同时，使用全球定位系统 GPS 记录每个样地的位置，见表 5-2。

**表 5-2　荒漠草原围封草地地理位置**

| 群落类型 | 样地类型 | 地理坐标 |
|---|---|---|
| 短花针茅样地 | 放牧地 | 112° 36′ 31.9″ E，42° 35′ 23.8″ N |
| | 围封 2 年 | 112° 35′ 30.6″ E，42° 35′ 24.4″ N |
| | 围封 3 年 | 112° 38′ 23.6″ E，42° 34′ 25.5″ N |
| | 围封 8 年 | 112° 38′ 23.6″ E，42° 34′ 25.5″ N |
| 小针茅样地 | 放牧地 | 112° 40′ 26.0″ E，42° 49′ 44.0″ N |
| | 围封 3 年 | 112° 40′ 25.0″ E，42° 49′ 53.6″ N |
| | 围封 6 年 | 112° 40′ 28.1″ E，42° 49′ 53.6″ N |

# 第二节　不同围封年限对主要植物种群及群落的影响

## 一、围封对主要植物种群及群落的影响

围封草地通过隔离放牧家畜，排除了家畜的采食、践踏、排便的综合干扰，使原有退化严重的草地植物群落得以休养生息，对小苗的生长有积极作用，随之草地生产力逐渐增加，从而使草地植物群落定向演替。如放牧会增加匍生植物种，而对家畜口感良好的牧草会随着重牧减少甚至消失，而在实施围栏封育后，牲畜压力消除，对放牧不敏感的物种逐渐减少，相反，对放牧适应性弱的物种会增多。目前国内也已开展了许多有关封育措施对草地植被恢复影响方面的研究，提出草地生产力可以通过封育措施提高（李永宏等，1995；宝音陶格涛等，1997；王炜等，1997；柳海鹰等，2000），郑翠玲等（2005）通过测定封育不同年限（1 年、4 年和 7 年）沙化草地群落的特征值发现，随着封育年限的增加，退化指示植物所占比例逐渐降低，建群种及一些适口性较好的优良牧草所占比例逐渐增加，另外，围栏封育还可使草地植被盖度、平均高度和草群密度增加，且地上生物量和土壤草根含量大幅度增加；但在围封 4 年后，各指标增长变缓，认为围封一段时间后，适当的割草或利用将有利于加速该草地的恢复（周国英等，2004）。

据研究来看，实施围封退化草地的处理，群落有向气候顶级群落演替的趋势（周华坤等，2003），通常有 3 种演替。

**1. 单稳态模式（图 5-1）**

该演替模式是 Dyksterhuis 提出的（Dyksterhuis et al.，1949）。单稳态模式认为，草地类型和稳态（顶级或潜在自然群落）是一对一的，通过合理的管理措施，由过度放牧导致的反向演替是能够恢复的，而且退化和恢复是两个途径一致，方向相反的过程。目前，大部分对草地放牧的研究是以单稳定模式为理论基础进行的。

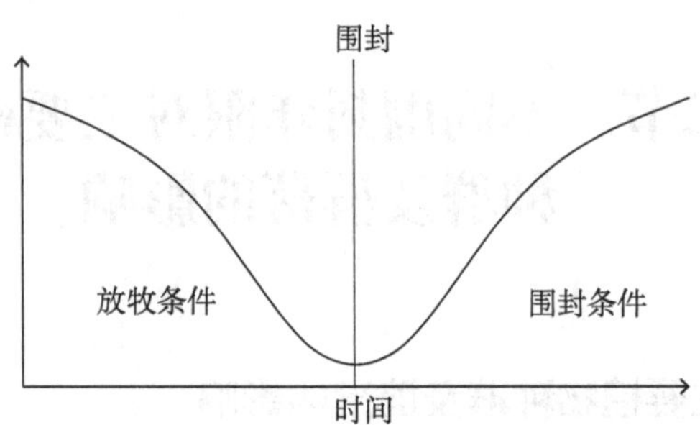


图 5-1　放牧草地围封处理后单稳态模式示意

**2. 多稳态模式（图 5-2）**

有部分研究认为，在草地生态系统遭到破坏严重的情况下，草地恢复的过程和原来退化过程的方向是不同的。有学者的研究显示，进行围封后的退化草地没有按原来退化的相反方向回到当初的状态，而是在演替的某一时期中长时间的保持。因此认为某些草地存在多个稳态在放牧演替中，所谓的多稳态模式。该模式说明对退化程度大的草地进行围封后，植被的建立以及外来物种的入侵等都无法让原来的群落类型恢复（Schat et al.，1989）。

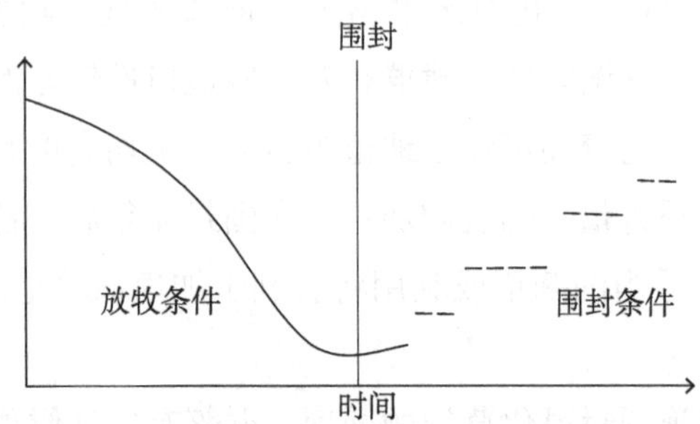


图 5-2　放牧草地围封处理后多稳态模式示意

**3. 滞后模式（图 5-3）**

该模式属实际型，而单稳态属理想型，即滞后是单稳态的一个变式。后者强调途径相同，方向相反。而事实上这种理想模式是没有的。实际中恢复演替常常是有滞后围封特点的表现。在此基础上退化草地围封后群落演替的一种新模式被提出，即滞后模式（Schat et al.，1989）。该模式和单稳态模式一样，同样认为草地类型和稳态是一对一的，围封后退化草地群落可以达到初始的群落顶级状态，但是要在处理后经过较长时间，围封的特征才能表现。并且恢复演替过程和退化演替过程可能不一定相同，常常会有跳跃变化的现象。

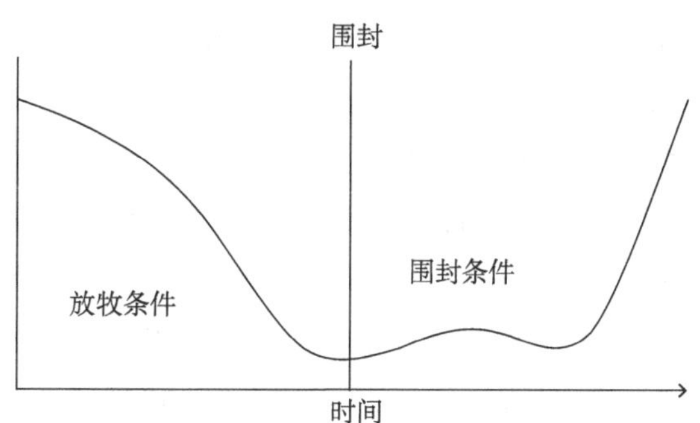


**图 5-3　放牧草地围封处理后滞后模式示意**

对实际来说，滞后模式与草地演替更加贴合。如对围封退化的内蒙古冷蒿草原（典型草原类型）研究表明，有两种衰退物种，大针茅和羊草，在草地恢复演替前期（1983—1988 年），两物种没有明显变化，但 1989 年起突变为群落中优势种。米氏冰草在退化草地群落中也属于衰退种，1984—1988 年种群增长已经显著，1989 年后仍属于群落的优势种。糙隐子草属于退化草地群落的优势种，1987 年以前生物量变化较平稳，1987 年后种群出现衰退趋势，进入了群落结构下层的固有组分。冷蒿是退化群落的主要优势种，在 1983—1988 年种群逐渐增长，1989 年起出现萎缩的态势，变为下层的伴生植物。冷蒿在退化草地群落中属于生物量较高的种，在 1988 年之前，种群处于稳定状态，是优势种之一。而在 1989 年以后，其生物量下降迅速，成为群落中稀有种。小叶锦鸡儿与双齿葱都属于稳态种群，在整个恢复过程中，生物量的变化上下浮动不大（王炜等，1997）。

## 二、围封对群落多样性的影响

生物多样性是用来鉴别退化生态系统恢复程度的关键，其自我调节能力和生态系统的生产力状况是两个极具代表性的指标。在以往的研究中，相较于放牧非围封样地，植物多样性在禁牧围封条件下的影响效果未曾取得统一结论。

**1. 围栏禁牧能够提高植物多样性**

部分种群会因过度干扰的影响而消失，从而减少植物的多样性（Fırıncıoğlu et al.，2007；Sternberg et al.，2000；Noy-Meir et al.，1989），如家畜适口性牧草在放牧过度的状态下呈减小甚至消失的趋势，在围封状态下，家畜适口性牧草有所提高进而增加了物种多样性与其丰富度（Milchunas et al.，1988）。

**2. 放牧非围封样地的多样性高于围栏禁牧样地**

此结论认为放牧草地对照组或退化草地皆处于中度干扰状态，即群落中的稀有种增多是因为其中优势种的竞争能力在自然干扰下减小（Petraitis et al.，1989），或为在干扰下出现的各种生境斑块使得种在不同演替阶段下共存（Connell et al.，1978；Huston et al.，1994）。围封状态阻止生境在干扰下的单一化趋势，有利于生物多样性的提高。不少研究结论验证了此观点，如位于美国的沙蒿草地试验显示，围封草地植物丰富度及其多样性的降低与多年生草的优势度的提高有关（Scott et al.，1987）。对高寒草甸的退化和未退化矮蒿草草甸围封 5 年后，均表现出多样性指数与丰富度指数减少的趋势，是因为围封状态使得草甸上的杂类草与毒草量得以降低。内蒙古典型草原区中，把冷蒿作为建群种的退化羊草草原的多样性指数，在 12 年的封育过程中，呈有峰值的整体降低状态，表明该草原的优势种与建群种的优势度因为在围封状态下的持续演替呈上升趋势，群落中不同种群所占比例失调，致使多样性减小（Bao et al.，1997）。亦有研究表明，中度干扰放牧下，暖季生长的匍生植物能够替换部分冷季生长的杂草植物，此过程使得草地的植物多样性在围封 9 年后，显著小于中度放牧草地（Alice et al.，2005）。

**3. 植物多样性受围栏禁牧的影响较小甚至无影响**

其中干旱区草地的调节恢复极其漫长是一个重要原因。而且有研究人员认为除非有一个特殊状态（如罕见大雨）的出现去推动群落状态及结构发生改变，否则围栏禁牧对群落的多样性不会产生大的影响，即群落的演替进程中需要特殊事件的推动。

围封状态不但能阻止生境在干扰下的单一化趋势，也可驱动生物多样性的改变进程（闫玉春等，2009），草地休牧时间过长，植被灌丛化趋势明显，适口性牧草减少，导致物种多样性发生变化。此外，封育时间与草场放牧利用价值不呈正比关系，过长的封育时间会使得群落的凋落物增多且其地上生物量减少，从而对植物的形成和发育起到抑制作用，减缓了草原繁衍更替的进程（左万庆等，2009；袁吉有等，2011）。退化生态系统的恢复和重建需根据现有技术、在经济可行性前提下严格遵循自然法则，建立科学的生态组分、功能和异质性等，使退化的生态系统重获健康的生态格局，并有益于人类生存与生活（任海等，2008；Eldridge et al.，1992；Hobbs et al.，1996）。

## 三、围封年限对短花针茅荒漠草原种群及群落的影响

### 1. 不同围封年限对短花针茅草原物种组成的影响

从表 5-3 可以看出，在放牧区短花针茅、无芒隐子草和碱韭为优势种，其累计优势度分别为 0.21、0.20 和 0.24，围封 8 年后短花针茅和无芒隐子草的累计优势度下降，而碱韭的累计优势度增加，尤其是无芒隐子草的累计优势度降幅较大。围封 2 年短花针茅的累积优势度稍高于围封 3 年，而无芒隐子草则低于围封 3 年。围封 8 年旋花的累计优势度高于其他围封区和放牧区，累积优势度为 0.17。

从功能群角度分析，围封 8 年多年生禾草累计优势度高于围封 2 年和围封 3 年，其累计优势度为 0.39。围封 2 年的多年生禾草累计优势度高于围封 3 年。灌木、半灌木累计优势度围封 8 年明显低于围封 2 年和围封 3 年，放牧区的累积优势度最低为 0.03。多年生杂类草累计优势度在围封 2 年时最大为 0.94，放牧区最低为 0.38。一、二年生草本累计优势度围封 3 年 > 围封 2 年 > 放牧区 > 围封 8 年，其值为 0.36、0.24、0.21 和 0.16。

**表 5-3　不同围封年限物种组成及功能群优势度**

| 物种及其功能群 | 累计优势度 | | | |
|---|---|---|---|---|
| | FM | 围封 2 年 | 围封 3 年 | 围封 8 年 |
| 多年生禾草 | 0.45 | 0.38 | 0.3 | 0.39 |
| 短花针茅（*Stipa klemenzii*） | 0.21 | 0.23 | 0.2 | 0.17 |
| 无芒隐子草（*Cleistogenes songorica*） | 0.2 | 0.04 | 0.1 | 0.09 |
| 小针茅（*Stipa klemenzii*） | — | 0.11 | — | — |
| 寸草薹（*Carex duriuscula*） | 0.04 | — | — | 0.13 |
| 灌木、半灌木 | 0.03 | 0.18 | 0.44 | 0.09 |
| 小叶叶锦鸡儿（*Caragana.microphylla*） | — | 0.14 | 0.05 | 0.02 |
| 天门冬（*Asparagus gobicus*） | — | 0.04 | 0.08 | 0.02 |
| 木地肤（*Kochia prostrata*） | 0.03 | — | 0.32 | 0.05 |
| 多年生杂类草 | 0.38 | 0.94 | 0.54 | 0.61 |
| 碱韭（*Allium polyrrhizum*） | 0.24 | 0.5 | — | 0.28 |

（续表）

| 物种及其功能群 | 累计优势度 | | | |
|---|---|---|---|---|
| | FM | 围封 2 年 | 围封 3 年 | 围封 8 年 |
| 阿氏旋花（*Convolvulus ammannii*） | 0.08 | 0.1 | 0.03 | 0.17 |
| 阿尔泰狗娃花（*Heteropappus altaicus*） | — | — | 0.06 | — |
| 乳白花黄芪（*Astragalus galactites*） | 0.02 | 0.04 | 0.05 | 0.02 |
| 细叶葱（*Allium tenuissimum*） | 0.05 | 0.03 | — | 0.04 |
| 兔唇花（*Lagochilus ilicifolius*） | — | — | 0.06 | — |
| 冷蒿（*Artemisia frigida*） | — | — | 0.04 | 0.1 |
| 蒙古葱（*Alliummongolicum*） | — | 0.05 | — | — |
| 叉枝鸦葱（*Scorzonera divaricata*） | — | 0.21 | — | — |
| 草芸香（*Haplophyllum dauricum*） | — | — | 0.1 | — |
| 女蒿（*Hippolytiatrifida*） | — | — | 0.15 | — |
| 一、二年生草本 | 0.21 | 0.24 | 0.36 | 0.16 |
| 猪毛菜（*Salsola collina*） | 0.12 | 0.05 | 0.12 | — |
| 狗尾草（*Setaria viridis*） | — | 0.11 | 0.03 | — |
| 画眉草（*Eragrostis pilosa*） | — | 0.06 | 0.1 | 0.09 |
| 栉叶蒿（*Artemisia pectinata*） | 0.09 | 0.02 | 0.03 | 0.07 |
| 虫实（*Corispermum hyssopifolium*） | — | — | 0.05 | — |
| 点地梅（*Androsace umbellata*） | — | — | 0.03 | — |

**2. 不同围封年限对荒漠草原主要植物种群特征的影响**

从表 5-4 看出，8 月围封 2 年主要植物种的高度均高于围封 3 年和围封 8 年，但它们之间无显著性差异（$P>0.05$）；7 月短花针茅在围封 8 年处理下高于围封 2 年和围封 3 年处理；戈壁天门冬在围封 3 年处理下显著高于围封 2 年和围封 8 年（$P<0.05$）。主要植物种群盖度围封 3 年高于围封 8 年和围封 2 年，戈壁天门冬围封 3 年显著高于围封 8 年和围封 2 年（表 5-5）。无芒隐子草在围封 8 年密度最大，8 月无芒隐子草密度显著高于围封 2 年（$P<0.05$）。戈壁天门冬围封 3 年高于围封 2 年和围封 8 年，短花针茅密度围封 3 年高于围封 2 年和围封 8 年（表 5-6）。

**表 5-4　不同围封时间短花针茅群落主要植物种群高度变化**

| 月份 | 处理 | 短花针茅 | 无芒隐子草 | 阿氏旋花 | 戈壁天门冬 | 乳白花黄芪 |
|---|---|---|---|---|---|---|
| 7 月 | 放牧 | 5.46c | 2.14b | 1.54b | — | 1.28c |
| | 围封 2 年 | 12.86b | 5.82a | 1.93b | 3.10b | 3.37b |
| | 围封 3 年 | 13.35b | 5.66a | 11.40a | 14.46a | 5.96a |
| | 围封 8 年 | 18.00a | 7.67a | — | 5.60b | — |
| 8 月 | 放牧 | 7.65b | 4.28b | 2.14a | 3.15a | 2.14a |
| | 围封 2 年 | 16.49a | 6.25a | 2.65a | 5.16a | 4.07a |
| | 围封 3 年 | 14.23a | 7.80a | 5.30a | 7.53a | 4.83a |
| | 围封 8 年 | 12.13a | 7.40a | 4.10a | 6.50a | 3.75a |

**表 5-5　不同围封时间短花针茅群落主要植物种群盖度变化**

| 月份 | 处理 | 短花针茅 | 无芒隐子草 | 阿氏旋花 | 戈壁天门冬 | 乳白花黄芪 |
|---|---|---|---|---|---|---|
| 7 月 | 放牧 | 2.18b | 1.54b | 0.48a | — | 0.18a |
| | 围封 2 年 | 6.67a | 2.33a | 0.86a | 0.90a | 0.30a |
| | 围封 3 年 | 5.50a | 3.33a | 0.60a | 1.40a | 0.63a |
| | 围封 8 年 | 7.00a | 10.00a | — | 0.67a | — |
| 8 月 | 放牧 | 3.14a | 0.54a | 1.02a | — | 0.54a |
| | 围封 2 年 | 4.00a | 0.25a | 1.50a | 0.63b | 0.87a |
| | 围封 3 年 | 5.00a | 3.40a | — | 1.73a | 1.23a |
| | 围封 8 年 | 4.67a | 2.83a | 3.00a | 0.60b | 0.30a |

**表 5-6　不同围封时间短花针茅群落主要植物种群密度变化**

| 月份 | 处理 | 短花针茅 | 无芒隐子草 | 阿氏旋花 | 戈壁天门冬 | 乳白花黄芪 |
|---|---|---|---|---|---|---|
| 7 月 | 放牧 | 4.51a | 4.15a | 5.46a | — | 1.54a |
| | 围封 2 年 | 11.33a | 6.00a | 9.00a | 3.00a | 3.00a |
| | 围封 3 年 | 4.33a | 7.67a | 5.00a | 5.33a | 5.66a |
| | 围封 8 年 | 6.33a | 9.50a | — | 2.67a | — |
| 8 月 | 放牧 | 4.16a | 3.15b | 3.54a | — | 2.18 |
| | 围封 2 年 | 6.33a | 3.50b | 11.00a | 1.67b | 3.33a |
| | 围封 3 年 | 11.00a | 6.33ab | 5.00a | 6.00a | 3.67a |
| | 围封 8 年 | 7.67a | 6.67a | 33.00a | 3.00b | 1.50a |

**3. 不同围封年限对短花针茅草地群落特征的影响**

从表 5-7 可以看出，放牧区密度为 114.67 株 /m$^2$，显著高于围封 2 年和围封 3 年（$P$<0.05）。围封 8 年植被密度显著高于围封 2 年（$P$<0.05），其值为 92.67 株/m$^2$。围封 2 年和围封 3 年密度之间无显著差异（$P$>0.05）。群落高度放牧区显著低于围封 2 年、围封 3 年和围封 8 年（$P$<0.05），其高度为 6.083cm。围封 8 年群落高度高于围封 2 年和围封 3 年，但无显著差异（$P$>0.05），其值为 11.84cm。盖度围封区显著高于放牧区，围封 2 年、围封 3 年和围封 8 年之间无显著差异（$P$>0.05），其值分别为 20.80%、20.03% 和 20.60%。

**表 5-7　不同围封年限植被群落特征**

| 处理 | 密度（株 /m$^2$） | 高度（cm） | 盖度（%） |
|---|---|---|---|
| 放牧 | 114.67A | 6.083B | 15.60B |
| 围封 2 年 | 60.00C | 9.247A | 20.80A |
| 围封 3 年 | 65.33BC | 10.78A | 20.03A |
| 围封 8 年 | 92.67AB | 11.84A | 20.60A |

注：同列中不同字母表示各围封样地间在 0.05 水平上差异显著。下同。

**4. 不同围封年限对群落地上现存量的影响**

不同围封年限对群落地上现存量的影响见图 5-4，在牧草生长旺盛期 8 月地上现存量围封区显著高于放牧区（$P$<0.05），围封区之间地上现存量围封 3 年 > 围封 8 年 > 围封 2 年，但是无显著差异（$P$>0.05）。围封样地与放牧样地地上生物量存在显著差异（$P$<0.05）。围封年限与地上生物量拟合曲线为 $y$=−10.913$x^2$+65.373$x$−16.72，$R^2$=0.98。

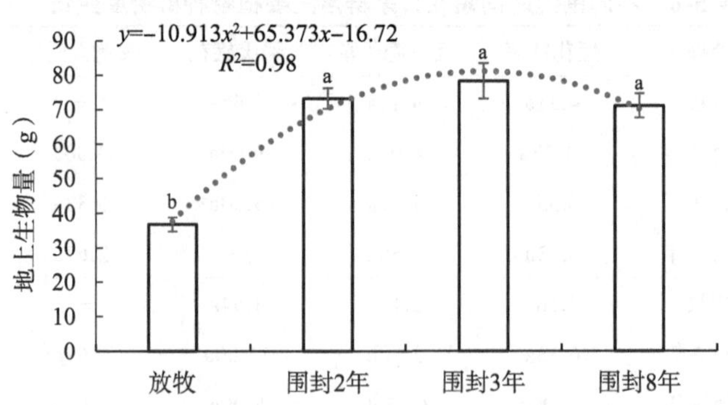


**图 5-4　不同围封年限对群落地上现存量的影响**

**5. 不同围封年限对草地保存率的影响**

不同围封年限对草地保存率的影响见图 5-5，从图中看出围封 3 年草地保存率显著高于其他围封处理与放牧处理（$P<0.05$），围封 3 年保存率为 29.23%。放牧处理下草地保存率最低，为 10.22%。

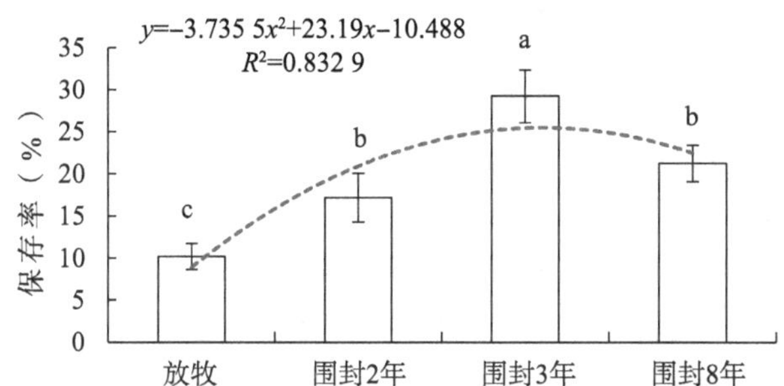


**图 5-5　不同围封年限对短花针茅草地保存率的影响**

**6. 不同围封年限对群落物种多样性的影响**

从表 5-8 可以看出，放牧区丰富度指数显著低于围封 3 年，其值为 1.34。围封区之间无显著差异，丰富度指数（Margarlef）围封 3 年 > 围封 2 年 > 围封 8 年 > 放牧。多样性指数（Shannon-Wiener）在不同围封年限和放牧区之间无显著差异（$P>0.05$），多样性指数（Shannon-Wiener）放牧 > 围封 3 年 > 围封 2 年 > 围封 8 年。均匀度指数（Pielou）在围封和放牧区之间无显著差异（$P<0.05$），Pielou 均匀度指数围封 8 年 > 围封 3 年 > 放牧 > 围封 2 年。

**表 5-8　不同围封年限对物种群落多样性分析**

| 处理 | 丰富度指数 | 多样性指数 | 均匀度指数 |
|---|---|---|---|
| 放牧 | 1.34B | 2.31A | 0.89A |
| 围封 2 年 | 2.23AB | 2.04A | 0.88A |
| 围封 3 年 | 2.4A | 2.22A | 0.92A |
| 围封 8 年 | 1.70AB | 1.97A | 0.94A |

**7. 短花针茅群落物种丰富度与盖度、地上现存量、鲜干比的关系**

根据 4 种不同研究样地数据建立的群落物种丰富度与盖度、地上现存量、鲜干比的回归模型可知，物种丰富度与盖度、地上现存量、鲜干比均不存在显著的相关关系（$P>0.05$），并不能很好地预测草地群落特征。生产力作为生态系统功能的综合指标，是研究物种丰富度与生态系统功能关系的有效途径。许多研究聚焦于物种丰富度与生产力关系的研究，发现其关系主要有 4 种：正相关、负相关、单峰曲线、不相关。这些关系的出现受多方面因素的影响。其中尺度被认为是影响 4 种关系的重要因素，因此，我们认为也许更长久时间尺度，同时结合气象学上的认知会带来与本研究来截然不同的结果。

## 四、不同围封年限对小针茅群落特征影响

### 1. 不同围封时间小针茅群落主要植物种群高度变化

由表 5-9 可知，围封 6 年小针茅和戈壁天门冬高度均显著高于放牧区和围封 3 年（$P<0.05$），高度值为 20.93cm、21.63cm 和 12.50cm；放牧区和围封 3 年处理之间无显著性差异（$P>0.05$）。围封 6 年处理下猪毛菜高度显著高于放牧处理和围封 3 年处理（$P<0.05$）。

**表 5-9　主要植物种群高度**　　单位：cm

| 月份 | 处理 | 小针茅 | 无芒隐子草 | 戈壁天门冬 | 狭叶锦鸡儿 | 猪毛菜 | 阿氏旋花 |
|---|---|---|---|---|---|---|---|
| 7月 | 放牧区 | 15.8a | 6.80b | 7.22a | 7.60a | 7.20a | 6.00b |
| | 围封 3 年 | 21.2a | 21.80a | 17.27a | 16.50a | 8.57a | 7.10ab |
| | 围封 6 年 | 21.97a | — | 17.66a | 13.00a | 11.28a | 11.00a |
| 8月 | 放牧区 | 16.06b | 9.93b | 6.30a | 12.65a | 8.26b | 6.40a |
| | 围封 3 年 | 14.73b | 9.59b | 8.66a | 1.00a | 7.68b | 6.80a |
| | 围封 6 年 | 20.93a | 21.63a | 12.50a | — | 14.16a | 7.75a |

注：同列字母相同表示差异不显著（$P>0.05$），字母不同表示差异显著（$P<0.05$）。下同。

### 2. 不同围封年限小针茅群落主要植物种群盖度变化

不同围封时间小针茅群落主要植物种群盖度见表 5-10，7 月不同围封年限下主要植物种群无显著差异（$P>0.05$），小针茅和无芒隐子草围封 6 年高于放牧和围封 3 年。从表中看出 8 月围封 6 年小针茅盖度显著高于放牧区和围封 3 年（$P<0.05$），无芒隐子草围封和放牧处理下植被盖度无显著差异（$P>0.05$）。

表 5-10 主要植物种群盖度 单位：%

| 月份 | 处理 | 小针茅 | 无芒隐子草 | 戈壁天门冬 | 狭叶锦鸡儿 | 猪毛菜 | 阿氏旋花 |
|---|---|---|---|---|---|---|---|
| 7月 | 放牧区 | 10.33a | 3.00a | 0.43a | 2.50a | 1.57a | 0.35a |
| | 围封 3 年 | 13.00a | 2.33a | 1.00a | 1.75a | 1.00a | 0.50a |
| | 围封 6 年 | 21.00a | 3.00a | 1.00a | 1.00a | 1.03a | 0.30a |
| 8月 | 放牧区 | 6.17b | 2.15a | 1.10a | 1.000a | 1.33a | 0.35a |
| | 围封 3 年 | 9.67b | 2.67a | 0.50a | 0.300a | 1.00a | 0.80a |
| | 围封 6 年 | 22.33a | 2.57a | 0.60a | — | 0.80a | 0.20a |

### 3. 不同围封年限对小针茅群落主要植物种群密度变化

由表 5-11 可知，随着围封时间的延长，优势植物种的密度有减少的趋势，但处理之间差异不显著（$P$>0.05）。8 月小针茅围封 6 年密度最低，为 10.33 株 /m$^2$，7 月无芒隐子草密度在放牧处理下与围封 3 年和 6 年处理差异显著（$P$<0.05），8 月无芒隐子草围封 6 年最低为 4.33 株 /m$^2$；从表中可以得出放牧能够提高群落植物种的密度，围封 6 年群落的密度均较小。

表 5-11 主要植物种群密度 单位：株 /m$^2$

| 月份 | 处理 | 小针茅 | 无芒隐子草 | 戈壁天门冬 | 狭叶锦鸡儿 | 猪毛菜 | 阿氏旋花 |
|---|---|---|---|---|---|---|---|
| 7月 | 放牧区 | 13.00a | 11.00a | 2.00a | 13.00a | 6.67a | 3.00a |
| | 围封 3 年 | 12.33a | 6.00b | 2.67a | 3.50a | 6.67a | 4.00a |
| | 围封 6 年 | 13.00a | 4.67b | 1.33a | 1.00a | 9.00a | 1.00a |
| 8月 | 放牧区 | 14.33a | 5.67a | 3.5a | 6.00a | 11.00a | 4.50a |
| | 围封 3 年 | 12.33a | 4.67a | 2.67a | 4.00a | 6.00ab | 9.00a |
| | 围封 6 年 | 10.33a | 4.33a | 2.00a | — | 4.00b | 1.50a |

### 4. 不同围封时间小针茅群落地上现存量

从图 5-6 可知，7 月围封 3 年和围封 6 年无显著差异（$P$<0.05），围封 3 年和围封 6 年显著高于放牧区（$P$<0.05）；8 月围封 6 年显著高于围封 3 年和放牧区（$P$<0.05）地上现存量围封 6 年 > 围封 3 年 > 放牧区。

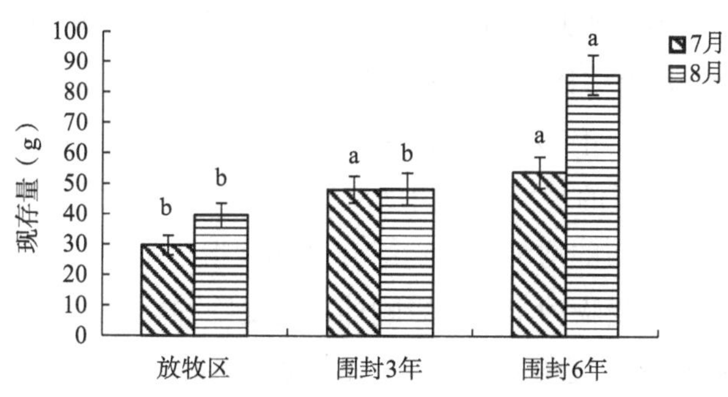


图 5-6 小针茅群落地上现存量变化

**5. 不同围封时间小针茅群落保存率**

从图 5-7 中可以看出，围封 6 年和围封 3 年草地保存率无显著差异（$P<0.05$），围封试验处理显著高于放牧区，围封 6 年保存率最高为 20.84%，围封 3 年保存率为 16.90%，放牧区保存率最低为 7.58%，围封草地保存率有提高的趋势。

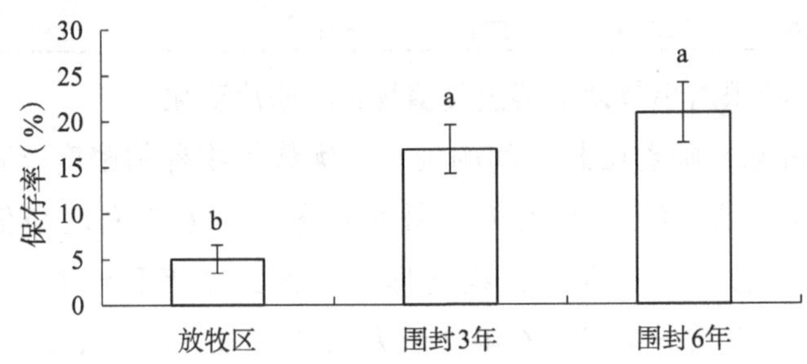


**图 5-7　小针茅群落不同围封时间保存率变化**

**6. 不同围封年限对小针茅群落特征影响**

物种丰富度与地上生物量基本随着年份的增加呈下降趋势。从植被群落地上生物量方面看出，围封 6 年的生物量与一直放牧地生物量基本持平（58.90g/m$^2$），而围封 3 年地上生物量（11.9g/m$^2$）与围封 4 年（119.39g/m$^2$）地上生物量相差 10 倍。但这里需要指出的是，自 2012 年起，苏尼特右旗 5—9 月的降水量逐年递减，2014 年降水量更是少之又少。这说明荒漠草地围封时间并不是越久收益越高，封育期过长，不但不利于牧草的正常生长和发育，反而枯草会抑制植物的再生和幼苗的形成，不利于草地的繁殖更新，放牧会使草地生物量维持在一个相对平衡的状态，围封草地由于失去了草食动物的啃食，可能会对生境更为敏感。

**7. 围封对小针茅群落多样性的影响**

植被演替是内因与外因长期共同作用的结果，全面衡量物种多样性需从物种丰富度、均匀度和综合多样性 3 个方面进行比较，它们从不同的角度反映了群落物种组成的结构水平、组织水平、发展阶段、稳定程度和生境差异。物种丰富度即反映群落中植物种类的多少；均匀度反映了群落中不同物种的多度（生物量、盖度或其他指标）分布的均匀程度；综合多样性指数是物种水平上多样性和异质性程度的度量，除受物种丰富度影响外，还受物种均匀度的影响。由表 5-12 可以看出，从物种丰富度角度分析，3 类草地 Margalef 丰富度指数差异性不显著（$P>0.05$），其中未围封草地物种丰富度高于其他两类草地，围封 6 年草地物种丰富度最低；3 类草地 Pielou 均匀度指数均无显著差异（$P>0.05$），其中围封 3 年草地均匀度最高，未围封草地次之，围封 6 年草地最低；从综合多样性角度分析，围封 3 年草地与围封 6 年草地 Simpson 指数及 Shannon-Wiener 指数均呈现显著差异（$P<0.05$）。和均匀性变化趋势一样，围封 3 年草地综合多样性指数最大，放牧区草地次之，围封 6 年草地最小。可以看出，围封 6 年草地各项指数均为 3 类草地中最低；围封 3 年草地除丰富度外，其他各项指数均为 3 类草地中最高。

围封 3 年草地的物种丰富度低于未围封草地，而其综合多样性高于未围封草地，这是由于物种综合多样性指数是物种丰富度和均匀度的函数，受二者的共同作用的影响。这表明围封后草地植被恢复过程中，均匀度对物种多样性起着更为重要的作用。

**表 5-12　不同围封年限小针茅群落多样性**

| 多样性指数 | 围封 6 年 | 围封 3 年 | 放牧区 |
| --- | --- | --- | --- |
| Margalef 丰富度指数 | 0.869 ± 0.522a | 1.086 ± 0.251a | 1.216 ± 0.255a |
| Shannon-Wiener 多样性指数 | 1.238 ± 0.541a | 1.641 ± 0.173b | 1.472 ± 0.215ab |
| Pielou 均匀度指数 | 0.796 ± 0.138a | 0.762 ± 0.060a | 0.827 ± 0.043a |

**8. 不同围封年限小针茅群落时间演替特征**

在围封状态下，采用空间与时间取点结合的方法，结果如图 5-8 所示，发现小针茅荒漠草原群落现存量与物种丰富度呈现先下降后上升再下降的趋势，整体为“W”形，现存量与物种数于围封 4~5 年出现峰值，之后便急速下降，这说明荒漠草地围封时间并不是越久收益越高，封育期过长，不但不利于牧草的正常生长和发育，反而枯草会抑制植物的再生和幼苗的形成，不利于草地的繁殖更新，放牧会使草地生物量维持在一个相对平衡的状态，围封草地由于失去了草食动物的啃食，可能会对生境更为敏感。

**9. 讨论**

研究表明短花针茅草原不同围封年限主要植物种优势度在发生变化，围封 8 年的草地短花针茅、无芒隐子草的累计优势度较围封 2 年和围封 3 年的有所下降，而碱韭的累计优势度较自由放牧区有所增加，但比围封 2 年低，这与单贵莲

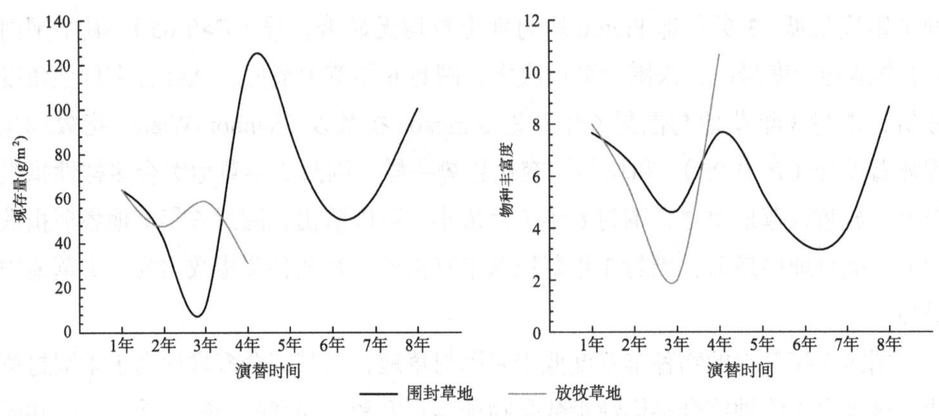


**图 5-8　小针茅草原围封下的群落演替特征**

等（2009）的研究结果基本一致。所以围封时间的长度对草地也有很大的影响。从功能群角度分析，围封 2 年和围封 3 年增加了灌木、半灌木的累计优势度，围封 8 年灌木、半灌木的累计优势度又降低了，围封区多年生杂类草的累积优势度较放牧区有所增加。围封 2 年和围封 3 年一、二年生草本的累计优势度有所增加，围封 8 年后一、二年生草本的累计优势度有所降低。围封改变了群落的水热环境导致群落中一些植物不适宜改变后的环境导致物种的改变。随着围封时间的群落物种的密度和高度在逐渐增加，盖度没太大变化，这与吕世海等（2008）的研究结果基本一致。

殷国梅等（2014）对呼伦贝尔草甸草原的研究表明，短期围封处理下，植物群落高度、盖度、生物量随围封年限的增加而增加。地上生物量是初级生产力的重要组成部分和表现形式。本研究表明，围封区群落生物量显著高于放牧区，随着围封时间的延长群落生物量在增加，但是围封 8 年群落生物量反而比围封 3 年有所下降。封育期过长，不但不利于牧草的正常生长和发育，反而枯草会抑制植物的再生和幼苗的形成，不利于草地的繁殖更新。本研究初步得出短花针茅荒漠草原在围封 3~4 年生物量出现了一个峰值，小针茅荒漠草原围封 6 年草地生物量高于围封 3 年。封育时间的长短，应根据草地退化程度和草地恢复状况而定。就本研究而言，草地围封 8 年后，地上生物量没有继续增加，反而减少。群落的物种多样性是群落的重要特征，任何一种干扰因子对群落结构的影响都离不开物种多样性问题。本研究表明，Margarlef 丰富度指数围封 3 年较围封 2 年有所提高，但 Margarlef 丰富度指数围封 8 年低于围封 3 年和围封 2 年。Shannon-Wiener 多样性指数围封 8 年低于围封 3 年和围封 2 年，可以得出长期围封样地的多样性低于短期围封样地和自由放牧区，长时间的围封排除了干扰使生境趋于均一化而导致生物多样性的降低。宝音陶格涛对退化羊草草原在 12 年的封育研究中，得出羊草草地多样性指数表现为具有峰值的总体下降趋势，草地围封后羊草等建群种、优势种的优势度逐渐增强，导致多样性下降（宝音陶格涛等，1997）。闫玉春等（2011）研究表明，在降水较好的半干旱沙区，在围封措施下植被能够完全自然恢复，但其演替进程较长，需 10~15 年。黄蓉研究表明围封 10 年植被特征好于其他样地，但其地上现存量仅为 114.20g/m$^2$，植被盖度为 60.67%，这说明围封 10 年时草地还没有完全恢复，植被完全能够自然恢复，但其演替进程较长，需 10~15 年的时间（黄蓉等，2014）。本研究中样地植被围封恢复的时间还较短，初步揭示了荒漠草原在短期内的变化规律，要想更好地揭示围封对荒漠草原的影响还需要更进一步研究。

## 第三节　围封对土壤物理性质的影响

土壤生态系统是物质循环、能量流动、水平衡、凋落物分解等生态过程的参与者与载体，其结构与养分分布情况对植物的生长繁殖发挥关键性的作用，直接影响群落物种组成及个体的生理活力，决定着生态系统的结构、功能和生产力水平（Vitousek et al.，1989），是退化生态系统功能维持与恢复的重要内容（吴彦等，2001）。

目前，土壤质量评估是生态学、农学、草学和环境科学等学科研究的前沿领域（闫玉春等，2011；刘文杰等，2010；Smith et al.，1993；Filip et al.，2002）。作为衡量土壤质量的一个重要方面，土壤物理性质对土壤蓄水保肥能力以及对土壤养分的吸收和利用有重要影响（Karlen et al.，1994；Boix-Fayos et al.，2001）。此外，土壤孔隙度、土壤容重、土壤粒径等物理性质直接或间接地影响着土壤径流过程，严重的土壤侵蚀会导致大规模的土壤流失（Peng et al.，1995；Li et al.，2003），以及土壤物理性质的持续性衰退。

研究认为，土壤结构状况主要包括土壤结构形态、土壤结构稳定性和土壤结构复退性三个方面（Kay et al.，1990），土壤结构支配着其他土壤物理性质及其作用（Dexter et al.，1997）。土壤结构退化通常意味着土壤物理性质退化，即土壤总孔隙度和孔隙的连通性降低（Dias et al.，1985），对土壤通气和土壤持水力特性起到消极影响（Berger et al.，2000），直接影响到土壤水分分布状况和植物生长。研究表明，草地转变及退化草地的恢复演替中（Li et al.，2003；Zhao et al.，2005），土壤结构的变化是非常重要的。土壤结构的形成过程不仅是自然演化的过程，更多是受人类活动的影响。Tisdall 和 Oades（1980）认为田间管理措施对大团聚体的形成有很大的影响，而且这种影响随土壤和气候而异（Tisdall et al.，1980）。

土壤结构和养分状况是度量生态系统生态功能恢复与维持的关键指标之一（苏永中等，2002）。李新荣等（2008）对沙坡头地区固沙植被土壤水分变化的研究发现，固沙植被发展 9~10 年土壤含水量开始明显下降，特别是大于 100cm 深度的土壤含水量下降明显；当盖度下降至 6%~9% 时，100~300cm 沙层能维持相对稳定的较低含水量（1%~1.5%）；赵文智等（2002）对科尔沁沙地人工植被对土壤水分异质性的影响研究提出，无论是水平格局或是垂直格局，人工植被的建立将增强沙地土壤水分的异质性。

## 一、围封对短花针茅草地土壤物理性质的影响

### 1. 围封对土壤粒径组成的影响

围封对其他 0~2cm 土层草地土壤粒径的影响见图 5-9，0~2cm 土壤中 0.2~0.25mm 粒径所占比例较高，占到土壤总重量的 44.64%~57.58%；0.054~0.1mm、<0.054mm 土壤粒径所占比例较低为 2.72%~6.02%、0.71%~1.67%。分析表明，围封能够降低 >0.5mm 土壤粒径的比例，放牧处理土壤表层粒径所占比例为 22.46%，围封 3 年和围封 8 年较低为 12.62%、18.48%；随着围封年限的增大，0.2~0.25mm 粒径土壤所占比例逐渐增高，围封 8 年土壤粒径所占比例最高，为 57.58%，放牧所占比例最低为 44.64%。0.054~0.1mm 和 <0.054mm 粒

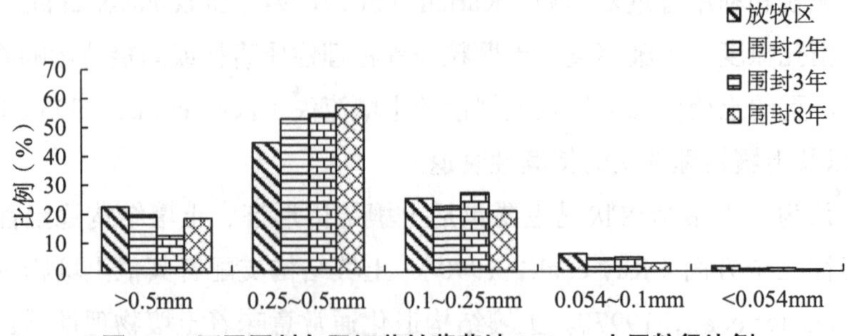


**图 5-9　不同围封年限短花针茅草地 0~2cm 土层粒径比例**

径所占比例随着围封年限的增大，所占比例逐渐降低，放牧区所占比例最高为6.02%和1.67%。

不同围封年限对2~5cm土层粒径比例的影响见图5-10。2~5cm土层土壤粒径与0~2cm土层粒径所占有相似的变化趋势，>0.5mm粒径土壤所占比例放牧区最高，为20.81%；随着围封年限的增大，>0.5mm粒径土壤逐渐降低，围封8年最低为13.80%。0.2~0.25mm土壤粒径随着围封年限的增大，所占比例逐渐增高，围封8年所占比例最高为61.92%。0.1~0.25mm粒径土壤比例随着围封年限的增大逐渐降低，围封8年最低为20.73%，放牧区最大为22.22%。0.054~0.1粒径土壤所占比例随着围封年限的增大逐渐降低，围封8年最低为2.57%。<0.054mm粒径也随着放牧年限的增加逐渐降低。

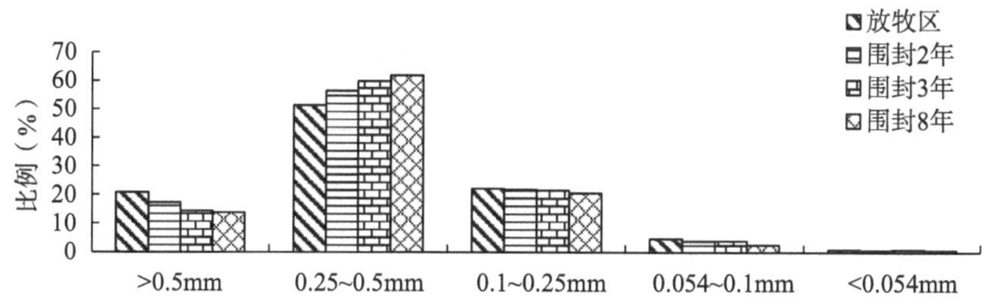


**图5-10　不同围封年限短花针茅草地2~5cm土层粒径比例**

不同围封年限对5~10cm土层粒径比例的影响见图5-11。>0.5mm粒径放牧处理下最高，为24.94%，围封3年最低，为16.48%。0.2~0.25mm粒径土壤所占比例围封3年最高，为61.56%，随着围封年限的增大，所占比例也逐渐增高。0.25~0.1mm土壤粒径所占比例不同，围封年限之间无太大差异，围封2年所占比例较高，为21.23%。0.1~0.054mm所占比例随着围封年限的增大逐渐降低，围封8年最低，为2.90%。

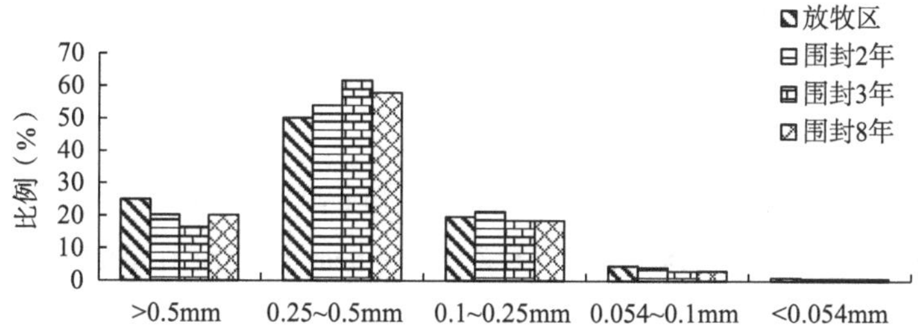


**图5-11　不同围封年限短花针茅草地5~10cm土层粒径比例**

土壤不同粒径相关性分析表明，>0.5mm 粒径与 0.2~0.25mm 粒径存在极显著负相关（$P<0.01$）；0.2~0.25mm 粒径与 0.054~0.1mm 粒径存在极显著负相关（$P<0.01$）；0.2~0.25mm 粒径与 <0.054mm 存在极显著负相关（$P<0.01$）；0.1~0.25mm 与 0.054~0.1mm 具有极显著正相关（$P<0.01$）；0.25~0.1mm 与 <0.054mm 具有极显著正相关（$P<0.01$）；0.1~0.054mm 与 <0.054mm 具有极显著正相关（$P<0.05$）（表 5-13）。

**表 5-13　不同粒径相关性分析**

| 粒径 | >0.5mm | 0.2~0.25mm | 0.1~0.25mm | 0.054~0.1mm | <0.054mm |
|---|---|---|---|---|---|
| >0.5mm | 1 | −0.712** | −0.237 | 0.400 | 0.319 |
| 0.2~0.25mm | −0.712** | 1 | −0.508 | −0.892** | −0.797** |
| 0.25~0.1mm | −0.237 | −0.508 | 1 | 0.709** | 0.661* |
| 0.1~0.054mm | 0.400 | −0.892** | 0.709** | 1 | 0.884** |
| <0.054mm | 0.319 | −0.797** | 0.661* | 0.884** | 1 |

**2. 围封对土壤孔隙度的影响**

土壤的孔隙度是研究土壤物理性状的重要指标，它改变的程度直接反映了土壤的透气性以及围封对土壤的改良程度。退化草原经过围封后，植被恢复，根系迅速发展，根系的纵横交错使得土壤孔隙度随之改变。图 5-12 表明，围封对土壤 0~5cm 土层空隙度的影响，从图中看出随着围封年限的增加，土壤孔隙度逐渐增高，围封 8 年土壤空隙度显著高于其他围封年限与放牧处理（$P<0.05$），为 42.16%；围封 3 年和围封 2 年无显著差异（$P>0.05$），放牧处理土壤空隙度最低，为 34.08%。

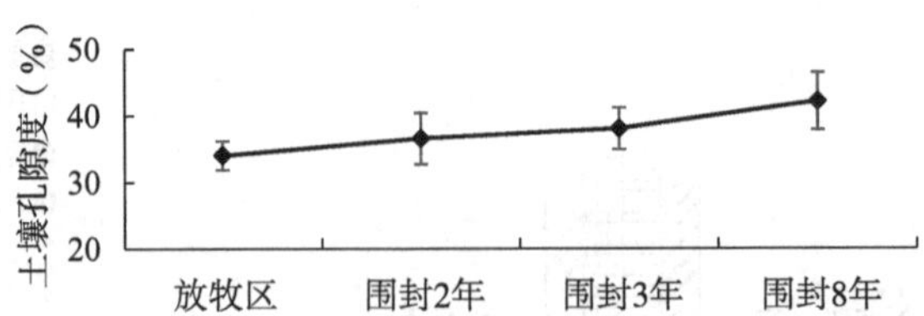


**图 5-12　不同围封年限对短花针茅草地 0~5cm 土层土壤孔隙度的影响**

围封对 5~10cm 土层土壤空隙度的影响见图 5-13，从图中看出随着围封年限的增加，5~10cm 土层孔隙度逐渐大，围封 8 年显著高于围封 2 年和围封 3 年（$P<0.05$），其值为 37.95%。围封 2 年和围封 3 年之间无显著差异（$P>0.05$）。放牧处理下 5~10cm 土层孔隙度最低，为 33.09%。

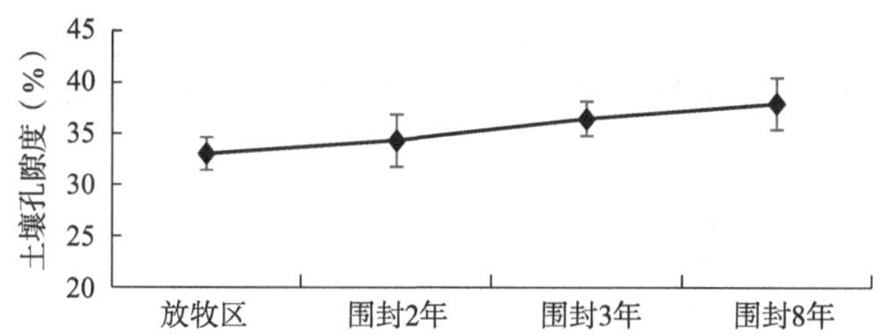


**图 5-13　不同围封年限对短花针茅草地 5~10cm 土层土壤孔隙度的影响**

**3. 围封对土壤容重的影响**

不同围封年限对 0~5cm 土层土壤容重的影响见图 5-14，表明围封降低了土壤表层 0~5cm 土壤的容重，放牧处理土壤容重显著高于围封处理（$P<0.05$），为 1.44g/m$^3$，围封 2 年和围封 3 年容重无显著差异（$P>0.05$）。围封 8 年 0~5cm 土层容重最低为 1.22 g/m$^3$。与放牧相比，围封 2 年、围封 3 年和围封 8 年分别下降了 6.94%、11.11% 和 15.28%。

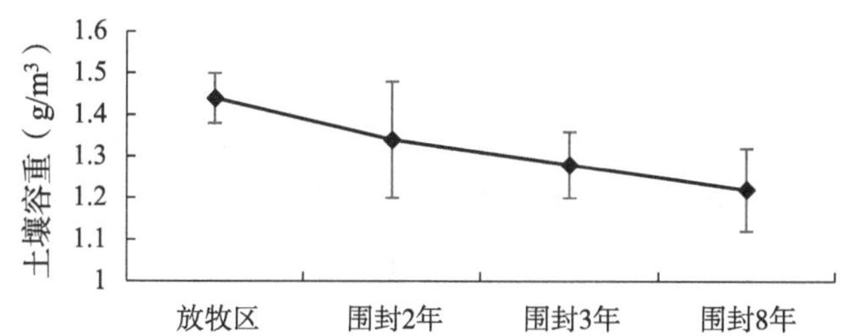


**图 5-14　不同围封年限对短花针茅草地 0~5cm 土层土壤容重的影响**

不同围封年限对 5~10cm 土壤容重的影响见图 5-15，从图中看出放牧处理土壤容重显著高于不同围封年限处理（$P<0.05$），其值为 1.37g/m$^3$，围封 2 年和围封 3 年容重无显著差异（$P>0.05$），围封 8 年土壤容重显著低于围封其他处理，为 1.18 g/m$^3$。与放牧相比，围封 2 年、围封 3 年和围封 8 年分别下降了 5.54%、6.36% 和 11.53%。

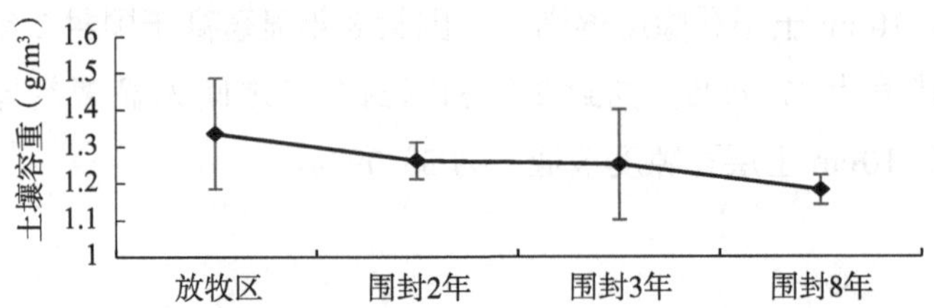


**图 5-15　不同围封年限对短花针茅草地 5~10cm 土层土壤容重的影响**

#### 4. 围封对土壤含水量的影响

不同围封年限对土壤 0~5cm 土层含水量的影响见图 5-16，从图中看出随着围封时间的增加，土壤 0~5cm 土层含水量逐渐增高，围封 8 年土壤含水量显著高于其他处理（$P<0.05$），为 8.12%，放牧样地土壤含水量最低，为 5.45%。与放牧相比，围封 2 年、围封 3 年和围封 8 年含水量分别提高 12.47%、24.59% 和 48.99%。

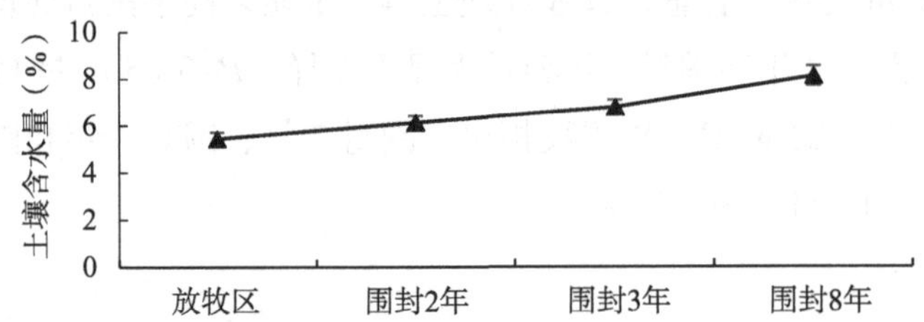


**图 5-16　不同围封年限对短花针茅草地 0~5cm 土层土壤含水量的影响**

不同围封年限对土壤 0~5cm 土层含水量的影响见图 5-17，围封 8 年土壤含水量最高为 6.12%，放牧处理土壤含水量最低为 4.56%。与放牧相比，围封 2 年、围封 3 年和围封 8 年，土壤含水量分别提高 6.36%、14.91% 和 34.21%。

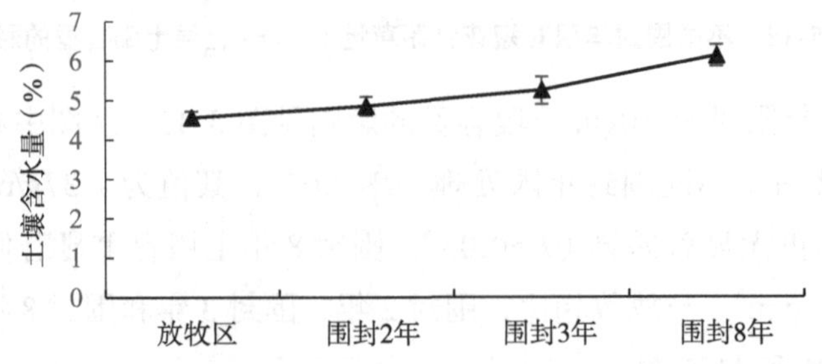


**图 5-17　不同围封年限对短花针茅草地 5~10cm 土层土壤含水量的影响**

## 二、围封对小针茅草地土壤物理性质的影响

### 1. 封对土壤粒径组成的影响

不同围封年限对小针茅草地 0~2cm 土层土壤粒径的影响见图 5-18，从图中看出土壤中 0.2~0.25mm 粒径土壤所占比例较高，占到土壤总重量的 38.51%~60.72%。>0.5mm 土壤粒径放牧处理下最高为 21.03%，围封 5 年最低为 9.48%。0.2~0.25mm 土壤粒径随着围封年限增加逐渐增高，围封 8 年最高为 60.72%，放牧最低，为 38.51%。0.1~0.25mm 土壤粒径随着围封年限的增加逐渐降低，围封 8 年最小，为 23.29%，放牧处理最大，为 34.87%。0.054~0.1mm 土壤粒径随着围封年限的增加也表现为逐渐降低，围封 8 年最小，为 2.16%，放牧最大，为 4.81%。

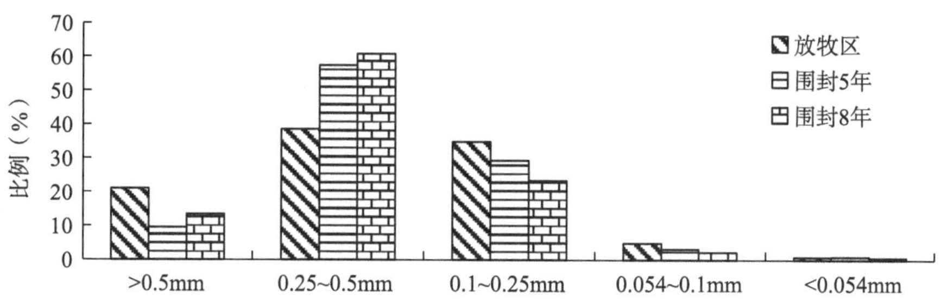


图 5-18　不同围封年限小针茅草地 0~2cm 土层粒径比例

不同围封年限对小针茅草地 2~5cm 土层土壤粒径的影响见图 5-19，不同粒径土壤所占比例和上图有相似的变化趋势。>0.5mm 土壤粒径放牧处理下最高为 16.29%，围封 5 年最低为 9.52%。0.2~0.25mm 土壤粒径随着围封年限增加逐渐增高，围封 8 年最高，为 63.99%，放牧处理下最低，为 40.62%。0.1~0.25mm 土壤粒径随着围封年限的增加逐渐降低，围封 8 年最小，为 20.55%，放牧处理最大，为 36.07%。0.054~0.1mm 土壤粒径随着围封年限的增加也表现为逐渐降低，围封 8 年最小，为 2.27%，放牧最大，为 5.98%。

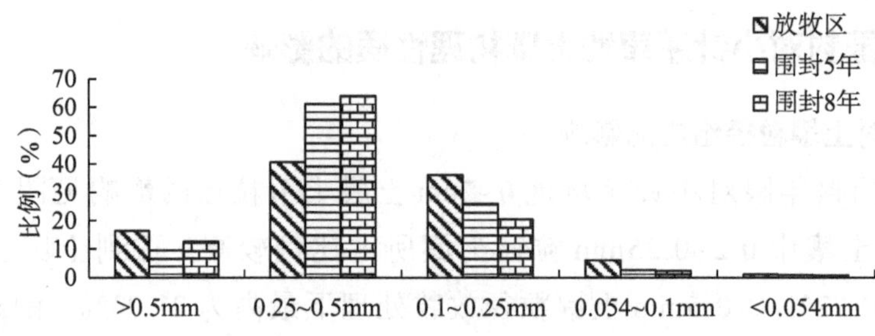


**图 5-19　不同围封年限小针茅草地 2~5cm 土层粒径比例**

不同围封年限对小针茅草地 5~10cm 土层土壤粒径的影响见图 5-20，从图中看出 >0.5mm 土壤粒径放牧处理下最高为 19.82%，围封 5 年最低为 10.69%。0.2~0.25mm 土壤粒径随着围封年限增加逐渐增高，围封 8 年最高为 52.52%，放牧处理下最低，为 42.97%。0.1~0.25mm 土壤粒径随着围封年限的增加逐渐降低，围封 8 年最小，为 28.58%。0.054~0.1mm 土壤粒径随着围封年限的增加也表现为逐渐降低，围封 8 年最小，为 3.43%，放牧最大，为 5.36%。

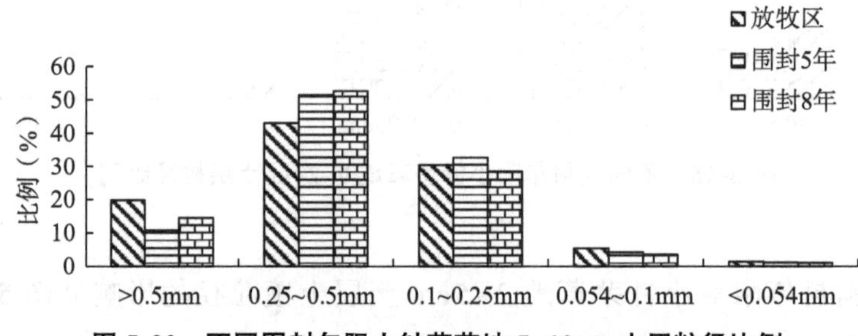


**图 5-20　不同围封年限小针茅草地 5~10cm 土层粒径比例**

土壤不同粒径相关性分析表明（表 5-14），>0.5mm 粒径与 0.2~0.25mm 粒径存在极显著负相关（$P$<0.01）；>0.5mm 与 0.054~0.1mm 粒径存在极显著正相关（$P$<0.01）；0.2~0.25mm 粒径与 0.054~0.1mm 粒径存在极显著负相关（$P$<0.01）；0.2~0.25mm 粒径与 <0.054mm 存在极显著负相关（$P$<0.01）；0.1~0.25mm 与 0.054~0.1mm 具有极显著正相关（$P$<0.01）；0.054~0.1mm 与 <0.054mm 具有极显著正相关（$P$<0.01）。

**表 5-14 小针茅草地不同粒径相关性分析**

| 粒径 | >0.5mm | 0.2~0.25mm | 0.1~0.25mm | 0.054~0.1mm | <0.054mm |
|---|---|---|---|---|---|
| >0.5mm | 1 | −0.808** | 0.471 | 0.679* | 0.321 |
| 0.2~0.25mm | −0.808** | 1 | −0.897** | −0.948** | −0.588 |
| 0.25~0.1mm | 0.472 | −0.897** | 1 | 0.886** | 0.576 |
| 0.1~0.054mm | 0.679* | −0.948** | 0.886** | 1 | 0.723* |
| <0.054mm | 0.321 | −0.588 | 0.576 | 0.723* | 1 |

**2. 围封对土壤孔隙度的影响**

不同围封年限对土壤 0~5cm 土壤土层孔隙度的影响见图 5-21，从图中看出围封 6 年土壤孔隙度最高为 34.31%，放牧处理孔隙度最低，为 31.36%，围封 3 年土壤孔隙度为 32.05%。

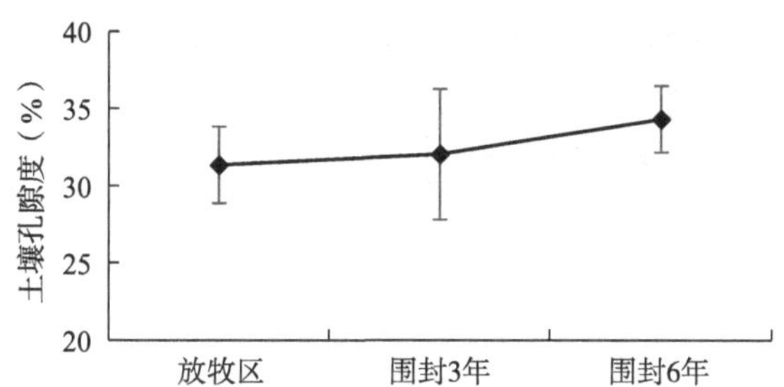


**图 5-21 不同围封年限对小针茅草地 0~5cm 土壤孔隙度的影响**

不同围封年限对土壤 5~10cm 土层土壤孔隙度的影响见图 5-22，从图中看出围封 6 年土壤孔隙度最高，为 35.13%；放牧处理下土壤孔隙度最低，为 32.16%，围封 3 年土壤孔隙度介于围封 6 年和围封 3 年之间，为 34.25%。

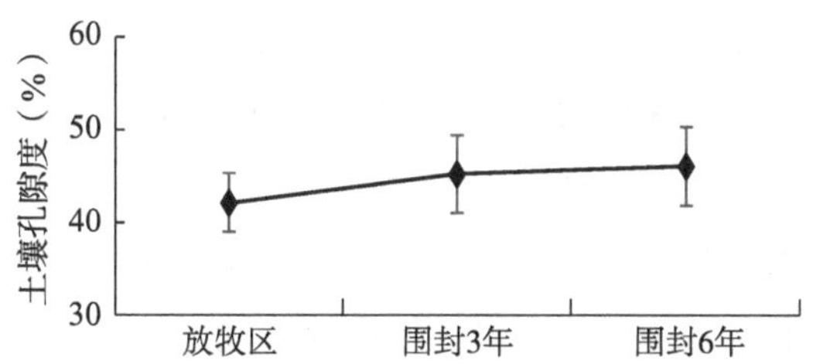


**图 5-22 不同围封年限对小针茅草地 5~10cm 土壤孔隙度的影响**

**3. 围封对土壤容重的影响**

不同围封年限对小针茅草地 0~5cm 土层容重的影响见图 5-23，随着围封时间的增加，土壤容重逐渐降低，围封 6 年容重最低，为 1.26 g/m³，放牧处理下土壤容重最高，为 1.38g/m³。

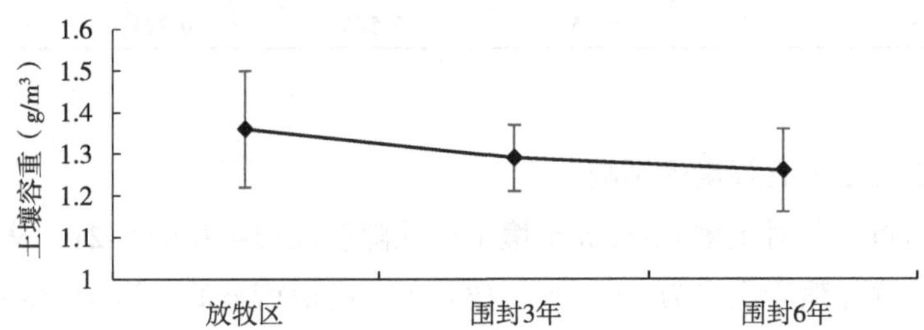


图 5-23 不同围封年限对小针茅草地 0~5cm 土层土壤容重的影响

不同围封年限对小针茅草地 5~10cm 土层容重的影响见图 5-24，从图中看出放牧处理下土壤容重最高，为 1.32g/m³；围封 6 年土壤容重最低，为 1.21g/m³，围封 3 年容重值介于放牧与围封 6 年之间。

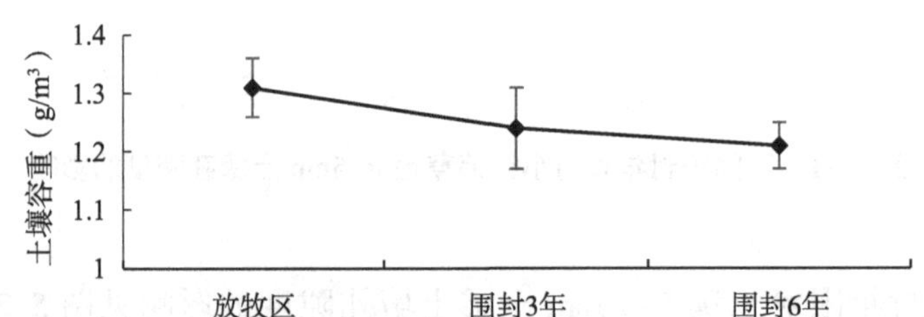


图 5-24 不同围封年限对小针茅草地 5~10cm 土层土壤容重的影响

**4. 围封对土壤含水量的影响**

不同围封年限对 0~5cm 土层土壤含水量的影响见图 5-25，从图中看出围封 6 年土壤含水量最高，为 6.95%；放牧处理下土壤含水量最低，为 5.68%，围封 3 年土壤含水量介于放牧和围封 6 年之间。

不同围封年限对土壤 5~10cm 土层土壤含水量的影响见图 5-26，从图中看出围封 6 年土壤含水量显著高于围封 3 年和放牧处理（$P<0.05$），为 6.21%；放牧处理土壤含水量最低，为 4.75%。

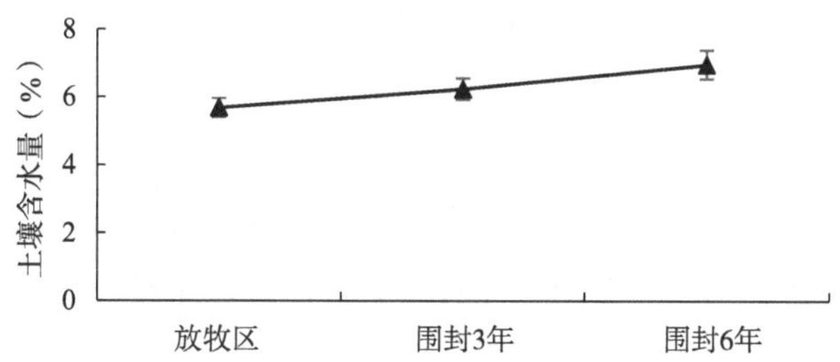


**图 5-25 不同围封年限对小针茅草地 0~5cm 土层土壤含水量的影响**

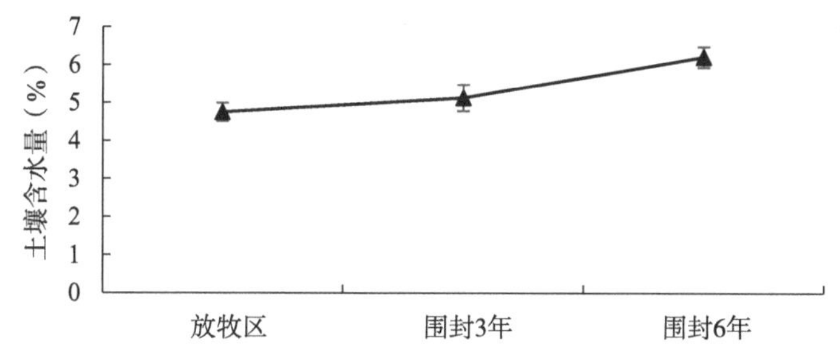


**图 5-26 不同围封年限对小针茅草地 5~10cm 土层土壤含水量的影响**

## 5. 讨论

围封对土壤物理性质的影响主要在于 2 个方面：一是土壤表层的紧实度逐渐下降，紧实层逐渐消失；二是植被的根系对土壤的作用。草地围封后家畜的践踏作用消失，土壤紧实层在气候变换（干湿交替、冻融交替）的作用下逐渐消失，从而是表层土壤疏松，通透性增强，土壤各方面功能得到改善。草原封育植被恢复过程是土壤与植被相互促进、相互作用的过程，主要表现为土壤含水量的增加，土壤不同粒径中粉粒质量含量增加、沙粒含量减少，总孔隙度增加（文海燕等，2005；邵新庆等，2008；赵彩霞等，2006）。退化草地围封恢复后土壤细颗粒增加对土壤系统恢复具有重要意义，能够改善土壤质地（闫玉春等，2011）。本研究结果表明围封降低了草地土壤中 >0.5mm 粒径所占的比例，使草地地表 0~10cm 粗粒含量降低，但是围封增加了土壤 0.5~0.25mm 粒径所占的比例，相关分析表明土壤中 >0.5mm 粒径与 0.5~0.25mm 粒径存在极显著正相关。这是因为植被的覆盖作用和枯落物使得草地抗风蚀能力显著增强；另外，植被截获细粒物质和降尘，因此使得土壤表面粒径分布发生了显著变化。单贵莲等（2009）研究表明草地围封后，0~20cm 土壤中粗沙（0.25~2.00mm）质量含量显著降低，细沙（0.05~0.25mm）和粉黏粒（<0.05mm）质量含量及土壤孔隙度显著增加，土壤密度和紧实度降低，土壤环境改善，植被与土壤间形成一个相互作用的良性循环系统。随着围封年限的增加，短花针茅草地和围封草地土壤空隙度均有明显提高，孔隙度提高增加了草地土壤的通透性，土壤内部功能也得到提高，更有利于草地植被恢复。随着围封时间的增长，土壤容重呈现“V”形变化，围封 10 年后土壤容重最小；群落植被特征、持水量、孔隙度等特征呈现倒“V”形变化，围封 10 年后达到最大值，之后开始降低。本研究中选取的短花针茅样地、和小针茅样地的土壤孔隙度、含水量随着围封年限的增加持续上升，这和黄蓉的研究存在差异，这也许是因为本研究选取的围封样地随着围封年限的增加还在上升，没有达到拐点，还需要更进一步研究。

# 第六章

# 季节性休牧对短花针茅荒漠草原群落特征和营养物质的影响

草地是一种重要的可再生的自然资源，它的可持续利用和发展始终是人们关注的焦点。内蒙古荒漠草原位于内蒙古高原中部，是一个重要的生态系统类型，冬季寒冷，夏季短暂，年降水量稀少，植物缺水严重，严酷的生态环境是典型的生态脆弱系统（Agustin et al.，2000）。内蒙古荒漠草原是我国重要的畜牧业基地和绿色生态屏障，近年来由于人类活动的影响加剧，如超载过牧、大量垦荒、乱砍滥挖等，以及自然条件的变化，使草地退化日趋严重，草地生态系统的生产力下降，抵御自然灾害的能力越来越差（吴难群等，2001）。草地退化最普遍、最重要的影响因素是过度放牧，主要由于越来越多的放牧牲畜使草地植被被大量啃食践踏，草地承载力与草地生产力之间的平衡状态被打破，导致草地生产力降低、优质牧草质量下降以及草地生态环境恶化（孙志高等，2006）。

我国自1949年起对全年休牧、休牧、轮牧等放牧方式进行相关研究，根据季节的变化，将放牧草场划分出不同季节牧场（吴艳玲等，2012），采取休牧措施使得草地生态环境明显改善，草地植被的生长得到充分恢复，植被覆盖率明显提高，优良牧草的比例逐渐增加。同时不同放牧强度对提高草地的利用效率也有重要的作用，适当的放牧强度对草地植物的健康生长和草地的改良有良好的促进作用。因此，合理的放牧方式是草地资源健康发展的重要手段。

本研究通过不同的放牧强度下季节性休牧对植物群落特征以及营养成分的影响，研究短花针茅草原群落特征和营养成分变化，以期得到科学合理的放牧强度与方式，同时对未来的科学放牧方式的探讨也有一定的指导意义。

# 第一节　研究区概况与研发方法

## 一、研究区域概况

试验区位于内蒙古高原短花针茅荒漠草原东南部，42° 16′ 26.2″ N，112° 47′ 16.9″ E，海拔在900~1 600m，地势南高北低，呈阶梯状下降，南部多低山，向北为开阔平原和起伏丘陵，土壤为荒漠草原与荒漠间的过渡性淡栗钙土，腐殖质层厚度在24cm左右，其中腐殖质含量约为1.5%。年降水量多集中于6—8月，且分布不均匀，由东南向西北逐渐减少。蒸发量约为2 500mm，干旱现象严重。年平均气温约为6.1℃，日照时数大概2 810h，无霜期191d，当地以西北风为主，多集中冬春季。

## 二、试验地植被构成

试验区的植被建群种是短花针茅，碱韭和无芒隐子草为优势种，主要伴生种有银灰旋花、木地肤、寸草薹、细叶韭和狭叶锦鸡儿等。一年生植物主要出现在有充沛降雨的年份，主要有栉叶蒿（*Neopallasia pectinata*）、猪毛菜和狗尾草等。草地植被高度在5~25cm，盖度在15%~25%，群落地上生物量较低且不稳定，牧草的营养成分较高，尤其是粗蛋白质和粗灰分含量。

## 三、研究方法

本试验自2010年起在短花针茅荒漠草原进行研究。如表6-1所示，设重度（HG）和轻度（LG）两个放牧强度，分别放牧苏尼特羊9只和6只，载畜率为0.87只羊/hm$^2$和0.58只羊/hm$^2$。每个放牧强度处理区分设全年放牧、春季休牧、夏季休牧、秋季休牧4个处理，放牧季节为每年6—11月，另有对照实验区（CK）为不放牧处理，每个处理重复3次。

表 6-1　试验设计

| 处理 | 春季 | 夏季 | 秋季 | 重复数 |
| --- | --- | --- | --- | --- |
| B1 | 重度放牧 | 重度放牧 | 重度放牧 | 3 |
| B2 | 零放牧 | 重度放牧 | 重度放牧 | 3 |
| B3 | 重度放牧 | 零放牧 | 重度放牧 | 3 |
| B4 | 重度放牧 | 重度放牧 | 零放牧 | 3 |
| B11 | 轻度放牧 | 轻度放牧 | 轻度放牧 | 3 |
| B12 | 零放牧 | 轻度放牧 | 轻度放牧 | 3 |
| B13 | 轻度放牧 | 零放牧 | 轻度放牧 | 3 |
| B14 | 轻度放牧 | 轻度放牧 | 零放牧 | 3 |
| CK | 零放牧 | 零放牧 | 零放牧 | 3 |

## 四、测定内容与方法

**1. 群落特征**

试验于每个放牧季在各个处理区内进行随机样方测定，样方大小为1m×1m，重复3次，对样方内植被的密度、盖度和高度进行测定，密度和盖度测定采用目估法，高度测定植物自然高度。地上生物量的测定采用齐地面刈割收获法，自然风干后测定干重进行计算。

**2. 植物功能群的划分**

以生活型为依据把功能群划分为4类（孙世贤等，2013）：多年生禾草（PB）；灌木、半灌木（SH）；多年生杂类草（FB）；一、二年生草本植物（AB）。

**3. 重要值**

物种的重要值是某物种在群落中的地位和作用的综合数量指标，计算方法为：

重要值 =（相对高度 ± 相对密度 ± 相对盖度）/3

相对高度 = 某一植物种的高度 / 各植物种高度之和 ×100

相对密度 = 某一植物种的个体数 / 全部植物种的个体数 ×100

相对盖度 = 某一植物种的盖度 / 各植物种的分盖度之和 ×100

**4. α 多样性**

α 多样性主要关注局域均匀生境下的物种数目，因此也被称为生境内的多样性（王炜等，2000；王仁忠等，1991）。综合各类草地研究成果（Ulljl et al.，1967；蒙旭辉等，2009；白永飞等，2001；殷秀琴等，2003），本试验选用 Margarlef 丰富度指数、Shannon-wiener 多样性指数和 Pielou 均匀度指数，计算公式如下：

Margarlef 丰富度指数：Ma=（$S$−1）/Ln（$N$）

Shannon-Wiener 多样性指数：$H'=-\sum P_i \mathrm{Ln}(P_i)$

Simpson 优势度指数：$1-\sum P_i \mathrm{Ln}(P_i)$

Pielou 均匀度指数：$Jp=-\sum P_i \mathrm{Ln}(P_i)/\mathrm{Ln}(S)$

式中，$S$ 为种 $i$ 所在样方的物种总数；$N$ 为所有物种个体数目；$P_i$ 为 IV/ΣIV（IV：重要值）。

**5. 草群营养常规成分测定**

按月将各处理区植物现存量的牧草混合均匀，抽取部分作为营养成分分析样品，在室内进行常规分析。粗蛋白质（CP）、粗灰分（Ash）、钙（Ca）和磷（P）的分析依据《饲料分析及饲料质量检测技术》（杨胜等，1999）的方法进行测定。

**6. 数据处理**

采用 Excel 2003 进行数据统计和制作图表。统计分析采用 SAS 9.0 软件，对植物群落特征、重要值、群落生物量、α 多样性指数和草地群落营养物质含量进行单因素方差分析（One-way ANOVA），显著性水平为 $P< 0.05$，极显著水平为 $P< 0.001$。

## 第二节　季节休牧对主要植物种群的影响

休牧是在一年的某个较短时间内对草地采取禁止放牧的一种草地利用措施（Leach et al.，1991）。不同地区的草地类型、土壤基本情况和气候条件是确定该地区休牧时期的依据，在没有特殊要求的情况下，具体的休牧时间多选在春季植物返青期、幼苗的生长期以及秋季的结实期，休牧的起始期和延续时间也应根据草地具体情况和气候特点进行调整。选择春季和秋季作为休牧期，可以促进并调节植物种群的季节性动态生长和常年放牧活动之间供需平衡，减少植被在生长关键期受家畜采食破坏，同时对牧草营养物质的贮藏以及光合作用器官的生长方面有显著促进作用。休牧使草地植被得以顺利进行繁殖生长，保持并提高了其生产能力，为草地生态环境的恢复与稳定提供了良好的条件。

植物群落指分布在具有相同生境的区域并且有着相似的生长需求，具有一定的层次、植物组成与生产能力和结构特征的植物联合体的总称（朱立博等，2008）。草地植物群落特征是植物在高度、盖度、密度和重要值方面的表现。植物的重要值是表示某种植被在群落中的重要程度，多样性反映着植物群落的种类丰富度和均匀度。很多实验表明，休牧会通过影响草地植被的群落特征从而促进退化草地的恢复，通过对呼伦贝尔草原春季休牧后的植物群落特征的研究表明，春季休牧有助于改善草地植被的生长状况，对植被的盖度、高度以及地上生物量起到积极作用，所以春季休牧可以有效防止草原退化，促进草原生态系统平衡的恢复与维持（朱立博等，2008）。采用分区围栏，夏季休牧、冬季利用的方法对锡林郭勒草原施行休牧处理，结果表明在以冷蒿为建群种的中度退化的草地上，休牧后草群牧草产量和地下生物量逐渐增加，并且草群的结构及初级生产力得到自然恢复，草场植被实现了合理化利用（刘月华等，1999）。退化草原群落在休牧后，其过剩的营养资源促进了植物种群拓殖能力的发挥，使群落向着顶极群落演替。同时过剩的营养资源为大量植物种群的快速增长提供了条件，推进植物群落的恢复演替，并使恢复演替持续进行。在演替过程中，草原土壤种子库中消退种子组的数量不断减少。同时增强种子组、稳定种子组和一年生植物种子数量快速增加。可见，休牧措施可以促进草原生态系统的恢复，并防止草原退化。

Meissne 和 Facelli（1999）对羊草草原进行研究后发现，依据生物量指标将草地恢复演替划分为 4 个演替阶段，其中优势种的动态特征与放牧强度的变化在恢复演替过程中变化规律基本一致，也就是说退化草地在休牧后可以恢复到极度枯萎状态，但恢复与退化的过程是有差别的。有研究指出，围封过度放牧而退化的草地中，草原化的荒漠群落会逐渐降低其生态优势度，而物种多样性、物种丰富度、物种相对密度和群落总盖度都呈现上升趋势。此外，围封后的草地群落生产力明显提高，并与物种丰富度、物种相对密度和群落盖度之间有显著的正相关（邢旗等，2005；张红梅等，2003；赵同谦等，2004）。

在退化草原恢复演替的过程中，群落中植物种群拓殖率的变化，特别是优势种群的更替，导致群落生产力的变化表现出亚稳态阶面相间和阶梯式跃变的特点（王炜等，1996）。根据 Adler 和 Lauenroth（2000）的研究发现，休牧围封后，植被的空间异质性呈现不断增加的趋势。休牧或降低牧压强度后，草地发生恢复演替，其原因是均质化的条件被除去了，植物便向异质化的方向发展。植物种群自身拥有的拓殖能力以及退化群落的过剩资源，会随着草地恢复演替的进一步发展而增强，植物群落的生态外貌将表现出植物种群斑块消融，以及群落的恢复演替，此后草地很可能趋于“匀质化”，而后将以较快的速度进行自我重新组织。群落所占据的物质资源将被草地顶极群落充分优先利用，顶极群落因此得以更好发展，如果顶极群落无法完全利用所占据的资源以及过剩资源，会使得其他植物物种侵入或使其他某种物种数量增长。当草原退化为冷蒿群落时，土壤肥力没有立即明显下降，而是保持在原有水平，可见土壤的退化明显滞后于植被的退化，也造成了草原在放牧退化之后呈现资源匮乏状态（朱桂林等，2004）。

## 一、高度

季节休牧对短花针茅种群高度的影响如表 6-2 所示，2010 年 B12 处理区最高，其他处理区之间没有显著差异（$P>0.05$），2011 年 B14 处理区显著高于其他处理区（$P<0.05$），B13 和 B3 处理区最低（$P<0.05$），2012 年 B13 处理区最高（$P<0.05$），除 B14 处理区外其他处理区之间没有显著差异，2013 年 B1 处理区最高（$P<0.05$），其他处理区之间没有显著差异。综上看来，短花针茅高度在春季轻度＋夏季休牧＋秋季轻牧处理区和春季轻度＋夏季轻度＋秋季休牧处理区较高，说明对短花针茅采用在生长期进行休牧结合轻度放牧处理有利于其高度生长。

**表 6-2　季节休牧对短花针茅种群高度的影响**　　单位：cm

| 处理区 | 2010 年 | 2011 年 | 2012 年 | 2013 年 |
|---|---|---|---|---|
| B1 | 9.07 ± 3.56b | 23.73 ± 8.08ab | 12.60 ± 3.89bc | 17.60 ± 5.48a |
| B2 | 14.67 ± 7.97ab | 13.40 ± 5.27bc | 9.00 ± 3.00c | 11.00 ± 1.10b |
| B3 | 14.20 ± 8.07ab | 12.25 ± 6.45c | 22.25 ± 20.90abc | 10.00 ± 2.19b |
| B4 | 18.33 ± 16.52ab | 15.80 ± 10.83bc | 12.75 ± 3.30bc | 10.33 ± 0.82b |
| B11 | 10.43 ± 4.73ab | 20.36 ± 5.79abc | 12.13 ± 3.98bc | 12.10 ± 2.81b |
| B12 | 19.67 ± 8.04a | 19.25 ± 1.50abc | 5.75 ± 1.26c | 11.33 ± 2.07b |
| B13 | 17.00 ± 8.49ab | 12.00 ± 5.10c | 32.00 ± 23.62a | 11.33 ± 2.07b |
| B14 | 17.17 ± 6.15ab | 27.60 ± 13.81a | 30.25 ± 24.47ab | 9.67 ± 1.51b |
| CK | 17.17 ± 11.07ab | 23.80 ± 9.92ab | 13.57 ± 14.01bc | 10.50 ± 1.93b |

注：同列字母相同表示差异不显著（$P>0.05$），字母不同表示差异显著（$P<0.05$）。下同。

碱韭种群的高度变化如表 6-3 所示，2010 年各个处理区之间没有显著差异（$P$>0.05），2011 年在 B4 处理区最高（$P$<0.05），在 B1 处理区最低（$P$<0.05），其他处理区之间没有显著差异（$P$>0.05），2012 年在 B1、B4 处理区最高（$P$<0.05），B12 处理区最低（$P$<0.05），其他处理区之间没有显著差异（$P$>0.05），2013 年各个处理区之间没有显著差异（$P$>0.05）。综上看来，碱韭高度在各个季节休牧处理区中都有较高值，说明休牧处理有利于碱韭生长，与放牧强度关系不大。

**表 6-3　季节休牧对碱韭种群高度的影响**　　单位：cm

| 处理区 | 2010 年 | 2011 年 | 2012 年 | 2013 年 |
|---|---|---|---|---|
| B1 | 5.23 ± 1.02ab | 3.80 ± 0.77b | 16.15 ± 7.55a | 7.40 ± 0.97a |
| B2 | 7.00 ± 2.83a | 5.17 ± 1.94ab | 9.75 ± 1.71ab | 5.50 ± 1.00a |
| B3 | 6.50 ± 1.87ab | 5.67 ± 2.50ab | 9.50 ± 3.70ab | 6.00 ± 0.00a |
| B4 | 6.83 ± 1.47a | 7.00 ± 3.83a | 16.00 ± 0.82a | 7.00 ± 2.45a |
| B11 | 4.67 ± 0.62a | 3.73 ± 0.59b | 15.30 ± 3.50ab | 6.11 ± 0.78a |
| B12 | 6.17 ± 2.32ab | 5.17 ± 1.17ab | 9.00 ± 3.56b | 6.67 ± 2.73a |
| B13 | 6.00 ± 2.1ab | 5.00 ± 0.89ab | 9.50 ± 5.32ab | 6.50 ± 2.52a |
| B14 | 5.40 ± 2.19ab | 5.17 ± 1.17ab | 13.50 ± 4.65ab | 6.00 ± 1.26a |
| CK | 7.00 ± 1.95a | 5.33 ± 3.26ab | 9.88 ± 3.48ab | 6.67 ± 2.00a |

无芒隐子草种群的高度变化如表 6-4 所示，2010 年和 2011 年各个处理区之间没有显著差异（$P$>0.05），2012 年在 B1 处理区最高（$P$<0.05），B2 处理区最低（$P$<0.05），2013 年在 B12 和 B13 处理区最高（$P$<0.05），B3 和 B4 处理区最低（$P$<0.05），其他处理区之间没有显著差异（$P$>0.05）。综上看来，季节休牧对无芒隐子草高度的影响不大，没有明显的规律。

**表 6-4　季节休牧对无芒隐子草种群高度的影响**　　单位：cm

| 处理区 | 2010 年 | 2011 年 | 2012 年 | 2013 年 |
|---|---|---|---|---|
| B1 | 3.67 ± 1.10ab | 2.67 ± 0.49a | 8.40 ± 2.22a | 6.20 ± 0.92ab |
| B2 | 2.85 ± 1.42ab | 3.10 ± 1.14a | 3.00 ± 0.00d | 5.33 ± 1.03ab |
| B3 | 3.87 ± 1.99ab | 3.92 ± 3.04a | 4.25 ± 1.50bcd | 4.67 ± 1.03b |
| B4 | 3.03 ± 1.20ab | 3.00 ± 1.38a | 5.75 ± 1.26abcd | 4.67 ± 1.03b |
| B11 | 3.73 ± 1.10ab | 3.13 ± 0.52a | 6.80 ± 1.03abc | 6.10 ± 0.74ab |
| B12 | 3.28 ± 1.48ab | 2.75 ± 0.42a | 7.50 ± 6.35ab | 7.67 ± 4.27a |
| B13 | 2.57 ± 0.94ab | 3.58 ± 1.20a | 3.75 ± 2.87cd | 8.00 ± 5.51a |
| B14 | 2.16 ± 0.81ab | 3.38 ± 0.75a | 5.50 ± 1.91abcd | 5.20 ± 1.10ab |
| CK | 3.46 ± 1.67ab | 3.09 ± 0.80a | 4.88 ± 1.36bcd | 5.64 ± 1.75ab |

银灰旋花种群高度的变化如表6-5所示，2010年各个处理区之间没有显著差异（$P>0.05$），2011年在B4处理区最高（$P<0.05$），B13处理区最低（$P<0.05$），2012年在B1和B11处理区最高（$P<0.05$），在B3和B13处理区最低（$P<0.05$），其他处理区之间没有显著差异（$P>0.05$），2013年在B13处理区最高（$P<0.05$），除B11处理区其他处理区之间没有显著差异（$P>0.05$）。综上看来，银灰旋花高度在季节休牧区值较低，随着年份的变化越来越明显，说明季节休牧对草地的恢复与生长有促进作用。

**表6-5　季节休牧对银灰旋花种群高度的影响**　　单位：cm

| 处理区 | 2010年 | 2011年 | 2012年 | 2013年 |
| --- | --- | --- | --- | --- |
| B1 | 3.93 ± 1.09a | 2.57 ± 0.56d | 6.17 ± 1.17a | 5.13 ± 1.25bc |
| B2 | 3.67 ± 1.03a | 4.30 ± 1.3abc | 2.75 ± 0.5bc | 4.00 ± 0.00c |
| B3 | 4.00 ± 1.1a | 4.75 ± 1.26ab | 2.50 ± 0.58c | 4.00 ± 0.00c |
| B4 | 3.50 ± 1.05a | 5.33 ± 2.73a | 4.25 ± 0.96b | 4.00 ± 0.00c |
| B11 | 4.33 ± 1.51a | 3.00 ± 0.45cd | 5.80 ± 0.79a | 6.20 ± 0.63ab |
| B12 | 3.00 ± 1.00a | 4.00 ± 1.83abcd | 3.25 ± 2.50bc | 5.00 ± 1.15bc |
| B13 | 3.92 ± 1.80a | 2.50 ± 0.58d | 2.50 ± 0.58c | 6.67 ± 2.73a |
| B14 | 3.67 ± 2.07a | 4.50 ± 1.91abc | 3.50 ± 0.58bc | 4.80 ± 1.10c |
| CK | 3.82 ± 1.17a | 3.18 ± 1.15bcd | 3.14 ± 0.69bc | 4.00 ± 0.00c |

## 二、密度

季节休牧对短花针茅种群密度的影响如表6-6所示，2010年在B14处理区最高（$P<0.05$），在B3和B4处理区最低（$P<0.05$），其他处理区之间没有显著差异（$P>0.05$），2011年各个处理区之间没有显著差异（$P>0.05$），2012年在B2处理区最高（$P<0.05$），在B4处理区及CK对照区最低（$P<0.05$），其他处理区之间没有显著差异，2013年在B1处理区最高（$P<0.05$），B1和B11处理区显著高于其他处理区（$P<0.05$）。综上看来，短花针茅密度在春季休牧＋夏季重牧＋秋季重牧和春季休牧＋夏季轻牧＋秋季轻牧处理区有较高值，说明春季休牧有利于短花针茅种群密度的增加，与放牧强度关系不大。

碱韭种群的密度变化如表6-7所示，2010年B1处理区显著高于B13处理区，其他处理区之间没有显著差异，2011年和2012年的各处理区之间差异不显著，2013年B1处理区最高（$P<0.05$），显著高于除B11处理区外的其他各个处理区。综上看来，碱韭密度在季节休牧处理区之间的差异不大，在全年放牧处理

下值较大可能是由于家畜的高强度的采食践踏，使得种群株丛破碎。

**表 6-6　季节休牧对短花针茅种群密度的影响**　　单位：株 /$m^2$

| 处理区 | 2010 年 | 2011 年 | 2012 年 | 2013 年 |
|---|---|---|---|---|
| B1 | 5.20 ± 2.68ab | 4.60 ± 2.44a | 3.50 ± 1.84ab | 14.20 ± 8.95a |
| B2 | 3.50 ± 2.43ab | 3.60 ± 3.21a | 6.00 ± 4.00a | 7.83 ± 4.12bc |
| B3 | 2.20 ± 1.64b | 5.25 ± 3.86a | 5.00 ± 3.74ab | 6.67 ± 4.18bc |
| B4 | 2.83 ± 0.98b | 4.40 ± 4.77a | 2.00 ± 2.00b | 4.00 ± 1.26c |
| B11 | 5.07 ± 3.58ab | 6.00 ± 4.13a | 3.75 ± 2.25ab | 11.60 ± 5.72ab |
| B12 | 3.83 ± 1.47ab | 4.00 ± 3.46a | 3.50 ± 1.29ab | 4.67 ± 2.50c |
| B13 | 4.20 ± 4.09ab | 3.00 ± 1.55a | 4.75 ± 2.87ab | 4.67 ± 2.34c |
| B14 | 7.00 ± 20.55a | 5.20 ± 2.17a | 5.25 ± 1.50ab | 5.33 ± 1.51c |
| CK | 4.67 ± 5.14ab | 5.20 ± 3.65a | 2.14 ± 1.21b | 4.08 ± 2.57c |

**表 6-7　季节休牧对碱韭种群密度的影响**　　单位：株 /$m^2$

| 处理区 | 2010 年 | 2011 年 | 2012 年 | 2013 年 |
|---|---|---|---|---|
| B1 | 12.53 ± 5.51a | 13.13 ± 6.46a | 12.20 ± 6.18a | 8.60 ± 4.77a |
| B2 | 10.17 ± 4.88ab | 17.33 ± 13.2a | 12.50 ± 5.92a | 3.00 ± 0.82c |
| B3 | 10.00 ± 7.43ab | 12.50 ± 5.86a | 12.50 ± 8.96a | 3.17 ± 1.33c |
| B4 | 7.50 ± 4.37ab | 14.50 ± 9.15a | 14.50 ± 6.24a | 3.50 ± 1.64bc |
| B11 | 10.07 ± 4.89ab | 10.33 ± 4.12a | 11.70 ± 3.50a | 6.89 ± 3.18ab |
| B12 | 10.83 ± 6.46ab | 14.00 ± 5.69a | 15.50 ± 2.89a | 4.50 ± 3.33bc |
| B13 | 5.00 ± 3.58b | 12.50 ± 5.13a | 10.25 ± 3.30a | 2.50 ± 1.29c |
| B14 | 7.20 ± 3.63ab | 17.17 ± 14.52a | 14.75 ± 7.14a | 1.83 ± 0.75c |
| CK | 9.58 ± 4.64ab | 14.50 ± 7.01a | 15.13 ± 11.38a | 3.67 ± 1.87bc |

无芒隐子草种群的密度变化如表 6-8 所示，2010 年、2011 年和 2012 年各个处理区之间没有显著差异（$P>0.05$），2013 年 B11 处理区最高（$P<0.05$），显著高于 B1 处理区，B1 显著高于其他处理区（$P<0.05$）。综上看来，无芒隐子草密度在季节休牧处理区之间的差异不大，在全年放牧处理下始终有较高值，说明放牧有利于无芒隐子草的生长。银灰旋花种群的密度变化如表 6-9 所示，2010 年和 2011 年在各个处理区间没有显著差异（$P>0.05$），2012 年 B1 处理区显著高于其他各个处理区（$P<0.05$），2013 年 B1 和 B11 处理区最高（$P<0.05$），显著高于其他各个处理区。综上看来，银灰旋花密度在全年放牧处理下值较高，说明季节休牧有利于草地植物恢复和良好生长。

**表 6-8　季节休牧对无芒隐子草种群密度的影响**　　单位：株 /m²

| 处理区 | 2010 年 | 2011 年 | 2012 年 | 2013 年 |
|---|---|---|---|---|
| B1 | 8.07 ± 4.08a | 8.80 ± 5.28a | 8.40 ± 3.66a | 11.90 ± 3.57b |
| B2 | 8.83 ± 8.11a | 7.60 ± 3.36a | 18.5 ± 14.98a | 5.33 ± 2.16c |
| B3 | 11.17 ± 9.58a | 10.33 ± 7.53a | 12.75 ± 9.43a | 5.33 ± 2.80c |
| B4 | 8.67 ± 4.50a | 10.67 ± 4.41a | 13.00 ± 4.55a | 5.83 ± 4.02c |
| B11 | 7.13 ± 3.14a | 10.47 ± 3.96a | 16.40 ± 4.88a | 21.20 ± 4.52a |
| B12 | 7.00 ± 5.76a | 10.67 ± 9.33a | 16.50 ± 6.14a | 3.17 ± 2.32c |
| B13 | 5.67 ± 3.93a | 7.67 ± 5.89a | 15.50 ± 19.05a | 4.67 ± 1.03c |
| B14 | 5.20 ± 2.17a | 9.00 ± 4.97a | 14.00 ± 4.55a | 5.20 ± 1.79c |
| CK | 9.50 ± 5.32a | 11.45 ± 6.67a | 20.63 ± 7.03a | 5.73 ± 2.15c |

**表 6-9　季节休牧对银灰旋花种群密度的影响**　　单位：株 /m²

| 处理区 | 2010 年 | 2011 年 | 2012 年 | 2013 年 |
|---|---|---|---|---|
| B1 | 15.71 ± 15.50a | 15.40 ± 13.18a | 43.17 ± 27.4a | 43.88 ± 28.63a |
| B2 | 17.83 ± 18.88a | 15.40 ± 9.56a | 15.25 ± 13.23b | 15.00 ± 9.85b |
| B3 | 29.17 ± 18.54a | 20.00 ± 8.12a | 15.75 ± 14.41b | 11.17 ± 6.49b |
| B4 | 22.67 ± 8.14a | 28.83 ± 29.20a | 16.00 ± 12.94b | 22.17 ± 11.7b |
| B11 | 17.20 ± 8.61a | 24.00 ± 13.93a | 36.00 ± 13.4ab | 39.40 ± 12.07a |
| B12 | 16.00 ± 16.08a | 27.25 ± 8.02a | 18.25 ± 11.03b | 14.00 ± 10.52b |
| B13 | 18.33 ± 19.53a | 21.25 ± 5.06a | 30.75 ± 22.32ab | 10.83 ± 8.52b |
| B14 | 14.50 ± 8.71a | 24.00 ± 16.91a | 17.50 ± 10.66b | 11.20 ± 5.12b |
| CK | 16.82 ± 12.84a | 20.55 ± 14.51a | 19.57 ± 13.59b | 11.80 ± 5.33b |

## 三、盖度

季节休牧对短花针茅种群盖度的影响如表 6-10 所示，2010 年 B1 处理区最高（$P<0.05$），在 B3 处理区最低（$P<0.05$），其他处理区之间没有显著差异（$P>0.05$），2011 年和 2012 年在各个处理区间没有显著差异，2013 年 B1 处理区最高（$P<0.05$），B4 处理区最低（$P<0.05$）。综上看来，短花针茅盖度在全年放牧区值较高，在季节休牧处理区之间差异不大，说明放牧对短花针茅盖度的增加有促进作用。

季节休牧对碱韭种群盖度的影响如表 6-11 所示，2010 年 B1 处理区最高（$P<0.05$），显著高于除 B11 和 B12 处理区外的其他各个处理区，2011 年、2012

年和2013年各个处理区之间没有显著差异（$P>0.05$）。综上看来，碱韭盖度在季节休牧处理区之间没有显著差异，说明季节休牧有利于碱韭盖度的增加，季节休牧下盖度变化与放牧强度关系不大，全年放牧处理区盖度值较高可能是由于植物被家畜践踏倒伏导致的。

**表 6-10　季节休牧对短花针茅种群盖度的影响**　　单位：%

| 处理区 | 2010年 | 2011年 | 2012年 | 2013年 |
|---|---|---|---|---|
| B1 | 3.55 ± 1.98a | 3.67 ± 2.06a | 4.03 ± 3.01a | 9.00 ± 5.09a |
| B2 | 1.93 ± 1.11abc | 4.80 ± 2.36a | 2.67 ± 0.58a | 3.67 ± 1.60bc |
| B3 | 0.92 ± 0.64c | 4.63 ± 3.92a | 4.00 ± 1.83a | 2.67 ± 2.04bc |
| B4 | 1.35 ± 0.53bc | 5.16 ± 5.03a | 2.00 ± 2.68a | 2.08 ± 1.24c |
| B11 | 3.18 ± 1.98ab | 4.95 ± 2.93a | 3.45 ± 2.21a | 5.45 ± 3.22b |
| B12 | 2.23 ± 1.13abc | 5.00 ± 3.83a | 1.13 ± 0.25a | 3.17 ± 2.09bc |
| B13 | 1.72 ± 1.02abc | 2.67 ± 1.17a | 3.50 ± 2.38a | 3.08 ± 1.77bc |
| B14 | 3.08 ± 0.74abc | 5.70 ± 4.09a | 5.50 ± 7.05a | 4.00 ± 1.70bc |
| CK | 2.05 ± 2.66abc | 4.07 ± 3.08a | 2.07 ± 2.51a | 2.42 ± 1.16bc |

**表 6-11　季节休牧对碱韭种群盖度的影响**　　单位：%

| 处理区 | 2010年 | 2011年 | 2012年 | 2013年 |
|---|---|---|---|---|
| B1 | 6.07 ± 2.83a | 7.73 ± 4.46a | 8.85 ± 4.82a | 5.15 ± 4.45a |
| B2 | 3.17 ± 1.80b | 10.75 ± 12.19a | 13.75 ± 13.02a | 0.90 ± 0.45a |
| B3 | 3.35 ± 1.51b | 8.58 ± 6.71a | 13.00 ± 13.98a | 0.58 ± 0.23a |
| B4 | 3.12 ± 1.57b | 9.33 ± 8.38a | 6.25 ± 4.65a | 0.70 ± 0.65a |
| B11 | 4.40 ± 1.89ab | 5.99 ± 3.02a | 6.90 ± 2.76a | 5.28 ± 8.15a |
| B12 | 3.77 ± 3.20ab | 6.92 ± 2.80a | 4.38 ± 4.42a | 0.97 ± 0.50a |
| B13 | 2.15 ± 1.62b | 7.00 ± 3.75a | 3.25 ± 1.50a | 0.63 ± 0.60a |
| B14 | 1.88 ± 1.61b | 10.00 ± 9.03a | 8.00 ± 4.32a | 0.48 ± 0.27a |
| CK | 3.37 ± 2.16b | 10.42 ± 8.87a | 9.75 ± 12.56a | 1.01 ± 0.58a |

季节休牧对无芒隐子草种群盖度的影响如表6-12所示，2010年、2011年和2012年各处理区之间没有显著差异（$P>0.05$），2013年B11处理区最高（$P<0.05$），显著高于B1处理区，B1处理区显著高于其他处理区（$P<0.05$）。综上看来，不同季节休牧处理对无芒隐子草盖度没有显著差异，在全年放牧区有较高值，说明放牧有利于无芒隐子草高盖度值的保持。

季节休牧对银灰旋花种群盖度的影响如表6-13所示，2010年在B14处理区最高（$P<0.05$），在B3处理区最低，其他处理区之间没有显著差异，2011年B4处理区显著高于其他处理区（$P<0.05$），2012年各处理区之间没有显著差异，2013年B1和B11处理区最高（$P<0.05$），其他处理区之间没有显著差异。综上看来，银灰旋花盖度在春季和夏季休牧处理中值较低，说明春季休牧和夏季休牧有利于草地植物的恢复和良好生长。

**表6-12　季节休牧对无芒隐子草种群盖度的影响**　　单位：%

| 处理区 | 2010年 | 2011年 | 2012年 | 2013年 |
| --- | --- | --- | --- | --- |
| B1 | 2.85 ± 1.87a | 3.61 ± 2.92a | 3.72 ± 2.16a | 4.85 ± 2.77b |
| B2 | 1.80 ± 1.11a | 2.80 ± 0.91a | 9.38 ± 11.01a | 1.92 ± 0.58c |
| B3 | 2.28 ± 1.21a | 5.57 ± 4.22a | 7.50 ± 7.23a | 1.32 ± 0.63c |
| B4 | 2.85 ± 1.91a | 5.13 ± 3.74a | 3.75 ± 1.50a | 1.08 ± 0.58c |
| B11 | 3.11 ± 1.60a | 3.97 ± 2.35a | 7.40 ± 3.53a | 8.70 ± 3.16a |
| B12 | 2.15 ± 2.05a | 4.05 ± 3.49a | 6.25 ± 7.85a | 1.43 ± 1.27c |
| B13 | 1.67 ± 1.30a | 4.33 ± 4.29a | 9.25 ± 15.84a | 2.00 ± 1.26c |
| B14 | 1.24 ± 1.01a | 3.75 ± 1.89a | 4.75 ± 2.06a | 1.80 ± 0.91c |
| CK | 3.17 ± 1.96a | 5.69 ± 4.42a | 8.13 ± 6.45a | 1.75 ± 0.98c |

**表6-13　季节休牧对银灰旋花种群盖度的影响**　　单位：%

| 处理区 | 2010年 | 2011年 | 2012年 | 2013年 |
| --- | --- | --- | --- | --- |
| B1 | 1.66 ± 1.61ab | 1.24 ± 0.98b | 3.88 ± 1.93a | 2.88 ± 2.57a |
| B2 | 1.93 ± 1.11ab | 3.92 ± 3.76b | 2.25 ± 0.96a | 0.62 ± 0.22b |
| B3 | 0.82 ± 0.43b | 5.13 ± 3.61b | 2.25 ± 0.96a | 0.53 ± 0.30b |
| B4 | 1.35 ± 0.53ab | 11.40 ± 12.03a | 2.28 ± 1.66a | 1.07 ± 0.99b |
| B11 | 1.83 ± 0.95ab | 2.07 ± 1.32b | 3.60 ± 1.33a | 3.13 ± 1.19a |
| B12 | 2.07 ± 1.06ab | 3.55 ± 2.58b | 3.75 ± 2.99a | 0.55 ± 0.33b |
| B13 | 1.62 ± 0.88ab | 2.25 ± 0.65b | 8.13 ± 11.35a | 0.63 ± 0.21b |
| B14 | 2.83 ± 0.82a | 2.20 ± 0.63b | 4.00 ± 2.45a | 0.58 ± 0.26b |
| CK | 2.07 ± 2.86ab | 3.25 ± 2.99b | 7.00 ± 6.68a | 0.65 ± 0.31b |

## 四、重要值

季节休牧对短花针茅种群重要值的影响如表6-14所示，2010年B14处理区最高（$P<0.05$），其他处理区之间没有显著差异，2011年各处理区之间没有显著差异，2012年B13处理区最高（$P<0.05$），B4处理区和CK对照区

最低（$P<0.05$），2013 年 B1 处理区最高（$P<0.05$），B4 和 B11 处理区最低（$P<0.05$）。综上看来，短花针茅在春季轻牧 + 夏季休牧 + 秋季轻牧和春季轻牧 + 夏季轻牧 + 秋季休牧处理区有较高值，说明在短花针茅生长期和雨水丰沛期进行休牧，能够促进短花针茅的良好生长。

**表 6-14　季节休牧对短花针茅种群重要值的影响**

| 处理区 | 2010 年 | 2011 年 | 2012 年 | 2013 年 |
| --- | --- | --- | --- | --- |
| B1 | 16.69 ± 6.72b | 21.84 ± 4.32a | 14.08 ± 6.97abc | 23.73 ± 8.31a |
| B2 | 19.38 ± 8.73b | 18.75 ± 12.10a | 12.68 ± 12.07abc | 22.32 ± 7.04ab |
| B3 | 17.40 ± 7.64b | 22.99 ± 20.45a | 16.26 ± 8.05abc | 18.07 ± 5.50abc |
| B4 | 20.08 ± 7.99b | 16.05 ± 15.84a | 8.93 ± 4.97bc | 14.44 ± 4.32c |
| B11 | 17.51 ± 8.49b | 22.24 ± 9.62a | 10.33 ± 3.11abc | 13.54 ± 5.07c |
| B12 | 19.38 ± 8.75b | 20.64 ± 7.74a | 6.18 ± 2.20c | 16.56 ± 4.16bc |
| B13 | 22.30 ± 8.80b | 12.50 ± 4.47a | 19.67 ± 9.49a | 17.90 ± 3.43abc |
| B14 | 36.49 ± 24.82a | 22.30 ± 12a | 18.55 ± 10.63ab | 21.84 ± 4.89ab |
| CK | 19.10 ± 12.92b | 20.96 ± 12.88a | 8.24 ± 2.85c | 15.92 ± 5.99bc |

季节休牧对碱韭种群重要值的影响如表 6-15 所示，2010 年和 2011 年各处理区之间没有显著差异，2012 年 B1 处理区最高（$P<0.05$），B1 处理区显著高于 B13 处理区（$P>0.05$），其他处理区之间没有显著差异，2013 年 B1 处理区最高（$P<0.05$），B13 和 B14 处理区最低（$P<0.05$）。综上看来，碱韭在春季休牧 + 夏季重牧 + 秋季重牧和春季休牧 + 夏季轻牧 + 秋季轻牧处理下有较高值，说明春季休牧对碱韭的生长有促进作用，放牧强度在此差异不大。

**表 6-15　季节休牧对碱韭种群重要值的影响**

| 处理区 | 2010 年 | 2011 年 | 2012 年 | 2013 年 |
| --- | --- | --- | --- | --- |
| B1 | 22.28 ± 6.86a | 18.75 ± 7.24a | 28.13 ± 12.18a | 13.33 ± 8.79a |
| B2 | 24.83 ± 9.49a | 22.36 ± 15.06a | 23.11 ± 4.72ab | 7.39 ± 1.81ab |
| B3 | 24.46 ± 9.01a | 17.29 ± 6.86a | 22.5 ± 10.20ab | 7.60 ± 2.59ab |
| B4 | 21.77 ± 9.40a | 14.35 ± 7.29a | 23.24 ± 5.31ab | 7.37 ± 2.61ab |
| B11 | 18.48 ± 5.82a | 14.46 ± 5.37a | 19.07 ± 5.59ab | 7.39 ± 3.33ab |
| B12 | 22.11 ± 9.01a | 18.80 ± 5.58a | 16.72 ± 5.18ab | 8.26 ± 5.03ab |
| B13 | 19.64 ± 7.39a | 17.77 ± 5.33a | 13.09 ± 3.92b | 6.38 ± 1.97b |
| B14 | 18.84 ± 7.60a | 18.63 ± 12.18a | 21.48 ± 5.52ab | 5.62 ± 1.58b |
| CK | 20.48 ± 7.15a | 17.51 ± 7.20a | 18.55 ± 7.02ab | 8.91 ± 3.89ab |

季节休牧对无芒隐子草种群重要值的影响如表 6-16 所示，2010 年、2011 年和 2012 年各处理区之间没有显著差异，2013 年 B11 处理区最高（$P<0.05$），在 B4 和 B12 处理区最低（$P<0.05$）。综上看来，无芒隐子草在全年轻度放牧处理下表现最好，季节休牧对无芒隐子草的影响不明显，说明无芒隐子草在适当的放牧强度下能更好地生长。

季节休牧对银灰旋花种群重要值的影响如表 6-17 所示，2010 年、2011 年、2012 年和 2013 年各处理区之间都没有显著差异。综上看来，银灰旋花在各处理下变化不明显。

**表 6-16　季节休牧对无芒隐子草种群重要值的影响**

| 处理区 | 2010 年 | 2011 年 | 2012 年 | 2013 年 |
|---|---|---|---|---|
| B1 | 12.74 ± 6.03a | 11.59 ± 7.63a | 14.85 ± 5.91a | 13.19 ± 4.8ab |
| B2 | 13.21 ± 5.06a | 7.7 ± 1.00a | 17.49 ± 9.17a | 12.8 ± 2.19ab |
| B3 | 15.5 ± 7.39a | 12.03 ± 6.85a | 15.41 ± 6.78a | 12.6 ± 7.56ab |
| B4 | 16.64 ± 7.95a | 8.15 ± 3.49a | 16 ± 5.03a | 8.85 ± 4.41b |
| B11 | 13.45 ± 5.30a | 10.96 ± 4.37a | 18.5 ± 5.22a | 16.60 ± 3.65a |
| B12 | 13.24 ± 7.99a | 10.52 ± 5.89a | 17.6 ± 8.04a | 9.31 ± 4.81b |
| B13 | 16.31 ± 10.00a | 9.75 ± 5.31a | 16.3 ± 18.03a | 13.71 ± 5.85ab |
| B14 | 12.24 ± 7.54a | 9.01 ± 3.28a | 14.35 ± 3.08a | 12.87 ± 4.17ab |
| CK | 17.14 ± 9.21a | 11.30 ± 4.50a | 22.70 ± 8.74a | 12.57 ± 5.16ab |

**表 6-17　季节休牧对银灰旋花种群重要值的影响**

| 处理区 | 2010 年 | 2011 年 | 2012 年 | 2013 年 |
|---|---|---|---|---|
| B1 | 14.15 ± 11.49a | 9.35 ± 7.00a | 27.22 ± 11.28a | 15.91 ± 8.26a |
| B2 | 17.93 ± 12.65a | 12.20 ± 7.97a | 13.94 ± 13.60a | 13.01 ± 6.70a |
| B3 | 21.96 ± 10.21a | 14.97 ± 5.81a | 11.78 ± 7.88a | 9.79 ± 1.80a |
| B4 | 18.42 ± 6.78a | 16.80 ± 12.70a | 14.69 ± 11.13a | 14.71 ± 7.33a |
| B11 | 16.91 ± 6.55a | 14.05 ± 5.73a | 20.58 ± 5.98a | 13.75 ± 3.37a |
| B12 | 12.53 ± 8.20a | 14.71 ± 4.09a | 15.53 ± 9.19a | 11.77 ± 7.23a |
| B13 | 19.27 ± 14.66a | 10.75 ± 2.68a | 24.80 ± 18.89a | 11.76 ± 6.29a |
| B14 | 16.06 ± 6.66a | 14.32 ± 7.86a | 14.69 ± 7.99a | 11.84 ± 4.67a |
| CK | 13.80 ± 7.13a | 11.90 ± 6.57a | 15.33 ± 7.03a | 11.48 ± 4.46a |

## 五、地上生物量

季节休牧对主要植物种地上生物量的影响如表 6-18 所示。

表 6-18　季节休牧对主要植物种地上生物量的影响　　单位：g/m$^2$

| 年份 | 处理区 | 短花针茅 | 碱韭 | 无芒隐子草 | 银灰旋花 |
|---|---|---|---|---|---|
| 2010 | B1 | 5.28 ± 4.02ab | 7.72 ± 4.72b | 11.16 ± 5.59a | 4.71 ± 2.72a |
| | B2 | 4.22 ± 3.35ab | 5.10 ± 2.21bc | 8.12 ± 5.84ab | 2.39 ± 2.13b |
| | B3 | 2.23 ± 1.77b | 5.01 ± 2.75bc | 10.32 ± 7.76a | 3.08 ± 1.77ab |
| | B4 | 2.81 ± 1.74b | 4.41 ± 2.60bc | 8.49 ± 6.02ab | 2.74 ± 1.63b |
| | B11 | 4.68 ± 3.69ab | 11.38 ± 4.99a | 8.61 ± 4.96ab | 2.11 ± 1.26b |
| | B12 | 3.82 ± 2.53ab | 5.44 ± 4.22bc | 5.53 ± 3.34ab | 1.42 ± 0.96b |
| | B13 | 5.03 ± 4.04ab | 3.04 ± 1.71c | 4.74 ± 2.95ab | 2.35 ± 2.74b |
| | B14 | 6.82 ± 4.37a | 4.82 ± 4.51bc | 2.81 ± 2.17b | 1.92 ± 1.21b |
| | CK | 2.89 ± 2.07b | 5.40 ± 3.52bc | 10.26 ± 8.86a | 1.90 ± 1.86b |
| 2011 | B1 | 16.48 ± 6.63a | 15.25 ± 7.14ab | 1.06 ± 1.38a | 21.11 ± 22.02a |
| | B2 | 11.68 ± 7.94a | 4.67 ± 2.32b | 3.37 ± 2.27a | 4.40 ± 4.88b |
| | B3 | 9.72 ± 9.73a | 5.04 ± 3.62b | 5.44 ± 1.70a | 1.92 ± 1.36b |
| | B4 | 9.65 ± 9.46a | 5.03 ± 2.00b | 6.08 ± 4.20a | 12.14 ± 10.20ab |
| | B11 | 12.38 ± 5.79a | 11.39 ± 8.80ab | 3.64 ± 6.58a | 21.05 ± 13.20a |
| | B12 | 5.76 ± 3.14a | 8.9 ± 7.41ab | 6.04 ± 3.23a | 3.86 ± 2.16b |
| | B13 | 7.43 ± 3.36a | 7.03 ± 4.72b | 4.11 ± 3.40a | 4.73 ± 4.34b |
| | B14 | 13.85 ± 15.93a | 18.11 ± 17.15a | 4.70 ± 1.03a | 6.13 ± 3.60ab |
| | CK | 13.52 ± 9.59a | 9.44 ± 9.63ab | 6.27 ± 4.03a | 4.01 ± 3.49b |
| 2012 | B1 | 17.94 ± 19.68a | 23.33 ± 21.62a | 0.66 ± 1.10b | 0.38 ± 0.56c |
| | B2 | 9.03 ± 6.00a | 25.28 ± 15.09a | 14.46 ± 12.42a | 10.25 ± 11.63bc |
| | B3 | 25.22 ± 22.76a | 18.41 ± 12.89a | 12.74 ± 8.36a | 6.48 ± 4.00bc |
| | B4 | 10.33 ± 15.39a | 26.92 ± 3.03a | 8.17 ± 5.64ab | 8.80 ± 9.74bc |
| | B11 | 12.23 ± 11.54a | 24.38 ± 25.30a | 1.18 ± 3.08b | 0.56 ± 1.64c |
| | B12 | 4.26 ± 0.73a | 12.60 ± 11.02a | 17.53 ± 8.26a | 26.53 ± 28.38a |
| | B13 | 16.3 ± 11.99a | 17.48 ± 14.44a | 11.46 ± 8.83a | 15.97 ± 12.55b |
| | B14 | 17.92 ± 20.00a | 30.27 ± 27.58a | 9.19 ± 4.05ab | 10.92 ± 8.89bc |
| | CK | 9.64 ± 8.66a | 28.7 ± 27.92a | 17.69 ± 13.29a | 8.68 ± 10.98bc |
| 2013 | B1 | 20.88 ± 6.55a | 18.44 ± 17.58a | 0.82 ± 1.59d | 13.54 ± 13.75a |
| | B2 | 36.8 ± 26.73a | 6.02 ± 3.23bc | 9.62 ± 3.87bc | 9.58 ± 8.33a |
| | B3 | 25.26 ± 24.30a | 3.07 ± 4.02c | 7.98 ± 6.03c | 13.22 ± 6.48a |
| | B4 | 20.78 ± 16.74a | 1.54 ± 1.33c | 6.36 ± 4.45cd | 19.27 ± 18.61a |
| | B11 | 22.61 ± 11.95a | 14.69 ± 4.93ab | 0.70 ± 1.18d | 19.76 ± 13.16a |
| | B12 | 33.38 ± 31.01a | 3.44 ± 3.72c | 15.55 ± 10.8ab | 12.26 ± 9.25a |
| | B13 | 45.44 ± 46.74a | 1.72 ± 1.93c | 17.69 ± 11.04a | 7.67 ± 6.25a |
| | B14 | 50.75 ± 59.57a | 3.12 ± 1.82c | 9.83 ± 4.65bc | 15.15 ± 9.68a |
| | CK | 28.56 ± 21.38a | 3.23 ± 3.14c | 8.90 ± 6.81bc | 11.86 ± 5.59a |

2010年短花针茅在B14处理区最高（$P<0.05$），B3和B4处理区最低（$P<0.05$），碱韭在B11处理区最高（$P<0.05$），在B13处理区最低（$P<0.05$），无芒隐子草在B1和B3处理区最高（$P<0.05$），在B14处理区最低（$P<0.05$），银灰旋花在B1处理区显著高于除B3处理区之外的其他各处理区（$P<0.05$），2011年短花针茅在各处理区之间没有显著差异（$P>0.05$），碱韭在B14处理区最高（$P<0.05$），在B2、B3、B4和B13处理区最低（$P<0.05$），无芒隐子草在各处理区之间没有显著差异，银灰旋花在B1和B11处理区最高（$P<0.05$），显著高于除B4和B14处理区之外的其他各处理区，2012年短花针茅和碱韭在各处理区之间没有显著差异，无芒隐子草在B1和B11处理区显著低于其他各处理区（$P<0.05$），银灰旋花在B12显著高于B13处理区（$P<0.05$），B13处理区显著高于其他处理区（$P<0.05$），2013年，短花针茅在各处理区之间没有显著差异，碱韭在B1和B11处理区较高，无芒隐子草在B13处理区最高（$P<0.05$），在B1处理区最低（$P<0.05$），银灰旋花在各处理区之间没有显著差异。综上看来，短花针茅地上生物量在季节休牧区之间没有显著差异，碱韭地上生物量在全年轻度放牧区较高，春季休牧处理下生物量比较稳定，无芒隐子草各处理区之间差异不大，银灰旋花地上生物量在全年放牧区有较高值，四种主要植物种地上生物量变化说明春季休牧和全年轻度放牧对草地植物主要植物地上生物量有促进作用，能够使草地稳定、良好生长。

## 六、小结

草地采取的放牧强度与休牧时间的安排共同作用并影响着植物在高度、密度、盖度和地上生物量等群落特征的表现，通过对这些特征的研究能够了解草地群落在自然与人力作用下的变化，是对草地群落进行定量研究的基本依据（Shaw et al.，1976）。有试验表明，休牧制度的优越性会随着放牧时间的变化显现出来（陈卫民等，2006），对比全年放牧处理区，休牧处理区具有更高的稳定性和环境适应性。本试验结果表明，采取季节休牧的处理区，特别是春季休牧处理区效果良好，这也符合运向军在其研究中的结果（运向军等，2010）。

植物的高度是反映草地植被生长状况的一个重要指标，主要受放牧强度和放牧时间的影响，试验中季节休牧处理区由于给植物留有休养生息的时间，植物在萌芽期或生长中后期得以恢复，因此季节休牧处理下的植被高度有较高值，碱韭在季节休牧处理间差别不明显，依据实际情况春季休牧＋夏季重牧＋秋季重牧更为合理，而银灰旋花在季节休牧处理下高度值较低，也说明季节休牧有利于草地的健康稳定发展。主要植物种群密度在季节休牧处理下较为稳定，全年放牧下无芒隐子草的值较高，同时银灰旋花的值也很高，草地处在不稳定的状态，作为衡量植被群落生长情况的一个重要指标，盖度值的大小十分重要，试验中各个处理区盖度值的大小在季节休牧处理区比较稳定，没有家畜对草地的大量采食践踏并在生长期进行保护，植物种群的盖度受影响程度减小，植被得以恢复和良好生长，全年放牧下主要植物种群盖度普遍较高，可能是因为家畜在采食过程中对植物大面积践踏，植被倒伏现象严重，从而使盖度表面看起来比较大。重要值表示的是某种草地植被在群落中的重要性，体现了植被的地位及作用，是一项综合性的指标。试验中主要植物种群重要值在季节休牧和全年轻度放牧处理中表现良好，其中碱韭在春季休牧处理中有较高值，也再次说明了在春季休牧下放牧强度对这种优良牧草的影响不大，因而在实际放牧活动中，春季休牧 + 夏季重牧 + 秋季重牧处理更为合理。

近些年来，天然草地过度利用现象严重，过度的人为破坏使得草地的保护有很大压力，季节性休牧结合放牧强度变化是草地合理利用的重要手段，通过放牧时间与放牧压力的调节，保障草地的有序利用。随着放牧强度的增加，草地种群和株丛以发生破碎化和小型化作为对生境变化的一种适应性措施（Meijs et al., 1982），而及时的休牧恰好能使草地植物得到恢复，由于植株小型化和牲畜的啃食踩踏，使草地得到新的空间而促进再生能力强的植物开始占据利用新的生活空间，在当年长高长粗（肖子恒等，2013）。

地上生物量是反映草地植被状况的重要指标，它的大小可以判断草地生产潜力和健康状况，对草地植被的持久性生长或再生性能有重要意义。植物通过光合作用固定二氧化碳进行生物量和能量的积累，同时本身的呼吸作用、器官组织的凋落又会消耗生物量，积累和消耗的速率在植物不同利用方式和生长时期下差异很大，如果植物遭遇牲畜啃食或自然灾害等营养器官有所损失，通常会以加快茎和叶片的生长速率来恢复整个植株的光合作用能力，而大多数牧草具备这种补偿性光合作用的能力（Nowak et al., 1984）。不同放牧强度下短期休牧有利于提高植物群落现存量，本试验中春季休牧和全年轻牧下主要植物，特别是碱韭的地上生物量较高，说明休牧具有提高草地生产力的作用，同时在低的放牧强度下，家畜对草地的干扰程度较小因而植物群落现存量恢复得比较快，恢复程度较大。休牧区较放牧区群落的稳定性和对放牧环境的适应性较大，但根据草地生态系统的可持续性原理，草地禁牧时间过长，会阻碍草地植物的正常生长与发育，同时枯草也会对植物的再生和幼苗的形成产生抑制作用，影响草地的繁殖更新（侯扶江等，2006）。季节休牧区有利于提高植物群落的特征，但季节休牧区恢复程度的大小与放牧时间的长短无关，这与诸文彬的研究成果相符（褚文斌等，2008），从总体趋势来看，春季休牧＋夏季轻牧＋秋季轻牧处理区比较好，它不仅减少了休牧期的成本投入，也为牧草的返青创造了适宜环境，这与李青丰和赵钢等的春季休牧试验结论一致（李青丰等，2005；赵钢等，2006）。

## 第三节　季节休牧对草原群落及功能群的影响

不同的学者对植物功能群的定义存在不同的意见，Keddy（1992）认为根据物种的相似特征聚合在一起的相似物种可以看作功能群。Root（1967）给功能群定义为对环境资源具有相同的利用程度，并且会在生态位的需求上显著重叠的一组植物。Szaro（1986）从资源的利用方式和干扰影响两个方面对植物功能群进行定义，将物种通过不同利用资源的方式利用相同资源的物种分为一种功能群，对干扰影响下具有相似反应的物种划分为另一种功能群。植物功能群是对外界干扰和环境影响做出相似反应的植物群体，主要生态过程对植物组群内的所有植物均有相似影响（Lavorel et al.，2002），植物功能群是研究环境动态变化对植被影响的基本单元（Woodward et al.，1996）。功能群作为桥梁把环境、植物个体、生态系统结构、过程与功能联系起来（Cornelissen et al.，2003），利用功能群进行相关研究已成为一种有效而便捷的手段。Tilman 等（1997）的研究表明，草地植物生产力、植物全氮含量和光透射等指标会受植物多样性、功能群组成和功能群多样性的影响，其中生态系统受到功能群组成的影响更显著。相似生态功能的物种会因为不同的环境敏感性影响草地生态系统的稳定性（Chapin et al.，1997）。Ives 等（1999）认为，由于不同物种对环境波动的敏感性不同，种群多度的变异性主要依赖于环境波动的敏感性，物种多样性由于环境波动影响而明显增加，进而使得群落的稳定性增加。通过上述研究可以看出，对群落生产力及其稳定性影响更重要的是功能群组成与功能群之间的相互作用，而植物多样性对群落生产力和群落的稳定影响较弱，但是功能群间的相互作用和维持群落生产力稳定性的机制还处于研究阶段。

家畜的不均匀采食行为会增加生境的异质性，改变草地群落植物组分、结构和多样性的格局，草地群落的变化将对整个生态系统的结构和功能产生影响（杨利民等，2001；McIntyers et al.，1999；Proulx et al.，1998）。植物的功能群组成和多样性变化是影响草地的生产力和群落结构的主要因素（Tilman et al.，2001）。降雨、夏季干旱和放牧为功能群多样性的提高和物种间的共存提供了有利条件（Lorenzo et al.，2012）。放牧对群落植物多样性、生产力及稳定性的干扰不是同时显现出来的，放牧强度增加会降低草地群落的稳定性（杨殿林等，2006）。焦树英等指出，荒漠草原地区的群落植物功能群组成在不同的载畜率处理中，灌木和多年生杂类草、多年生禾草功能群的生物量相互之间呈负相关（焦树英等，2006）。随着放牧强度的增加，多年生杂类草的功能群会显著降低，并逐渐被多年生禾草和一、二年生杂草所取代（郑伟等，2010）。马建军等研究了植物功能群及多样性在不同利用模式下的变化，结果表明灌木、半灌木的累积优势度随着利用模式的不同存在差异显著，但是灌木、半灌木功能群生物量均降低（马建军等，2012）。冯金虎等（1989）研究表明，禾本科草的比例会因过度放牧而降低，与此同时杂类草和莎草的比例升高；但是适度的放牧强度却能够改善草地物种的组成，提高优良牧草在群落中所占的比例。刘伟等（1999）的研究也得出了相似的结论，即过度放牧使优良牧草数量减少，杂类草的比例升高。Tilman的研究表明，植物功能群多样性和组成在很大程度上影响草地的生产力和群落结构（Chapin et al.，1997）。降雨、夏季干旱和放牧有助于提高功能群的多样性和种的共存（杨利民等，2001）。高伟等（2010）对羊草草原群落生物量及能量功能群的研究表明，中能值和高能值植物功能群优势度下降，低能值植物的功能群优势度明显增加。白永飞等（2000）研究发现，植物功能群在年度变化上均具有显著的补偿作用；同一时间中，多年生禾草功能群生物量下降，则多年生丛生禾草功能群的生物量会增加，从而补偿多年生根茎禾草减少的生物量，可见群落的稳定性可以通过群落功能群之间的补偿作用得以增加。

## 一、物种组成及功能群划分

试验中草地物种组成及功能群划分如表 6-19 所示，共有多年生禾草、灌木、半灌木、多年生杂类草和一、二年生草本四类功能群，其中多年生禾草包括短花针茅、无芒隐子草和寸草薹，灌木、半灌木包括狭叶锦鸡儿、戈壁天门冬和木地肤，多年生杂类草包括碱韭、银灰旋花、茵陈蒿、阿尔泰狗娃花、乳白花黄芪、细叶韭、冷蒿、细叶葱、二裂委陵菜、叉枝鸦葱、蒙古韭、兔唇花和细叶鸢尾，一、二年生草本包括栉叶蒿、猪毛菜、狗尾草、蒺藜、米果芹和画眉草。

**表 6-19　草地物种组成及功能群划分**

| 功能群类型 | 植物名称 | 拉丁名 |
|---|---|---|
| 多年生禾草 | 短花针茅 | *Stipa breviflora* |
| | 无芒隐子草 | *Cleistogenes songorica* |
| | 寸草薹 | *Carex duriuscula* |
| 灌木、半灌木 | 狭叶锦鸡儿 | *Caragana stenophylla* |
| | 戈壁天门冬 | *Asparagus gobicus* |
| | 木地肤 | *Kochia prostrata* |
| 多年生杂类草 | 碱韭 | *Allium polyrhizum* |
| | 银灰旋花 | *Convolvulus ammannii* |
| | 茵陈蒿 | *Artemisia capillaries* |
| | 阿尔泰狗娃花 | *Heteropappus altaicus* |
| | 乳白花黄芪 | *Astragalus galactites* |
| | 细叶韭 | *Allium tenuissimum* |
| | 冷蒿 | *Artemisia frigida* |
| | 细叶葱 | *Allium tuberosum* |
| | 二裂委陵菜 | *Potentilla bifurca* |
| | 叉枝鸦葱 | *Scorzonera divaricata* |
| | 蒙古韭 | *Allium mongolicum* |
| | 兔唇花 | *Lagochilus ilicifolius* |
| | 细叶鸢尾 | *Iris tenuifolia* |
| 一、二年生草本 | 栉叶蒿 | *Neopallasia pectinata* |
| | 猪毛菜 | *Salsola collina* |
| | 狗尾草 | *Setaria viridis* |
| | 蒺藜 | *Tribulus terrestris* |
| | 迷果芹 | *Sphallerocarpus gracilis* |
| | 画眉草 | *Eragrostis pilosa* |

## 二、功能群盖度

季节休牧对草地植物功能群盖度的影响如表 6-20 所示。

表 6-20　季节休牧对草地植物功能群盖度的影响　　单位：%

| 年份 | 处理区 | PB | SH | FB | AB |
|---|---|---|---|---|---|
| 2010 | B1 | 6.75 ± 2.31a | 0.98 ± 0.82ab | 8.43 ± 2.61a | 0.73 ± 0.90a |
| | B2 | 3.57 ± 0.87c | 0.43 ± 0.68bc | 5.17 ± 2.38bcd | 0.53 ± 0.73a |
| | B3 | 3.41 ± 1.76c | 0.18 ± 0.29c | 5.86 ± 2.51bc | 0.74 ± 1.07a |
| | B4 | 3.91 ± 2.28c | 0.23 ± 0.45c | 4.82 ± 2.91bcd | 1.14 ± 1.14a |
| | B11 | 6.33 ± 1.83ab | 1.43 ± 1.37a | 6.99 ± 1.39ab | 0.79 ± 0.84a |
| | B12 | 4.17 ± 1.58c | 0.18 ± 0.26c | 4.92 ± 3.96bcd | 0.92 ± 0.88a |
| | B13 | 3.32 ± 0.91c | 0.46 ± 0.61bc | 3.62 ± 2.50cd | 0.67 ± 0.72a |
| | B14 | 4.06 ± 1.51c | 0.34 ± 0.55bc | 2.70 ± 1.80d | 0.48 ± 0.79a |
| | CK | 5.01 ± 2.41bc | 0.25 ± 0.27c | 4.73 ± 2.74bcd | 0.96 ± 0.99a |
| 2011 | B1 | 7.73 ± 2.32a | 0.79 ± 0.96a | 10.24 ± 4.53ab | 1.85 ± 1.09b |
| | B2 | 7.05 ± 3.09a | 0.97 ± 1.16a | 14.87 ± 12.4ab | 5.47 ± 4.98b |
| | B3 | 8.68 ± 2.06a | 0.70 ± 0.77a | 12.5 ± 8.21ab | 6.90 ± 6.04b |
| | B4 | 9.50 ± 3.51a | 0.68 ± 1.17a | 19.82 ± 17.71a | 13.88 ± 13.17a |
| | B11 | 8.77 ± 3.25a | 1.55 ± 1.77a | 8.79 ± 3.89b | 3.41 ± 2.66b |
| | B12 | 8.00 ± 3.74a | 0.80 ± 0.67a | 10.12 ± 4.54ab | 3.42 ± 4.35b |
| | B13 | 7.50 ± 5.13a | 0.62 ± 0.98a | 10.23 ± 4.06ab | 2.43 ± 1.89b |
| | B14 | 7.75 ± 4.42a | 0.52 ± 0.78a | 12.57 ± 9.59ab | 4.30 ± 3.12b |
| | CK | 9.98 ± 6.04a | 0.59 ± 0.62a | 14.86 ± 11.08ab | 5.00 ± 3.88b |
| 2012 | B1 | 7.76 ± 34.25a | 0.50 ± 160a | 12.63 ± 35.74a | 0.16 ± 122.19a |
| | B2 | 11.65 ± 97.15a | 1.43 ± 92.10a | 18.73 ± 81.62a | 0.25 ± 69.28a |
| | B3 | 11.75 ± 67.51a | 0.96 ± 121.71a | 16.95 ± 86.08a | 0.49 ± 62.88a |
| | B4 | 6.05 ± 61.87a | 0.35 ± 75.59a | 9.83 ± 44.14a | 0.48 ± 43.40a |
| | B11 | 10.25 ± 25.52a | 1.42 ± 62.44a | 12.57 ± 19.93a | 0.27 ± 85.62a |
| | B12 | 8.90 ± 113.26a | 0.75 ± 127.66a | 10.25 ± 46.36a | 0.40 ± 113.65a |
| | B13 | 12.84 ± 132.77a | 0.63 ± 76.59a | 12.83 ± 92.04a | 0.25 ± 115.47a |
| | B14 | 11.50 ± 68.65a | 0.38 ± 127.66a | 13.50 ± 37.84a | 0.60 ± 76.98a |
| | CK | 10.04 ± 74.90a | 1.67 ± 123.32a | 19.32 ± 106.59a | 0.28 ± 131.47a |
| 2013 | B1 | 13.90 ± 4.44a | 0.37 ± 0.40b | 9.34 ± 3.62a | 1.42 ± 1.72b |
| | B2 | 5.72 ± 1.67b | 0.32 ± 0.21b | 2.18 ± 1.33b | 1.15 ± 0.59b |
| | B3 | 4.00 ± 1.61b | 0.32 ± 0.41b | 1.85 ± 1.00b | 1.95 ± 1.37b |
| | B4 | 3.30 ± 1.20b | 0.28 ± 0.31b | 2.20 ± 0.92b | 2.70 ± 1.77ab |
| | B11 | 14.21 ± 2.01a | 1.93 ± 1.89a | 9.70 ± 8.95a | 3.95 ± 2.31a |
| | B12 | 5.18 ± 2.18b | 0.35 ± 0.56b | 2.10 ± 0.86b | 2.05 ± 1.66b |
| | B13 | 5.50 ± 1.65b | 0.33 ± 0.41b | 1.67 ± 0.81b | 1.40 ± 0.75b |
| | B14 | 5.73 ± 1.37b | 0.40 ± 0.41b | 2.28 ± 0.75b | 1.13 ± 0.81b |
| | CK | 4.71 ± 1.07b | 0.40 ± 0.55b | 2.42 ± 1.04b | 0.99 ± 0.70b |

2010 年 PB 在 B1 处理区最高（$P<0.05$），显著高于除 B11 处理区的其他各处理区，SH 在 B11 处理区最高（$P<0.05$），显著高于除 B1 处理区的其他各处理区，FB 在 B1 处理区最高（$P<0.05$），在 B14 处理区最低（$P<0.05$），AB 在各处理区之间没有显著差异，2011 年 PB 和 SH 在各处理区之间没有显著差异（$P<0.05$），FB 在 B4 处理区最高（$P<0.05$），在 B11 处理区最低（$P<0.05$），其他处理区间没有显著差异，AB 在 B4 处理区显著高于其他处理区（$P<0.05$），2012 年各功能群盖度在各处理区之间没有显著差异（$P>0.05$），2013 年 PB 在 B1 和 B11 处理区最高（$P<0.05$），显著高于其他各处理区（$P<0.05$），SH 在 B11 处理区显著高于其他各处理区（$P<0.05$），FB 在 B1 和 B11 处理区最高（$P<0.05$），其他处理区之间没有显著差异，AB 在 B11 处理区最高，显著高于除 B4 处理区外的其他处理区（$P<0.05$）。综上看来，季节休牧对多年生禾草、灌木、半灌木和多年生杂类草盖度影响不明显，全年放牧使盖度有较高值，可能是由于家畜的大面积采食践踏导致植株倒伏，一、二年生草本在春季重牧＋夏季重牧＋秋季休牧处理下有较高值，可能是由于春夏季的高强度放牧使草地优势种减少，秋季休牧后一、二年生草本得以大面积生长。

## 三、群落及功能群地上生物量

季节休牧对草地群落及功能群地上生物量的影响如表 6-21 所示，2010 年 PB 和 SH 在各处理区间没有显著差异（$P>0.05$），FB 在 B11 处理区最高（$P<0.05$），在 B13 处理区最低（$P<0.05$），AB 在各个处理区之间没有显著差异，群落总生物量在 B1 处理区最高，其他处理区间没有显著差异，2011 年 PB 和 SH 在各处理区间没有显著差异（$P>0.05$），FB 在 B4 和 B14 处理区最高（$P<0.05$），在 B3 处理区最低（$P<0.05$），AB 在 B4 处理区最高（$P<0.05$），在 B13 处理区最低（$P<0.05$），群落生物量在 B4 处理区最高（$P<0.05$），在 B3 处理区最低（$P<0.05$），其他处理区间差异不显著，2012 年各功能群以及草地群落地上生物量在各处理区之间没有显著差异（$P>0.05$），2013 年 PB、SH 和 FB 地上生物量在各处理区间没有显著差异（$P>0.05$），AB 在 B4 处理区最高，显著高于其他处理区（$P<0.05$），群落在 B4、B13、B14 处理区和 CK 对照区最高（$P<0.05$），在 B11 处理区最低（$P<0.05$）。

**表 6-21 季节休牧对草地群落及功能群生物量的影响** 单位：$g/m^2$

| 年份 | 处理区 | PB | SH | FB | AB | 总群落 |
|---|---|---|---|---|---|---|
| 2010 | B1 | 14.00 ± 8.28a | 1.65 ± 2.28a | 11.86 ± 6.41ab | 0.92 ± 1.06a | 28.42 ± 12.85a |
| | B2 | 11.97 ± 6.29a | 0.40 ± 0.55a | 7.17 ± 2.99bc | 0.48 ± 0.75a | 20.02 ± 8.46ab |
| | B3 | 13.60 ± 7.79a | 0.35 ± 0.35a | 6.26 ± 2.63bc | 0.77 ± 0.67a | 20.98 ± 5.40ab |
| | B4 | 12.29 ± 8.34a | 0.20 ± 0.37a | 6.20 ± 2.15bc | 1.20 ± 1.13a | 19.89 ± 9.14ab |
| | B11 | 10.58 ± 5.58a | 0.91 ± 2.86a | 14.17 ± 6.80a | 1.09 ± 1.31a | 26.75 ± 9.94ab |
| | B12 | 10.42 ± 5.97a | 0.08 ± 0.19a | 7.6 ± 4.41bc | 0.97 ± 0.82a | 19.06 ± 6.53ab |
| | B13 | 6.47 ± 6.43a | 2.08 ± 2.65a | 5.21 ± 4.53c | 1.25 ± 0.81a | 15.01 ± 10.24b |
| | B14 | 9.66 ± 3.18a | 0.39 ± 0.62a | 8.33 ± 5.44bc | 0.94 ± 1.62a | 19.33 ± 6.57ab |
| | CK | 14.35 ± 8.29a | 0.23 ± 0.34a | 7.68 ± 4.82bc | 3.62 ± 8.71a | 25.88 ± 11.42ab |
| 2011 | B1 | 16.48 ± 6.63a | 1.06 ± 1.38a | 15.25 ± 7.14ab | 21.11 ± 22.02ab | 53.89 ± 21.19ab |
| | B2 | 15.50 ± 6.24a | 1.83 ± 2.66a | 10.80 ± 5.07ab | 15.83 ± 11.87ab | 43.96 ± 14.77bc |
| | B3 | 9.25 ± 7.33a | 1.25 ± 2.62a | 6.12 ± 5.08b | 12.84 ± 11.18b | 29.47 ± 15.17c |
| | B4 | 13.77 ± 8.24a | 1.82 ± 3.43a | 20.23 ± 10.71a | 31.85 ± 25.96a | 67.66 ± 24.67a |
| | B11 | 12.38 ± 5.79a | 3.64 ± 6.58a | 11.39 ± 8.80ab | 21.05 ± 13.20ab | 48.46 ± 23.69abc |
| | B12 | 10.19 ± 5.99a | 2.67 ± 2.41a | 10.34 ± 6.02ab | 14.47 ± 10.08ab | 37.67 ± 8.82bc |
| | B13 | 14.19 ± 5.67a | 1.45 ± 1.47a | 11.98 ± 5.82ab | 8.90 ± 3.83b | 36.53 ± 4.81bc |
| | B14 | 15.55 ± 15.30a | 2.08 ± 2.33a | 21.29 ± 17.51a | 13.83 ± 12.98b | 52.75 ± 18.26ab |
| | CK | 18.23 ± 8.57a | 1.59 ± 1.80a | 18.39 ± 19.32ab | 9.05 ± 7.28b | 47.25 ± 19.16abc |
| 2012 | B1 | 17.94 ± 19.68a | 0.66 ± 1.10a | 23.33 ± 21.62a | 0.38 ± 0.56a | 42.30 ± 33.96a |
| | B2 | 14.38 ± 14.18a | 1.79 ± 1.97a | 25.27 ± 20.07a | 0.04 ± 0.09a | 41.48 ± 34.97a |
| | B3 | 25.3 ± 28.81a | 2.77 ± 5.96a | 17.24 ± 15.70a | 0.19 ± 0.24a | 45.50 ± 42.46a |
| | B4 | 12.36 ± 15.78a | 1.59 ± 2.59a | 25.52 ± 20.91a | 0.25 ± 0.45a | 39.71 ± 32.38a |
| | B11 | 12.23 ± 11.54a | 1.18 ± 3.08a | 24.38 ± 25.30a | 0.56 ± 1.64a | 38.34 ± 34.67a |
| | B12 | 11.04 ± 13.22a | 1.72 ± 3.57a | 15.64 ± 21.48a | 0.43 ± 0.52a | 28.83 ± 36.16a |
| | B13 | 18.54 ± 17.78a | 1.50 ± 1.97a | 22.96 ± 26.28a | 0.28 ± 0.40a | 43.28 ± 42.21a |
| | B14 | 18.10 ± 20.49a | 0.64 ± 1.01a | 17.82 ± 28.42a | 0.63 ± 0.87a | 37.18 ± 44.74a |
| | CK | 19.42 ± 17.06a | 5.81 ± 8.68a | 37.23 ± 32.38a | 0.32 ± 0.70a | 62.78 ± 45.50a |
| 2013 | B1 | 20.88 ± 6.55a | 0.82 ± 1.59a | 18.44 ± 17.58a | 13.54 ± 13.75b | 35.78 ± 27.85b |
| | B2 | 46.82 ± 25.27a | 2.92 ± 4.30a | 18.01 ± 12.88a | 19.70 ± 15.95b | 87.45 ± 36.98ab |
| | B3 | 33.24 ± 22.13a | 1.40 ± 0.70a | 19.89 ± 18.24a | 42.78 ± 26.2b | 97.31 ± 59.62ab |
| | B4 | 24.12 ± 16.88a | 0.82 ± 0.78a | 23.52 ± 17.20a | 75.67 ± 84.58a | 124.13 ± 100.45a |
| | B11 | 22.61 ± 11.95a | 0.70 ± 1.18a | 14.69 ± 4.93a | 19.76 ± 13.16b | 38.5 ± 30.42b |
| | B12 | 52.08 ± 36.73a | 2.77 ± 3.97a | 18.53 ± 12.99a | 20.57 ± 17.6b | 93.95 ± 38.22ab |
| | B13 | 69.67 ± 63.72a | 4.49 ± 7.70a | 11.42 ± 9.25a | 28.19 ± 25.26b | 113.76 ± 82.36a |
| | B14 | 59.47 ± 58.03a | 2.17 ± 3.18a | 28.92 ± 23.66a | 24.03 ± 26.90b | 114.59 ± 81.64a |
| | CK | 68.34 ± 89.91a | 2.50 ± 4.62a | 17.30 ± 10.09a | 22.69 ± 17.87b | 110.83 ± 83.35a |

综上看来，多年生禾草和灌木、半灌木在各处理区之间差异不大，季节休牧对这两种功能群的影响较小，多年生杂类草易在秋季休牧处理中有较高值，说明放牧后进行休牧休养有利于多年生杂类草地上生物量的增加，一、二年生草本在季节休牧各处理区中有差别，在季节休牧＋重度放牧处理下地上生物量有较高值，可能是因为高强度的放牧使得优势植物种类和数量减少，一、二年生草本得以有足够空间迅速生长，各季节休牧处理对草地植物总群落的地上生物量影响差异不大，对比全年放牧处理更加稳定，说明季节休牧对草地植物总群落的稳定与良好生长有促进作用。

## 四、群落 α 多样性

季节休牧对植物群落 α 多样性如表 6-22 所示。2010 年 Margarlef 丰富度指数在 B11 最高（$P<0.05$），在 B14 最低（$P<0.05$），其他处理间没有显著差异（$P>0.05$），Shannon-Wiener 多样性指数和 Pielou 均匀度指数在各处理区之间没有显著差异（$P>0.05$），2011 年 Margarlef 丰富度指数在 B13 最高（$P<0.05$），在 B3、B4、B11 和 B14 处理区最低（$P<0.05$），Shannon-Wiener 多样性指数在 B13 最高，显著高于除 B12 处理区之外的其他处理区（$P<0.05$），Pielou 均匀度指数在 B13 最高（$P<0.05$），B3 处理区最低（$P<0.05$），2012 年 Margarlef 丰富度指数和 Shannon-Wiener 多样性指数在各个处理区之间没有显著差异，Pielou 均匀度指数在 B11 处理区最高（$P<0.05$），在 B13 处理区最低（$P<0.05$），2013 年 Margarlef 丰富度指数在 B2 和 B14 最高（$P<0.05$），在 B11 最低（$P<0.05$），Shannon-Wiener 多样性指数在各处理区之间没有显著差异，Pielou 均匀度在 B4 处理区最低，显著低于除 B3 处理区外的其他处理区（$P<0.05$）。综上看来，Margarlef 丰富度指数在季节休牧＋轻度放牧处理下有稳定较高值，说明 Margarlef 丰富度指数受放牧强度影响较大，春季休牧＋夏季轻牧＋秋季轻牧和春季轻牧＋夏季休牧＋秋季轻牧处理中，草地植物生长良好，丰富度指数较高，效果最好，Shannon-Wiener 多样性指数在春季休牧＋夏季轻牧＋秋季轻牧和春季轻牧＋夏季休牧＋秋季轻牧处理中有较高值，Pielou 均匀度指数在春季休牧＋夏季轻牧＋秋季轻牧处理区中有稳定的较高值，由以上 3 个指数可以看出，休牧时间和放牧的强度安排对植物群落的多样性作用较大，春季休牧＋夏季轻牧＋秋季轻牧处理效果最好。

**表 6-22　季节休牧对植物群落 α 多样性的影响**

| 年份 | 处理区 | 丰富度指数 | 多样性指数 | 均匀度指数 |
|---|---|---|---|---|
| 2010 | B1 | 1.54 ± 0.31ab | 1.86 ± 0.13a | 0.92 ± 0.02a |
| | B2 | 1.33 ± 0.18abcd | 1.71 ± 0.04a | 0.93 ± 0.04a |
| | B3 | 1.29 ± 0.45bcd | 1.78 ± 0.26a | 0.92 ± 0.03a |
| | B4 | 1.17 ± 0.39cd | 1.66 ± 0.26a | 0.94 ± 0.04a |
| | B11 | 1.67 ± 0.34a | 1.91 ± 0.18a | 0.93 ± 0.02a |
| | B12 | 1.44 ± 0.33abc | 0.00 ± 0.00a | 0.00 ± 0.00a |
| | B13 | 1.36 ± 0.42abcd | 0.00 ± 0.00a | 0.00 ± 0.00a |
| | B14 | 1.07 ± 0.55d | 0.74 ± 1.04b | 0.92 ± 0.00a |
| | CK | 1.41 ± 0.22abcd | 1.81 ± 0.13a | 0.93 ± 0.03a |
| 2011 | B1 | 1.67 ± 0.27ab | 1.92 ± 0.16bc | 0.90 ± 0.03ab |
| | B2 | 1.69 ± 0.28ab | 1.84 ± 0.18bc | 0.87 ± 0.04bc |
| | B3 | 1.56 ± 0.50b | 1.72 ± 0.31c | 0.84 ± 0.05c |
| | B4 | 1.55 ± 0.27b | 1.85 ± 0.08bc | 0.88 ± 0.04bc |
| | B11 | 1.58 ± 0.44b | 1.86 ± 0.34bc | 0.89 ± 0.07abc |
| | B12 | 1.81 ± 0.25ab | 2.02 ± 0.14ab | 0.91 ± 0.04ab |
| | B13 | 2.06 ± 0.30a | 2.23 ± 0.10a | 0.94 ± 0.02a |
| | B14 | 1.60 ± 0.14b | 1.92 ± 0.02bc | 0.90 ± 0.03ab |
| | CK | 1.66 ± 0.51ab | 1.93 ± 0.25bc | 0.92 ± 0.02ab |
| 2012 | B1 | 1.64 ± 0.46a | 1.76 ± 0.25a | 0.88 ± 0.04abc |
| | B2 | 2.11 ± 0.64a | 1.98 ± 0.27a | 0.88 ± 0.04abc |
| | B3 | 1.96 ± 0.30a | 1.96 ± 0.12a | 0.89 ± 0.04abc |
| | B4 | 2.17 ± 0.33a | 2.08 ± 0.11a | 0.90 ± 0.02abc |
| | B11 | 1.59 ± 0.20a | 1.91 ± 0.09a | 0.92 ± 0.03a |
| | B12 | 1.99 ± 0.47a | 2.06 ± 0.20a | 0.91 ± 0.03ab |
| | B13 | 1.65 ± 0.49a | 1.77 ± 0.37a | 0.85 ± 0.09c |
| | B14 | 1.92 ± 0.04a | 1.88 ± 0.00a | 0.86 ± 0.00bc |
| | CK | 1.85 ± 0.33a | 1.99 ± 0.16a | 0.91 ± 0.03abc |
| 2013 | B1 | 1.57 ± 0.37bc | 1.89 ± 0.15a | 0.92 ± 0.02a |
| | B2 | 2.09 ± 0.57a | 2.03 ± 0.27a | 0.92 ± 0.03a |
| | B3 | 1.74 ± 0.45abc | 1.86 ± 0.25a | 0.90 ± 0.05ab |
| | B4 | 1.66 ± 0.20abc | 1.84 ± 0.18a | 0.87 ± 0.05b |
| | B11 | 1.37 ± 0.18c | 1.91 ± 0.09a | 0.92 ± 0.03a |
| | B12 | 2.03 ± 0.26ab | 2.08 ± 0.11a | 0.93 ± 0.02a |
| | B13 | 1.88 ± 0.44ab | 1.97 ± 0.19a | 0.92 ± 0.03a |
| | B14 | 2.10 ± 0.48a | 1.99 ± 0.16a | 0.93 ± 0.01a |
| | CK | 1.78 ± 0.44abc | 1.93 ± 0.31a | 0.92 ± 0.07a |

## 五、小结

功能群是对环境资源利用和生态位需求相似的植物组（Keddy et al.，1992），把环境、植物和生态系统的结构、过程与功能结合起来（Tilman et al.，1997），从而使研究更为方便简洁，本试验主要研究了短花针茅草原功能群盖度、群落及功能群地上生物量对季节休牧的响应，结果表明季节休牧各处理对多年生禾草、灌木、半灌木和多年生杂类草盖度影响差异不大，对一、二年生草本影响较明显，特别是在春季重牧 + 夏季重牧 + 秋季休牧处理下有较高值，原因是重度放牧下，优势功能群逐渐减少使得一、二年生草本得以大面积生长，这也与郑伟的结论相似（马建军等，2012）。

地上生物量方面，季节休牧处理对多年生禾草、灌木半灌木、多年生杂类草和总群落的地上生物量影响差别不大，而且比全年放牧处理更为稳定，一、二年生草本在季节休牧 + 重度放牧处理中有较高值，说明过度放牧会影响草地各功能群的比例，但适合的放牧方式能够改善草地环境的组成，使草地更健康稳定地发展，这与刘伟和高伟得出的结论相一致（刘伟等，1999；高伟等，2010）。同时功能群之间也有相互补偿的功能，试验中，同一处理区里当多年生杂类草生物量降低时，一、二年生草本的生物量会上升，使总群落的地上生物量一直保持比较稳定的值，这也与白永飞和陈佐忠的研究结果相一致。

群落多样性是生物多样性的重要组成部分，研究植物群落多样性的结构、功能及动态变化对认识及保护一个地区生物多样性具有重要意义。α 多样性即物种多样性，指物种的种类与数量的丰富程度，是一个区域或者一个生态系统可以测定的生物学特征（王献溥等，1994；王伯荪等，1997），丰富度指数反映群落内植物种类的多少，多样性反映群落内植物种群与环境的关系（Haynes，1986），均匀度则反映群落中各个种类的个体数量的分配比例（周纪伦等，1992）。本试验采用 Margarlef 丰富度指数、Shannon-Wiener 多样性指数和 Pielou 均匀度指数进行群落多样性分析，尽可能避免单一指标带来的偏差。群落的 Margarlef 丰富度指数越大，指示植物群落物种丰富程度越高（刘惠芬等，2004），有学者认为群落物种的丰富度和多样性程度越大，物种对生境的分割程度就越高，因而群落物种的多样性同丰富度与均匀度并不一致，反而呈相反趋势，所以丰富度增大会导致群落物种均匀度降低（Hooper et al.，1998）。

多样性是群落稳定的前提，涉及自然资源的利用，农业生产以及社会的发展，现已成为现代生态学的重要课题。群落物种的多样性直接影响了生态系统内部所具有的一定自动调节能力（张继义等，2010），多样性越高，自动调节能力越强，某个物种的消亡立刻会有其他物种来补充其在生态系统中的作用，但是，多样性高的群落一旦被破坏，恢复就很困难，如雨林生态系统。相反，如果多样性低，生态系统内自动调节能力就越弱，生态系统很容易崩溃，但是同样很容易在短期内重建，休牧当年没有明显变化。试验已进行了四年，已经体现出一定的规律性，在季节休牧＋轻度放牧处理区，特别是春季休牧＋夏季轻牧＋秋季轻牧处理区 Margarlef 丰富度指数与 Shannon-winnie 多样性指数较高，Pielou 均匀度指数在春季休牧＋夏季轻牧＋秋季轻牧处理区有较高值。在季节性休牧的处理中，春季休牧＋夏季轻牧＋秋季轻牧处理有效地平衡了群落内各种群的地位，相应地增加了种群数及个体数，多样性稍有增加，原因是放牧抑制了优势种的竞争能力，导致弱势物种的入侵和定居，群落的物种多样性也有一定程度的增加，休牧又较好地保证了植物的修复与健康生长，而重度放牧处理区在连续高强度的放牧下，群落内适口性良好的牧草被过度啃食很难再生，在群落中逐渐消失，多样性下降，这与袁建立等（2004）的研究结果相似。

## 第四节　季节休牧对草原群落营养物质的影响

草地牧草的营养成分主要决定了牧草的营养价值和草地资源的品质，其主要受环境和自身发育阶段的影响。而从利用角度方面看，放牧强度和放牧季节等人为因素都会影响牧草贮藏养分含量及草地生产力大小。闫凯等（2011）研究指出，随着放牧强度的增加，牧草中粗蛋白质的含量逐渐增大，而中性洗涤纤维的含量呈下降的趋势，酸性洗涤纤维的含量在极重度放牧下有最高值，但此时的牧草的利用后消化率最低。汪诗平等（1997，2003）的研究也得到了相似的结论，在放牧的中后期，牧草中粗蛋白质含量随着放牧强度的增大而增加。同时研究还表明，较轻放牧强度下随放牧季节的后移，粗蛋白质含量明显下降，但在其他放牧强度下则无明显的季节性变化。刘颖等（2001）研究表明，在放牧率不同的放牧区，小花碱茅茎基部和叶中的氮含量均高于对照区，放牧率大的处理区氮含量有最高值，这说明放牧对牧草营养价值的提高具有一定的促进作用。章祖同等

（1990）认为，季节的变化使牧草木质化程度对粗纤维含量存在显著影响，使其营养价值随着牧草木质化程度的提高显著降低。杨志明等（2005）研究表明，草地牧草生长会随放牧强度的增加而减弱，特别是适口性好的优良牧草的减弱程度是最明显的。

李金花等（2003）通过对星毛委陵菜和冷蒿养分含量的研究中表明，牧草中的全磷含量受放牧强度的影响显著，与较重度放牧区相比，茎秆中的全磷含量在轻度和中度放牧区相对较高。韩建国等（2000）对新麦草人工草地进行了试验研究，结果表明，中牧区有利于提高新麦草粗蛋白质含量，减小中性洗涤纤维和酸性洗涤纤维含量，使新麦草的产草量和品质得到提高和改善。王艳芬等（1999）研究指出，随着放牧时间的后移，牧草中粗蛋白质含量会随放牧率的增大而增加，轻放牧率处理下粗蛋白质含量明显下降，粗纤维和粗灰分含量都随着放牧率的增大而增加，粗脂肪含量的变化无明显规律性。

对天然草地而言，随放牧时间和放牧率的变化均会引起牧草营养价值的变化，除植物生长所必需的时间与空间条件外，草地的利用程度成为影响植物营养成分含量甚至影响家畜生产性能重要因素（汪诗平等，1998；董全民等，2007）。Ball 等（1978）研究表明，草地牧草的养分含量在季节变化中差异很大，蛋白质含量在生长早期较高，随着植物的生长逐渐降低。Veiga 等（1984）研究指出，草茎叶中 CP 含量随着放牧强度的增加而升高。Christiansen 等（1988）指出，重度放牧条件下的牧草叶量丰富，品质最佳。Heitschmidt 等（1987）研究认为由于轮牧对产草量和植被组成影响不大，导致轮牧条件下放牧率对牧草品质无明显影响。由于放牧通过改变植物种类组成及其比例而对牧草品质造成了影响，同时因不同牧草的品质差别，就形成了不同放牧强度下草场的品质存在较大的差异。Heitschmidt 等（1989）研究发现，不同的牧草对放牧强度的反应不太一致，重牧的草地有较少的凋落物，重牧草地牧草的质量较适牧条件下的高。在短期的放牧处理中，牧草中粗蛋白质含量 CP 和消化率都没有受到影响（Mosley et al.，1990；Kirby et al.，1989）。

## 一、粗蛋白质

粗蛋白质变化如图 6-1 所示，各处理区之间没有显著差异，B1 处理区最高，其次是 B12 处理区，全年重度放牧含量最高，可能是由于家畜的大量采食促进了植被的重新生长，新长出的部分粗蛋白质含量高，春季休牧＋夏季轻牧＋秋季轻牧处理让植物在发芽阶段被保护起来，休牧结束后适当的采食都使得该处理区有较高值，春季休牧＋夏季重牧＋秋季重牧处理和春季轻牧＋夏季休牧＋秋季轻牧处理粗蛋白质含量较低，说明重度放牧会影响植物粗蛋白质含量，而轻度放牧下采取夏季休牧不利于植物粗蛋白质的积累。

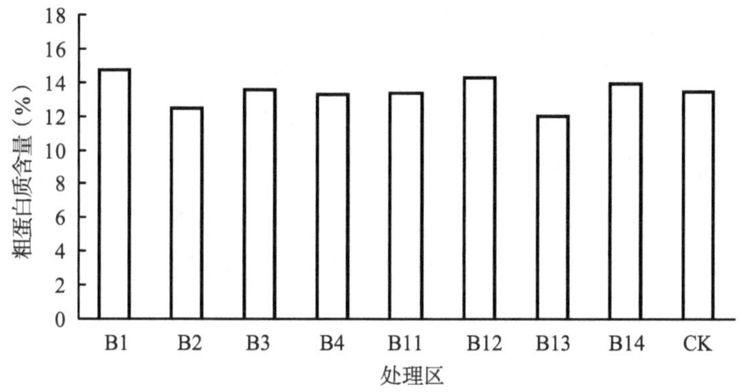


**图 6-1　不同处理区群落粗蛋白质含量变化**

## 二、粗脂肪

粗脂肪含量变化如图 6-2 所示，B14 处理区最高，其次是 B2 和 B12 处理区，B3 处理区最低，春季轻牧＋夏季轻牧＋秋季休牧处理中粗脂肪含量高可能是由于秋季植物开花结籽，开始枯萎，加上休牧下植被数量和种类多，粗脂肪含量也就比其他处理高，同时春季休牧＋夏季重牧＋秋季重牧处理和春季休牧＋夏季轻牧＋秋季轻牧处理粗脂肪含量也较高，说明春季休牧有利于植物粗脂肪

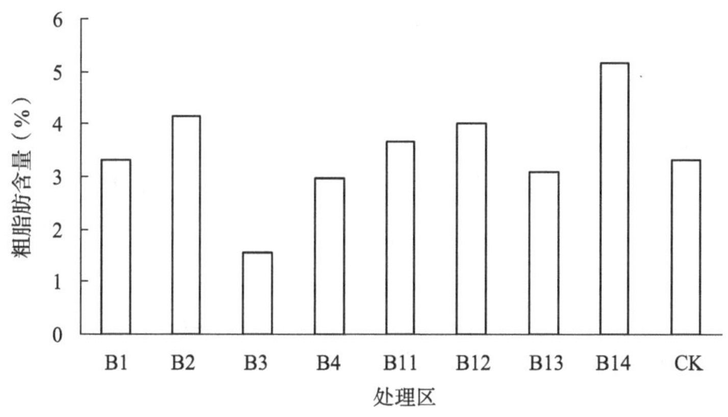


**图 6-2　不同处理区群落粗脂肪含量动态变化**

的积累。

## 三、纤维

中性洗涤纤维（NDF）含量如图 6-3 所示，B11、B13 和 B14 处理区含量较高，B12 含量最低，说明轻度放牧更有利于植物纤维的积累，但春季休牧 + 夏季轻牧 + 秋季轻牧处理会使植物纤维含量降低，春季休牧 + 夏季重牧 + 秋季重牧处理较之更有利于植物纤维含量的增加。酸性洗涤纤维（ADF）含量如图 6-4 所示，B11 处理区最高，B4 处理区最低，除 B11 之外，各处理之间的含量相差不大，说明季节休牧对纤维含量的影响不大，比较而言，春季休牧 + 夏季重牧 + 秋季重牧处理更适合实际情况。综上看来，植物 NDF 与 ADF 含量变化相似，春季休牧 + 夏季重牧 + 秋季重牧处理更有利于植物纤维含量的积累。

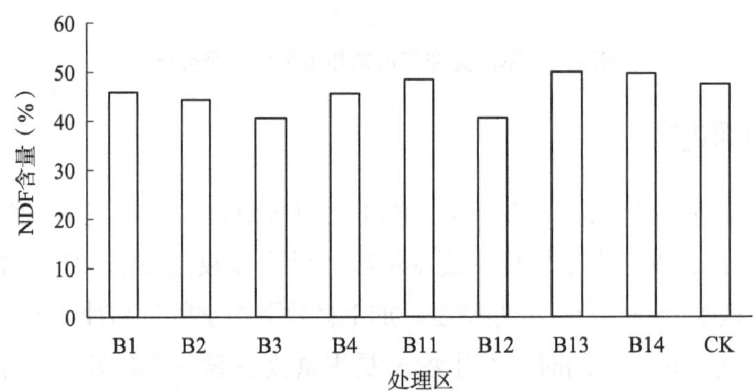


**图 6-3　不同处理区群落中性洗涤纤维含量动态变化**

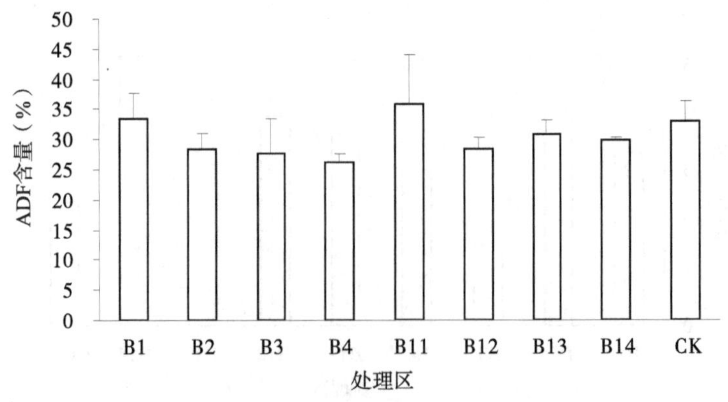


**图 6-4　不同处理区群落酸性洗涤纤维含量动态变化**

## 四、有机质

有机质含量如图 6-5 所示，B12 处理区最高，其次是 B14 处理区，其他处理区之间差别不大，说明春季休牧 + 夏季轻牧 + 秋季轻牧处理有利于植物有机质含量的积累，连续放牧和重度放牧都会影响植物的有机质含量。

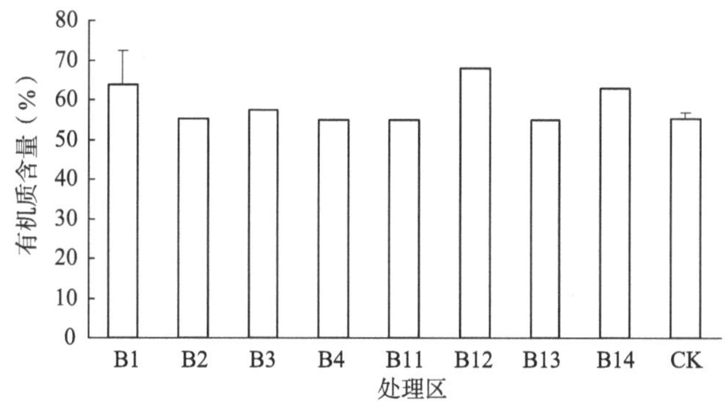


**图 6-5　不同处理区群落有机质含量动态变化**

## 五、粗灰分

粗灰分变化如图 6-6 所示，B13 处理区最高，其次是 B11 处理区，B2 和 B12 处理区也有较高值，说明轻度放牧有利于植物粗灰分的积累，而春季休牧下植物体内粗灰分含量变化不大，春季休牧 + 夏季重牧 + 秋季重牧处理更合适。

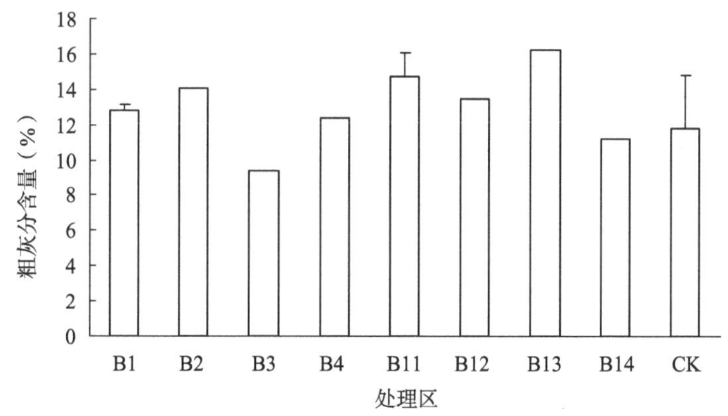


**图 6-6　不同处理区群落粗灰分含量变化**

## 六、钙

钙含量变化如图 6-7 所示，B12 处理区最高，其次是 B11 处理区，说明春季休牧 + 夏季轻牧 + 秋季轻牧处理有利于植物钙含量的积累，原因是在植物发芽时期休牧以及适当的放牧强度对草地植物生长有促进作用。

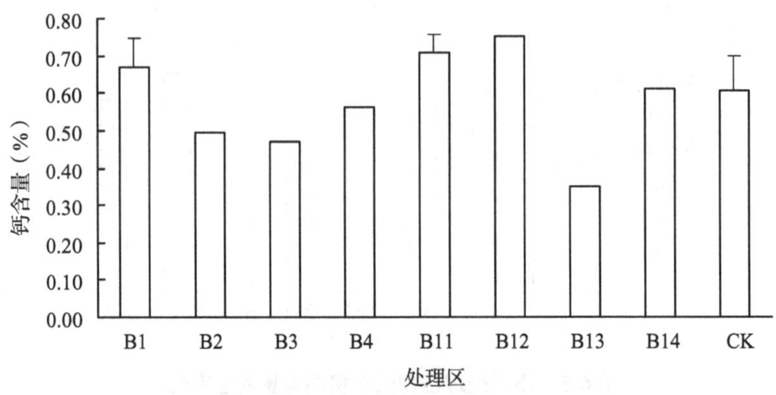


**图 6-7　不同处理区群落钙含量变化**

## 七、磷

磷变化如图 6-8 所示，季节休牧处理区间含量相差不大，B13 处理区稍低，B1 处理区最低，说明同时期内放牧处理对植物磷含量的影响不大，季节休牧有利于植物磷含量的积累。

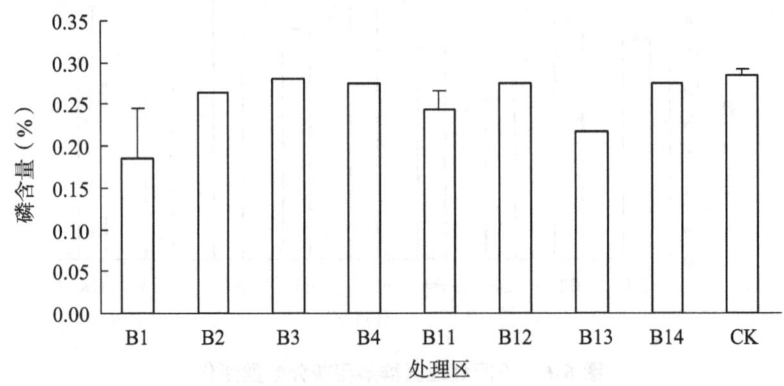


**图 6-8　不同处理区群落磷含量变化**

## 八、小结

草地植物营养价值的高低，是影响草地资源品质的重要因素，季节休牧和放牧强度都会影响草地植物养分的贮藏。试验中，春季休牧对植物营养物质的含量影响较为明显，粗蛋白质、粗脂肪、有机质和钙含量在春季休牧＋夏季轻牧＋秋季轻牧处理中有较高值，可能是由于在生长早期休牧，让植物得以充分生长，后期轻度放牧也没有让这些营养物质太过减少，这与汪诗平等（2003）的结论相似，纤维、粗灰分在春季休牧＋夏季重牧＋秋季重牧处理中有较高值，王艳芬等（1999）也有类似结论，随放牧时期的后移，粗纤维和粗灰分的含量会随着放牧率的增大而增加，磷含量在两种处理中差异不大，总体看来，春季休牧处理有利于植物营养物质的积累，在保证一定放牧家畜数量的同时，也能保证草地植物有较高的营养物质含量。

第七章

# 荒漠草原划区轮牧技术研究

人类对草地的利用已有悠久的历史，在 7 000~10 000 年以前，人类开始驯养牲畜的时候，也就开始了对草地的利用。世界陆地总面积大约 25% 被划为放牧草地（Hodgson et al.，1990），草地为反刍家畜提供大约 70% 的饲草（Holechek et al.，1989；Hodgson et al.，1990）。中国是个草地资源大国，草地面积 4 亿 $hm^2$，约占国土面积的 41%（廖国藩等，1996）。随着生产力的发展，人口数量的增加，人类对草地的利用强度逐渐加大，加之长期不合理利用，草地退化亦愈来愈严重，我国 90% 的可利用天然草地发生不同程度的退化，其中覆盖度降低、沙化、盐渍化中度以上明显退化的草地面积已占退化草地面积的 50%，"三化"面积仍以每年 200 万 $hm^2$ 的速度增加，天然草地面积却每年减少 65 万 ~70 万 $hm^2$。伴随着草地退化，天然草地牧草产量不断下降，20 世纪 90 年代与 60 年代初相比，北方天然草地产草量下降 30%~50%，载畜能力降至原来的 30%~50%。随着天然草地的日益减小，牲畜数量的日益增加，终年用于放牧的天然草地还将进一步退化。草地退化使草原生态环境日趋恶化，气候旱化、沙暴迭起，鼠虫害肆虐，黑白灾等生态危害日益加剧，已成为制约草地畜牧业及社会经济可持续发展的主要"瓶颈"。内蒙古天然草地面积辽阔，总面积 7 880 万 $hm^2$（章祖同等，1990），是我国草地资源的重要组成部分，草地的退化和生态环境的日趋恶化，已对广大牧民的生产和生活构成严重威胁，也对西北、华北乃至全国的生态环境安全构成严重威胁。

目前，内蒙古在退化草地、草地生态环境治理与建设方面给予了高度的重视。在草地植被建设，诸如人工草地、高产饲料基地、半人工草地建设、草地补（飞）播、围栏封育等方面注入了大量的资金、人力和物力，取得了很大成绩，在减缓草地放牧压力和解决牧区饲草料供给上发挥了重要作用。但是，这些草地建设措施只能在广大草原极其有限的范围内进行，且耗资大，成功与否受各种条件和自然因素影响大。所以，草地合理利用依然是一个根本性措施。草地合理利用一方面可以使草地有一个“休闲”期，使其恢复生机；另一方面还可以发挥植物超补偿生长优势，从而改善草地植被状况和土壤状况，促进草地生态系统良性循环和草地环境保护。草地合理利用的关键是草地利用制度的改革。目前，草地经营机制已发生了根本性变革，大部分天然草地已承包到户，实行以划区轮牧，草地禁牧为主的集约化经营利用草地已势在必行。

早在 1760 年《农学家—农民的词典》（法）首次对轮牧一词进行了阐述，1798 年欧洲学者描述了划区轮牧制度，1887 年南非开始倡导划区轮牧。1895 年美国的 Jared Smith 建议通过轮牧来改善美国南部大平原的草地状况，并得到了一些学者的试验数据的支持。19 世纪末美国把划区轮牧作为改良草地的一种主要措施进行研究，许多研究表明，划区轮牧可以提高草地牧草产量和家畜生产，能够改良草地，防止草地退化。近年的研究表明，划区轮牧是通过提高载畜率来提高单位面积草地的家畜生产，只有在高载畜率或牧草短缺的情况下，划区轮牧才显示出其优越性。目前在欧洲、非洲及美洲湿润地区、新西兰的研究认为，划区轮牧优于连续放牧。并在划区轮牧基础上发展了很多的特殊草地利用制度，成为现代集约化畜牧业经营草地利用的基本制度。而在澳大利亚、美国干旱地区的研究认为，划区轮牧和连续放牧没有什么差别，甚至划区轮牧不及连续放牧。有关放牧制度的作用机理迄今尚无一个统一认识，而且不同地区的试验得出不同的结果。因此，需要从放牧生态学角度进行深入系统的研究。关于禁牧国外资料早有报道，并将其引入划区轮牧制中，形成休闲轮牧和延迟轮牧等放牧制度。

我国草地划区轮牧研究起步较晚，20 世纪 50 年代初开始进行研究，80 年代以来，由于草畜矛盾的逐渐突出及草地的日益退化，国内对草地划区轮牧的研究渐渐增多，大多数为试验性理论研究和探索性研究。我国在荒漠草原、典型草原、高寒草原及南方草山草坡进行了一些划区轮牧试验，大多数从理论上肯定了划区轮牧的优越性，但结合草地畜牧业生产的应用研究却很少。我国北方草原放牧方式以定居式自由放牧为主。虽然在生产实践中存在许多改进的形式，如季节营地放牧、就地宿营放牧、抓膘放牧等，但基本放牧制度还是“无计划”或“少计划”放牧。20 世纪 80 年代以来，随着牧区“双承包”责任制的不断落实，家庭牧场成为畜牧业生产经营的基本单位。这一举措有力地调动了广大牧民发展生产和建设草地的积极性，但也给草地利用带来了新的问题。一方面，牲畜数量不断增加，增大了草地的放牧压力，使草地超载过牧，加速了草地退化。另一方面，大多数牧民的草地合理利用和持续经营的理念、知识及技术水平不能满足现行家庭牧场这种经营机制的要求，在草地利用方面存在一定的盲目性，经营管理水平较低。目前，草畜的供需矛盾及草地的过度利用导致的草地严重退化问题已尖锐地摆在人们面前。因此，寻求一种合理的放牧制度在不影响牧民生活水平的前提下，加强草地管理，维持草畜平衡，改善草地状况，防止草地退化，使得畜牧业经济与草地生态建设协调发展，显得十分重要。在我国现行草地生产条件下，探讨家庭牧场划区轮牧及禁牧技术系统，研究草、土、畜的相互关系，用研究成果指导生产实践，对草地生态环境的健康和安全，草地畜牧业的可持续发展与草地资源的可持续利用具有十分深远的意义。

# 第一节　荒漠草原主要植物种群及群落动态

## 一、高度

由表 7-1 可知，2000 年短花针茅、无芒隐子草在草群中的高度 3 个处理间无显著差异（$P>0.05$）；2002 年这两个主要植物种群的高度轮牧区和对照区均显著高于自由放牧区（$P<0.05$），碱韭高度两年间轮牧区显著高于自由放牧区（$P<0.05$），糙隐子草高度 2000 年及 2002 年两放牧处理间差异不显著（$P>0.05$）。2002 年冷蒿在自由放牧区高度显著高于轮牧区（$P<0.05$）。

**表 7-1　荒漠草原主要植物种群高度**　　单位：cm

| 种群 | 2000 年 | | | 2002 年 | | |
|---|---|---|---|---|---|---|
| | RG | CG | CK | RG | CG | CK |
| 短花针茅 | 6.94a | 8.25a | 9.16a | 8.84a | 5.80b | 9.16a |
| 无芒隐子草 | 6.95a | 5.23a | 3.37b | 4.67a | 2.20b | 4.39a |
| 碱韭 | 6.96a | 4.11b | 2.31b | 11.38a | 5.25b | 10.17a |

（续表）

| 种群 | 2000 年 | | | 2002 年 | | |
|---|---|---|---|---|---|---|
| | RG | CG | CK | RG | CG | CK |
| 糙隐子草 | 6.970a | 6.63a | 6.37a | 4.61b | 4.43b | 6.30a |
| 银灰旋花 | 6.980a | 0 | 4.14a | 3.44b | 3.12b | 5.13a |
| 木地肤 | 6.990a | 5.25a | 4.74a | 4.55b | 0.60c | 15.40a |
| 细叶葱 | 6.100a | 13.47a | 9.99b | 10.13a | 4.50b | 9.70a |
| 阿尔泰狗娃花 | 6.101a | 6.04b | 11.30a | 3.60ab | 3.25b | 4.20a |
| 细叶薹草 | 6.102a | 6.10b | 12.67a | 8.51a | 4.75b | 9.08a |
| 冷蒿 | 6.103a | 1.50a | 0 | 0 | 1.57a | 0 |
| 戈壁天冬 | 6.104a | 5.30b | 0 | 4.09a | 2.88a | 0 |
| 兔唇花 | 6.105a | 5.75a | 0 | 3.00a | 3.00a | 0 |
| 蒙古韭 | 6.106a | 7.40a | 0 | 13.40a | 6.29b | 0 |
| 寸草薹 | 6.107a | 7.75b | 9.00a | 8.50b | 7.50b | 10.21a |
| 乳白花黄芪 | 6.108a | 5.19a | 4.25b | 4.00a | 1.18b | 0 |
| 狭叶锦鸡儿 | 6.109a | 0 | 8.99a | 5.90a | 0 | 5.41a |
| 栉叶蒿 | 6.110a | 17.10b | 22.70a | 14.04a | 2.75b | 14.57a |
| 猪毛菜 | 6.111a | 3.69a | 1.50b | 4.07a | 1.50b | 3.73a |
| 茵陈蒿 | 6.112a | 11.06a | 8.46b | 7.31a | 2.30b | 0 |
| 狗尾草 | 6.113a | 6.25a | 0 | 0 | 4.40a | 0 |
| 冠芒草 | 6.114a | 4.95ab | 5.58a | 4.50b | 5.16ab | 6.85a |
| 虱子草 | 6.115a | 2.92a | 0 | 1.40b | 2.82a | 0 |

## 二、盖度

短花针茅盖度（表 7-2）两年间两放牧处理间无显著差异（$P>0.05$），无芒隐子草 2000 年和 2002 年轮牧区与对照区显著高于自由放牧区（$P<0.05$），碱韭试验期间轮牧区显著高于自由放牧区（$P<0.05$），糙隐子草 2000 年轮牧区显著高于自由放牧区（$P<0.05$），2002 年二者无显著差异（$P>0.05$）。狗尾草、冠芒草、虱子草等杂类草或一年生植物在自由放牧区的盖度均显著高于轮牧区和对照区（$P<0.05$）。群落总盖度 2000 年自由放牧区和对照区显著高于轮牧区（$P<0.05$），2002 年轮牧区和对照区显著高于自由放牧区（$P<0.05$）。

**表 7-2　荒漠草原群落及主要植物种群盖度**　　单位：%

| 种群 | 2000 年 | | | 2002 年 | | |
|---|---|---|---|---|---|---|
| | RG | CG | CK | RG | CG | CK |
| 短花针茅 | 3.48[a] | 2.50[a] | 3.80[a] | 2.56[a] | 2.89[a] | 1.62[a] |
| 无芒隐子草 | 6.85[a] | 3.90[b] | 6.80[a] | 5.90[a] | 3.41[b] | 6.30[a] |
| 碱韭 | 2.68[a] | 0.71[b] | 1.18[ab] | 4.39[a] | 0.22[c] | 2.55[b] |
| 糙隐子草 | 3.28[b] | 0.77[c] | 6.10[a] | 2.56[a] | 2.01[a] | 2.89[a] |
| 银灰旋花 | 2.68[b] | 0 | 8.20[a] | 0.51[b] | 0.05[b] | 1.98[a] |
| 木地肤 | 0.20[b] | 0.33[ab] | 0.54[a] | 0.11[a] | 0.02[b] | 0.36[a] |
| 细叶葱 | 0.21[b] | 0.36[a] | 0.23[ab] | 0.10[b] | 0.23[a] | 0.24[a] |
| 阿尔泰狗娃花 | 0.02[b] | 2.95[a] | 0.02[b] | 0.01[a] | 0.03[a] | 0 |
| 细叶薹草 | 0.20[b] | 0.10[a] | 0.15[a] | 0.20[a] | 0.25[ab] | 0.11[b] |
| 冷蒿 | 0 | 0.20[a] | 0 | 0 | 0.40[a] | 0 |
| 戈壁天冬 | 0.08[b] | 0.61[a] | 0 | 0.02[b] | 0.08[a] | 0 |
| 兔唇花 | 0.01[b] | 0.12[a] | 0 | 0 | 1.12[a] | 0 |
| 蒙古韭 | 0.01[b] | 0.10[a] | 0 | 0.01[b] | 0.12[a] | 0 |
| 寸草薹 | 0.41[a] | 0.14[b] | 0.02[c] | 0.02[b] | 0.07[a] | 0.03[b] |
| 乳白花黄芪 | 0.10[b] | 0.78[a] | 0.15[b] | 0.01[b] | 0.26[a] | 0 |
| 狭叶锦鸡儿 | 0.17[b] | 0 | 0.59[a] | 0.04[b] | 0 | 0.20[a] |
| 栉叶蒿 | 1.65[c] | 8.18[a] | 5.65[b] | 1.67[b] | 1.01[b] | 3.23[a] |
| 猪毛菜 | 0.06[b] | 3.12[a] | 0.02[b] | 0.04[a] | 0.02[a] | 0 |
| 茵陈蒿 | 0.23[b] | 1.38[a] | 0.22[b] | 0.02[a] | 0.01[a] | 0 |
| 狗尾草 | 0 | 0.30[a] | 0 | 0 | 0.12[a] | 0 |
| 冠芒草 | 0.16[b] | 6.84[a] | 0.10[b] | 0.15[b] | 1.30[a] | 0.11[b] |
| 虱子草 | 0.05[b] | 0.39[a] | 0 | 0.04[b] | 0.40[a] | 0 |
| 总盖度 | 22.53 | 33.78 | 33.77 | 18.36 | 14.02 | 19.62 |

## 三、密度

两放牧处理短花针茅密度（表 7-3）试验的第一年差异不显著（$P>0.05$），至第三年自由放牧区显著高于轮牧区（$P<0.05$），无芒隐子草 2000 年和 2002 年轮牧区与对照区显著高于自由放牧区（$P<0.05$），碱韭单位面积数量始终是轮牧区显著高于自由放牧区（$P<0.05$），同时自由放牧区冷蒿 2002 年较 2000 年密度有所增加。

表 7-3 荒漠草原主要植物种群密度 单位：丛 /m$^2$；株 /m$^2$

| 种群 | 2000 年 | | | 2002 年 | | |
|---|---|---|---|---|---|---|
| | RG | CG | CK | RG | CG | CK |
| 短花针茅 | 6.49[a] | 7.50[a] | 3.90[b] | 3.84[b] | 7.40[a] | 2.40[b] |
| 无芒隐子草 | 24.90[a] | 14.60[b] | 27.50[a] | 15.57[a] | 10.70[b] | 18.70[a] |
| 碱韭 | 18.75[a] | 6.70[b] | 10.20[b] | 14.56[a] | 2.70[b] | 15.10[a] |
| 糙隐子草 | 19.42[b] | 4.00[c] | 28.10[a] | 10.00[ab] | 7.35[b] | 12.90[a] |
| 银灰旋花 | 20.78[b] | 0 | 55.50[a] | 15.63[b] | 4.30[c] | 37.40[a] |
| 木地肤 | 0.64[b] | 1.70[a] | 1.10[ab] | 0.64[a] | 0.20[b] | 0.70[a] |
| 细叶葱 | 4.43[b] | 8.80[a] | 5.10[ab] | 9.66[b] | 12.23[a] | 12.30[a] |
| 阿尔泰狗娃花 | 0.06[b] | 13.00[a] | 0.10[b] | 0.29[b] | 0.80[a] | 0.10[b] |
| 细叶薹草 | 5.30[a] | 3.08[b] | 3.70[b] | 5.76[b] | 7.60[a] | 2.20[c] |
| 冷蒿 | 0 | 0.50[a] | 0 | 0 | 2.23[a] | 0 |
| 戈壁天冬 | 0.35[b] | 3.20[a] | 0 | 0.28[b] | 1.40[a] | 0 |
| 兔唇花 | 0.05[b] | 0.05[a] | 0 | 0.03[b] | 19.30[a] | 0 |
| 蒙古韭 | 0.02[b] | 1.40[a] | 0 | 0.08[b] | 2.50[a] | 0 |
| 寸草薹 | 6.67[a] | 2.50[b] | 0.40[c] | 0.24[b] | 3.99[a] | 0.46[b] |
| 乳白花黄芪 | 1.56[c] | 4.80[a] | 2.80[b] | 0.04[b] | 4.80[a] | 0 |
| 狭叶锦鸡儿 | 1.11[b] | 0 | 3.70[a] | 0.64[b] | 0 | 2.60[a] |
| 栉叶蒿 | 9.93[c] | 104.70[a] | 29.80[b] | 35.50[b] | 33.70[b] | 136.80[a] |
| 猪毛菜 | 0.91[b] | 67.00[a] | 0.30[c] | 1.25[a] | 0.80[b] | 0.60[b] |
| 茵陈蒿 | 1.99[b] | 11.90[b] | 1.40[b] | 0.33[b] | 0.70[a] | 0 |
| 狗尾草 | 0.00[b] | 4.12[b] | 0 | 0 | 2.50[a] | 0 |
| 冠芒草 | 2.05[b] | 56.80[b] | 1.20b | 1.85[b] | 58.90[a] | 1.10[b] |
| 虱子草 | 0.81[b] | 8.90[b] | 0 | 0.65[b] | 10.80[a] | 0 |

短花针茅高度、盖度、密度 2000 年两放牧处理间差异不显著（$P>0.05$），2002 年自由放牧区短花针茅密度显著高于轮牧区和对照区（$P<0.05$），是由于丛生禾草短花针茅在连续放牧的采食和践踏下，株丛破碎小型化，单位面积株丛数量大大增加；2002 年与 2000 年相比，轮牧区和对照区短花针茅的盖度和密度有所下降，轮牧区出现这种现象是由于轮牧利用后，草地有一段时间的休闲，短花针茅出现小丛联合现象，其盖度和密度也因此有所降低，对照区的这种结果与轮牧区有所不同，在经过三年禁牧后，一些其他植物出现，植物种类数量增加，特别是一年生植物的增加，加之在无家畜采食的情况下，立枯物、凋落物较多，短花针茅有一定数量的冗余枯叶，从而限制了它的生长。无芒隐子草、碱韭和糙隐子草的密度、高度和盖度变化规律基本一致；2000 年和 2002 年两个年度里，对

照区与轮牧区密度和盖度差别不大，但两者都高于自由放牧区，尤其是自由放牧区碱韭的密度、高度和盖度均处于最低水平。与轮牧区相比，自由放牧区由于连续采食和践踏，使一些耐牧性较强的植物出现和增加，2002 年自由放牧区出现银灰旋花，此外自由放牧区冷蒿无论高度、盖度和密度均呈现增加趋势，一些强旱生植物（戈壁天冬和兔唇花）在自由放牧区比例有所增加，特别是兔唇花的密度从 2000 年的 0.50 株 /m$^2$，增加至 2002 年的 19.30 株 /m$^2$，表明群落有退化趋势，同时也说明草地环境更趋于旱化，自由放牧区和对照区一年生植物也一直保持较高水平，如栉叶蒿、猪毛菜等，这是连续放牧造成植物低矮、稀疏，为一年生植物的生长和繁殖提供了空间，轮牧区一年生植物比自由放牧区少的主要原因是轮牧的周期性强度采食对一年生植物的生长繁殖有一定的抑制作用。

## 第二节　植物种群重要值及群落多样性

### 一、植物种群重要值

荒漠草原 2000 年、2002 年这 2 年群落植物的重要值见表 7-4。在年度内和年际间，轮牧与对照区多年生植物短花针茅、无芒隐子草、碱韭和糙隐子草在群落中的作用较大（对照区银灰旋花重要值较高），即重要值的排序较高。此外，在对照区栉叶蒿重要值也较高。说明在禁牧条件下，对快速生长的一年生植物有利，这可能对多年草类产生一定的抑制作用，或者这种关系是互相的。在自由放牧区，尽管短花针茅和无芒隐子草的重要值排序也靠前，但一年生植物在群落中起着相当重要的作用，特别是在降水量充沛的 2000 年表现得更为突出，群落中重要值排在前三位的植物分别是栉叶蒿、冠芒草和猪毛菜，就是在偏干旱的 2002 年冠芒草、栉叶蒿的重要值也排在第 1 位和第 4 位。可见轮牧较自由放牧多年生植物更占有优势地位，自由放牧一年生植物优势地位更明显。说明轮牧较自由放牧群落具有较高的稳定性及对环境有较高的适应性。另外，在自由放牧区碱韭的重要值一直较低，说明适口性很好的碱韭在首先选择和连续采食情况下很难恢复，生活力明显下降。从 2000 年与 2002 年年际间看，自由放牧区冷蒿的重要值增加；强旱生植物戈壁天门冬重要值保持稳定；而兔唇花重要值急剧增加。

表 7-4　荒漠草原群落重要值　　单位：%

| 种群 | 2000 年 | | | 2002 年 | | |
|---|---|---|---|---|---|---|
| | RG | CG | CK | RG | CG | CK |
| 短花针茅 | 26.3 | 16.22 | 20.83 | 23.97 | 31.86 | 17.25 |
| 无芒隐子草 | 53 | 20.56 | 38.57 | 48.94 | 32.57 | 43.63 |
| 碱韭 | 32.6 | 7.31 | 11.18 | 45.03 | 9.72 | 28.09 |
| 糙隐子草 | 34.21 | 8.52 | 39.24 | 26 | 23.77 | 25.54 |
| 银灰旋花 | 31.34 | 0 | 59.35 | 18.99 | 6.63 | 29.94 |
| 木地肤 | 7.22 | 5.42 | 6.03 | 4.63 | 3.61 | 15.58 |
| 细叶韭 | 12.94 | 13.75 | 11.61 | 17.03 | 13.54 | 14.76 |
| 阿尔泰狗娃花 | 4.12 | 17.69 | 9.18 | 3.4 | 4.82 | 3.71 |
| 细叶藁草 | 11.39 | 13.75 | 12.72 | 12.56 | 11.75 | 9.4 |
| 冷蒿 | 0 | 1.88 | 0 | 0 | 6.01 | 0 |
| 戈壁天冬 | 5.29 | 6.8 | 0 | 3.49 | 4.99 | 0 |
| 兔唇花 | 1.94 | 4.76 | 0 | 2.33 | 21.58 | 0 |
| 蒙古韭 | 4.13 | 6.19 | 0 | 10.42 | 10.24 | 0 |
| 寸草藁 | 11.1 | 6.91 | 7.5 | 6.84 | 12.2 | 9.27 |
| 乳白花黄芪 | 6.59 | 7.74 | 5.45 | 3.11 | 5.8 | 0 |
| 狭叶锦鸡儿 | 7.36 | 0 | 11.07 | 5.29 | 0 | 6.91 |
| 栉叶蒿 | 13.11 | 70.39 | 51.98 | 50.23 | 29.72 | 85.41 |
| 猪毛菜 | 2.98 | 33.07 | 1.43 | 4.41 | 2.48 | 3.51 |
| 猪毛蒿 | 8.19 | 16.12 | 8.23 | 6 | 3.4 | 0 |
| 狗尾草 | 0 | 6.81 | 0 | 0 | 7.8 | 0 |
| 冠芒草 | 6.41 | 38 | 5.63 | 5.85 | 45.57 | 7 |
| 虱子草 | 2.03 | 6.11 | 0 | 1.85 | 11.93 | 0 |

显然从重要值角度分析也说明，自由放牧草地有向退化演替方向发展的趋势，以及草地环境的干旱程度可能进一步加剧，这与群落特征分析结果是一致的。

进一步分析 2002 年生长季不同时间的群落植物重要值变化情况（表 7-5）表明，在生长季内，轮牧与对照区的多年生植物重要值变化不大，两处理重要值较高的植物包括短花针茅、无芒隐子草、碱韭和糙隐子草。另外，栉叶蒿季节内逐渐增加，对照区增加幅度更高。自由放牧区 10 月短花针茅重要值明显降低，而无芒隐子草重要值增加；一年生植物栉叶蒿重要值在自由放牧区一直下降；冠芒草、狗尾草重要值增加。说明在轮牧与禁牧条件下，多年生草类的优势地位较强，也较稳定。自由放牧时，短花针茅在生长季结束时（10 月）被强度采食，因此重要值下降。无芒隐子草在自由放牧区重要值增加，主要是由于其他植物重要值的降低，从而显示出其在群落中的地位，这并不意味着该植物密度、高度和盖度的绝对数值增加。一年生植物栉叶蒿适口性好，不耐践踏，自9月以后在自由放牧区迅速减少，其重要值下降；而耐践踏，适口性较差的冠芒草和狗尾草相对增多，占有较优势地位，所以其重要值增加。

**表 7-5　生长季群落植物重要值变化（2002 年）**

| 种群 | 6月 | | | 7月 | | | 9月 | | | 10月 | | |
|---|---|---|---|---|---|---|---|---|---|---|---|---|
| | RG | CG | CK | RG | CG | CK | RG | CG | CK | RG | CG | CK |
| 短花针茅 | 22.66 | 22.78 | 19.71 | 23.97 | 31.86 | 17.25 | 23.92 | 28.37 | 17.11 | 24.14 | 11.41 | 22.03 |
| 无芒隐子草 | 49.49 | 42.07 | 42.74 | 48.94 | 32.57 | 43.63 | 52.16 | 44.45 | 31.16 | 51.79 | 58.59 | 41.13 |
| 碱韭 | 49.41 | 8.75 | 26.11 | 45.03 | 9.72 | 28.09 | 35.44 | 12.09 | 34.81 | 43.31 | 11.90 | 40.48 |
| 糙隐子草 | 27.16 | 30.79 | 25.59 | 26.00 | 23.77 | 25.54 | 30.08 | 32.29 | 24.52 | 30.43 | 32.87 | 23.22 |
| 银灰旋花 | 23.72 | 11.51 | 33.77 | 18.99 | 6.63 | 29.94 | 24.07 | 3.47 | 38.88 | 14.25 | 3.45 | 13.02 |
| 木地肤 | 8.68 | 3.99 | 12.87 | 4.63 | 3.61 | 15.58 | 6.89 | 2.60 | 7.85 | 12.75 | 2.37 | 6.01 |
| 细叶韭 | 13.65 | 12.09 | 13.67 | 17.03 | 13.54 | 14.76 | 15.16 | 7.95 | 20.95 | 15.36 | 6.67 | 14.23 |
| 阿尔泰狗娃花 | 2.94 | 6.62 | 0 | 3.04 | 4.82 | 3.71 | 2.64 | 0 | 0 | 1.58 | 0 | 0 |
| 细叶薹草 | 9.86 | 12.95 | 10.10 | 12.56 | 11.75 | 9.40 | 13.11 | 11.31 | 12.20 | 13.54 | 14.91 | 11.47 |
| 冷蒿 | 0 | 7.29 | 0 | 0 | 6.01 | 0 | 0 | 10.60 | 0 | 0 | 5.13 | 0 |
| 戈壁天冬 | 4.17 | 5.64 | 0 | 3.49 | 4.99 | 0 | 3.10 | 5.32 | 0 | 3.11 | 3.63 | 0 |
| 兔唇花 | 1.28 | 5.29 | 0 | 2.33 | 21.58 | 0 | 3.02 | 15.04 | 0 | 2.93 | 6.57 | 0 |
| 蒙古韭 | 13.15 | 14.24 | 0 | 10.42 | 10.24 | 0 | 0 | 0 | 0 | 0 | 0 | 0 |
| 寸草薹 | 5.91 | 9.19 | 9.40 | 6.84 | 12.20 | 9.27 | 6.58 | 10.47 | 7.27 | 7.34 | 10.17 | 11.77 |
| 乳白花黄芪 | 2.13 | 5.50 | 0 | 3.11 | 5.80 | 0 | 0.87 | 3.81 | 0 | 0 | 5.11 | 0 |
| 狭叶锦鸡儿 | 3.00 | 0 | 6.86 | 5.29 | 0 | 6.91 | 6.08 | 0 | 7.59 | 5.46 | 0 | 6.20 |
| 栉叶蒿 | 44.86 | 48.10 | 80.49 | 50.23 | 29.72 | 85.41 | 52.44 | 18.48 | 80.98 | 55.78 | 19.33 | 103.82 |
| 猪毛菜 | 3.31 | 6.37 | 3.30 | 4.41 | 2.48 | 3.51 | 7.84 | 4.03 | 9.65 | 0 | 0 | 0 |
| 猪毛蒿 | 10.55 | 6.41 | 10.44 | 6.00 | 3.40 | 0 | 8.98 | 0 | 0 | 11.59 | 0 | 0 |
| 狗尾草 | 0 | 12.31 | 0 | 0 | 7.80 | 0 | 0 | 16.24 | 0 | 0 | 30.78 | 0 |
| 冠芒草 | 3.03 | 20.27 | 4.97 | 5.85 | 45.57 | 7.00 | 5.87 | 13.08 | 6.57 | 5.17 | 63.10 | 14.01 |
| 虱子草 | 1.05 | 7.84 | 0 | 1.85 | 11.93 | 0 | 1.74 | 0 | 0 | 1.48 | 14.01 | 0 |

## 二、植物群落 α 多样性

荒漠草原不同放牧制度群落物种多样性指数分析（表 7-6）表明，2000 年，轮牧区的 Margalef 指数、Shannon-wiener 指数和 Simpson 指数稍高于自由放牧区，两放牧制度的 3 种指数均高于对照区；两放牧制度的 Pielou 指数相同，但高于对照区。从试验结果上看，在试验开始年份（2000 年）放牧对群落物种多样性已产生影响，轮牧区植物群落无论在种的丰富度上，还是在种的均匀度上均高于自由放牧。但从两放牧处理的前 3 种多样性指数大小分析看，两放牧制度多样性指数差距很小，说明这种影响是微弱的，Pielou 指数也说明了这一点。对照区的 4 种多样性指数均处于最低水平，这与其群落中种类的多少及其分布的均匀程度有关。

**表 7-6　荒漠草原群落各指数**

| 指数 | 2000 年 | | | 2002 年 | | |
|---|---|---|---|---|---|---|
| | RG | CG | CK | RG | CG | CK |
| 丰富度指数 | 3.93 | 3.28 | 2.9 | 3.99 | 3.78 | 2.37 |
| 多样性指数 | 2.61 | 2.6 | 2.39 | 2.53 | 2.61 | 2.26 |
| 优势度指数 | 0.91 | 0.9 | 0.88 | 0.9 | 0.92 | 0.86 |
| 均匀度指数 | 0.87 | 0.87 | 0.86 | 0.85 | 0.86 | 0.86 |

2002 年，不同处理多样性指数也发生了一些变化，轮牧区除 Margalf 多样性指数高于自由放牧区外，其他 3 种多样性指数均低于自由放牧区。对照区 Pielou 指数高于轮牧，两放牧制度其他 3 种多样性指数均高于对照区。从多样性指数的数值上看，两放牧制度之间的差距并不大。Margalef 指数说明，轮牧区的物种丰富度高于自由放牧区和对照区。其他 3 种指数说明，轮牧与对照植物个体数在各种间的分配均匀度较低，群落多样性较低。但进一步分析得知，Margalef 指数仅与种群数目及个体数目有关，而 Shannon-wiener、Simpson 和 Pielou 指数均与构成群落各种植物种群的重要值有关。其计算公式的含义是，当群落中种群的重要值大小愈分散，即重要值的大小在各种群中分布得愈均匀，这 3 种指数值愈高；相反，如果重要值大小愈集中，多样性指数值就愈低。但需要强调说明的是，轮牧区重要值较大（重要值 >20）的种群主要是短花针茅、无芒隐子草、碱

韭和糙隐子草，一年生植物只有 1 种（栉叶蒿）；而自由放牧重要值较大（重要值 >20）的种群主要有短花针茅、无芒隐子草、糙隐子草和兔唇花，一年生植物有 2 种（栉叶蒿和冠芒草）。可见，轮牧区保持了植物群落建群种和优势种的优势地位，尽管从多样性指数上看轮牧较低，但可以认为轮牧区群落环境是相对稳定的。

## 第三节　群落地上现存量与营养物质动态研究

### 一、地上现存量

2000 年群落现存量在试验开始时，对照区现存量显著高于自由放牧（$P<0.05$），轮牧区现存量与自由放牧区、对照区现存量差异不显著（$P>0.05$），但轮牧区较自由放牧区现存量有增加的趋势，对照区群落现存量一直保持较高的水平。两个放牧制度群落现存量动态基本一致，6 月上升，7—9 月保持较高，然后下降。轮牧区增加幅度较小，下降幅度也较小，自由放牧区增加幅度较大，特别是 6—7 月，由 21.52g/m$^2$ 增至 51.28g/m$^2$，但自 9 月以后锐减，到牧草停止生长的 10 月减至 8.95g/m$^2$。此时轮牧区、对照区群落现存量分别为 23.12g/m$^2$ 和 45.46g/m$^2$ 均显著高于自由放牧（$P<0.05$）（表 7-7）。

**表 7-7　不同放牧制度荒漠草原地上植物现存量**

| 年份 | 处理 | 6 月 13 日 | 7 月 13 日 | 8 月 13 日 | 9 月 13 日 | 10 月 13 日 |
|---|---|---|---|---|---|---|
| 2000 | RG | 32.12ab | 51.43b | 52.11b | 38.15b | 23.12b |
| | CG | 21.52b | 51.28b | 42.06c | 40.24b | 8.95c |
| | CK | 42.09a | 93.28a | 75.24a | 69.78a | 45.46a |
| 2001 | RG | 1.48a | 1.35b | 11.03a | 20.01a | 9.58a |
| | CG | 2.14a | 3.24a | 8.66b | 4.64b | 3.02b |
| | CK | 1.13a | 0.41b | 11.02a | 22.96a | 11.11a |
| 2002 | RG | 36.92a | 39.21b | 47.11a | 30.85b | 13.17a |
| | CG | 21.41b | 16.89c | 18.09b | 17.82c | 7.06c |
| | CK | 34.23a | 47.54a | 47.31a | 50.73a | 10.79b |

2001 年对照区和轮牧区自由放牧区群落现存量在放牧开始时均处于较低水平。处理间现存量差异不显著（$P<0.05$）。随着放牧时间的延续，现存量开始增加，起初自由放牧区增加较快，7 月自由放牧区现存量处于较高水平，显著高于轮牧区和对照区（$P<0.05$），自 8 月以后开始下降，并一直延续到生长期结束。轮牧区与对照区群落现存量自 7 月以后增长速度加快，9 月达到最高峰，然后下降。在 9 月、10 月两个月轮牧区、对照区群落现存量显著高于自由放牧区（$P<0.05$），但轮牧区与对照区现存量差异不显著（$P<0.05$）。2001 年群落现存量显著低于 2000 年、2002 年，而且现存量高峰期出现的时间推迟。这主要是由于 6—8 月降水很少，6 月几乎没有降水，7 月、8 月仅降水 44.5mm，且高温干热，7 月最高气温达 38.3℃，8 月之前群落外貌呈褐黄色，8 月的降水，再使草地长出嫩草，所以现存量高峰推迟，至 10 月轮牧与对照仍保持较高的现存量。

2002 年群落现存量对照和轮牧区现存量显著高于自由放牧区（$P<0.05$），而对照区与轮牧区现存量之间无显著差异（$P>0.05$）。说明禁牧与轮牧较自由放牧能够保持群落具有较高的植物现存量。

就每年的平均地上现存量来看，2000 年对照区现存量显著高于两放牧制度（$P<0.05$），两放牧制度间无显著差异（$P>0.05$）。2001 年、2002 年轮牧区和对照区牧草现存量显著高于自由放牧区（$P<0.05$）。说明禁牧和轮牧可以提高草地牧草产量，特别是在干旱和偏干旱年份，这种效果更明显。同时也说明，草地在合理利用（轮牧）时产量较禁牧（对照）还高。因为在放牧条件下轮牧仍与对照现存量持平。从三年平均地上现存量来看，划区轮牧区较自由放牧区提高了 51.29%（表 7-8）。

**表 7-8 荒漠草原平均地上植物现存量** 单位：$g/m^2$

| 处理 | 2000 年 | 2001 年 | 2002 年 | 平均 |
|---|---|---|---|---|
| RG | 39.39b | 7.94a | 33.45a | 26.93b |
| CG | 32.81c | 4.34b | 16.25b | 17.80c |
| CK | 65.17a | 9.22a | 38.12a | 37.50a |

## 二、划区轮牧影响下草群营养物质动态

粗蛋白质：不同放牧制度草群粗蛋白质含量在生长季节的变化动态如表 7-9 所示，随着放牧季节的延续，两放牧制度及对照草群粗蛋白质含量逐渐降低。

表 7-9 荒漠草原草群营养物质动态

| 营养物质 | 处理 | 6 月 13 日 | 7 月 13 日 | 8 月 13 日 | 9 月 13 日 | 10 月 13 日 |
|---|---|---|---|---|---|---|
| 粗蛋白质 | RG | 12.00 | 11.17 | 11.31 | 10.54 | 7.41 |
| | CG | 14.73 | 12.37 | 8.77 | 9.15 | 6.5 |
| | CK | 10.04 | 10.01 | 8.10 | 10.36 | 7.13 |
| 粗脂肪 | RG | 2.92 | 2.69 | 4.61 | 4.6 | 2.37 |
| | CG | 2.53 | 2.19 | 4.07 | 4.74 | 2.8 |
| | CK | 6.64 | 3.49 | 3.98 | 6.37 | 3.92 |
| 粗纤维 | RG | 27.31 | 26.51 | 27.86 | 31.09 | 31.59 |
| | CG | 25.37 | 26.35 | 30.03 | 27.36 | 34.62 |
| | CK | 25.27 | 27.93 | 27.59 | 28.26 | 29.49 |
| 粗灰分 | RG | 7.98 | 7.66 | 7.89 | 7.86 | 9.52 |
| | CG | 7.97 | 12.09 | 8.44 | 8.52 | 7.26 |
| | CK | 7.32 | 8.29 | 8.58 | 7.57 | 8.63 |
| 无氮浸出物 | RG | 43.08 | 45.16 | 42.17 | 38.83 | 41.62 |
| | CG | 42.77 | 40.74 | 42.74 | 43.15 | 42.33 |
| | CK | 43.84 | 44.07 | 45.52 | 40.02 | 44.39 |
| 钙 | RG | 0.62 | 0.75 | 0.76 | 0.82 | 0.87 |
| | CG | 0.8 | 1.17 | 0.84 | 0.81 | 0.78 |
| | CK | 0.54 | 0.84 | 0.67 | 0.86 | 0.89 |
| 磷 | RG | 0.13 | 0.16 | 0.14 | 0.14 | 0.09 |
| | CG | 0.15 | 0.16 | 0.09 | 0.1 | 0.05 |
| | CK | 0.12 | 0.17 | 0.13 | 0.13 | 0.08 |
| 胡萝卜 | RG | 6.57 | 39.14 | 85.6 | 109.47 | 33.76 |
| | CG | 6.21 | 28.8 | 111.06 | 42.89 | 12.09 |
| | CK | 12.57 | 70.02 | 101.04 | 72.82 | 31.55 |

试验初期与后期相差 3~8 个百分点。轮牧与对照区草群粗蛋白质季节性变化不大，且以对照的变化最不明显。在自由放牧条件下，试验初期（6 月 13 日）草群粗蛋白质的含量最高为 14.73%，随着季节的延续，粗蛋白质含量下降明显，试验初期与后期相差 8% 左右。试验前期（6 月 13 日至 7 月 13 日），自由放牧区草群的粗蛋白质含量高于轮牧和对照，到后期（10 月 13 日）各处理草群的粗蛋白质含量均降至最低，且相互间差异不大。这是因为在生长前期，自由放牧区的草地连续利用，草群再生草多，因此牧草较新鲜、柔嫩；另外，此时一年生牧草在这一时期大量滋生，使草群整体比较鲜嫩，蛋白质含量高；生长季后期，一

年生植物枯黄、减少，采食剩余的部分多为粗硬、干枯的残枝败叶，粗蛋白质含量较低；同时加大了家畜对多年生牧草的采食强度，随着对牧草不同部位的选择性采食，牧草适口性低，粗蛋白质含量也降低。在轮牧区，家畜对牧草的利用比较均匀，且草群有休闲的机会，与自由放牧区相比家畜对草群的影响较小，因而其粗蛋白质含量变化幅度较小。

粗脂肪：草群粗脂肪含量变化从整体上看，牧草中粗脂肪含量随放牧时间的延续呈现先增加，然后又下降的趋势。各处理在 9 月达到最高，10 月牧草枯黄，粗脂肪含量降低，对照区这种增加趋势更明显。在 6—8 月，轮牧区草群粗脂肪含量高于自由放牧区，9 月、10 月自由放牧高于轮牧区，但两者差异不明显。对照区处于封育状态，与放牧利用的草地相比，在同一时期牧草成熟度高，因而脂肪含量较高。对整个草群来说，其脂肪含量主要与一年生蒿类植物有关，尤其在 8—9 月，栉叶蒿与猪毛蒿开花结籽，脂肪含量较初期明显提高。

粗纤维：粗纤维含量变化随放牧时间的延续而增加。在同一时间的三个处理之间，放牧前期粗纤维含量差异不明显，到后期（10 月 13 日），自由放牧区的粗纤维含量最高。主要是由于自由放牧区前期牧草鲜嫩，所以粗纤维含量较低，后期自由放牧区内大量的一年生牧草枯黄、减少，家畜对多年生牧草的强度采食，移去了大量的柔软茎叶，草群中留下的多为粗而硬的枯枝与茎秆，从而使其粗纤维含量相对较高。

粗灰分：随放牧季节的延续粗灰分含量逐渐增多，但变化幅度不大。粗灰分增加的原因可能是由于试验后期草群藜科植物增加和栉叶蒿种子趋于成熟的原因所致。不同处理之间，粗灰分含量的差异不大，仅在 7 月自由放牧区粗灰分含量高达 12.10%，这可能与当时草群中猪毛菜占有较大比例（占现存量的 4.38%）有关。

无氮浸出物：无氮浸出物含量变化随放牧时间的延续呈现下降趋势，但下降幅度较小，且出现波动。

钙：钙含量随着放牧期延续稍有增加。自由放牧草群钙含量一直处于较高水平，特别在 6 月、7 月较轮牧区和对照区均高。这主要由于在自由放牧区草群种类组成及现存量中含有较多的藜科植物（猪毛菜）。

磷：磷含量变化规律性较强。即随着放牧时间的延续，出现先增加后下降的变化。试验初期（6 月 13 日），自由放牧区草群磷的含量高于轮牧和对照区，但 8 月以后，轮牧与对照区草群磷含量一直高于自由放牧区，这是由于试验初期自由放牧草鲜嫩，磷含量高；随着季节的延续，自由放牧区一年生植物出现及试验后期牧草成熟度加大。另外，在牧草生长过程中，磷与蛋白质代谢有关，且呈正比，所以磷与蛋白质含量变化类似。

胡萝卜素：胡萝卜素含量变化呈现先增加然后下降的趋势。在试验初期，对照区草群的胡萝卜素含量几乎高出轮牧区与自由放牧区 1 倍，直到 8 月仍处于较高水平，然后下降。两放牧制度间相比，自由放牧草群只有在 8 月胡萝卜素较高，但在其他月份均低于轮牧区。

## 第四节 划区轮牧对家畜体重的影响

轮牧绵羊与放牧绵羊体重（表 7-10）在试验 3 年中随时间的延续均增加，但在各年份中，随着季节的变化而呈现有规律的变化。2001 年，试验区 5—7 月降水不足 10mm，天气炎热，牧草几乎没有返青，或已返青的牧草又枯黄，牧草十分短缺，绵羊体重的下降一直延续到 7—8 月。

**表 7-10 荒漠草原绵羊体重** 单位：kg

| 月份 | 2000 年 | | 2001 年 | | 2002 年 | |
|---|---|---|---|---|---|---|
| | RG | CG | RG | CG | RG | CG |
| 1 月 | — | — | — | — | 49.70a | 40.40b |
| 2 月 | — | — | — | — | 46.00a | 39.00b |
| 3 月 | — | — | 41.95a | 36.05b | 45.80a | 37.20b |
| 4 月 | — | — | 40.90a | 34.62b | 45.45a | 35.40b |
| 5 月 | — | — | 40.00a | 35.20b | 43.20a | 37.20b |
| 6 月 | 36.70a | 31.40b | 40.80a | 37.10a | 44.20a | 39.65b |
| 7 月 | 41.30a | 36.50b | 37.20a | 34.40a | 45.40a | 40.50b |
| 8 月 | 44.80a | 42.85a | 37.80a | 36.20a | 53.00a | 45.50b |
| 9 月 | 45.25a | 42.88b | 38.10a | 38.60a | 58.60a | 52.40b |
| 10 月 | 48.80a | 46.75a | 45.00a | 40.00b | 61.35a | 55.10b |
| 11 月 | 48.44a | 46.80a | 50.10a | 43.10b | — | — |
| 12 月 | — | — | 48.00a | 41.30b | — | — |

试验期间划区轮牧区的绵羊体重一直保持较高水平。2001 年 3—5 月轮牧绵羊体重高于自由放牧绵羊体重（$P<0.05$），在其他各月份两处理绵羊体重的差异

没有达到显著水平（$P>0.05$）。但试验第三年，除 6 月外，在其他月份轮牧绵羊体重均显著高于自由放牧绵羊（$P<0.05$）。2000 年、2001 年、2002 年这 3 年轮牧绵羊比自由放牧绵羊体重平均分别高 3.02kg / 只、4.33kg / 只和 7.02kg / 只。说明放牧制度对绵羊体重的影响是一个较慢的过程，但结果却很明显。

需要说明的是，本试验开始时（2000 年 6 月 13 日），轮牧绵羊体重显著高于自由放牧绵羊（$P<0.05$），差值达 5.3kg / 只，这并非在选择试验用羊时的误差，而是放牧制度不同产生影响的结果。项目研究始于 1999 年 6 月，选择的二岁羯羊初始体重轮牧为 31.50kg；自由放牧为 28.54kg，经统计测验两处理绵羊体重显著差异（$P<0.05$）。从 2001 年、2002 年两年两个放牧处理绵羊的初始体重看，轮牧绵羊较自由放牧绵羊分别高出 5.9kg / 只和 9.3kg / 只，这一结果与本试验开始（2000 年 6 月 13 日）的情况相吻合，亦说明轮牧能够保持绵羊稳定、较高的体重。

从绵羊体增重（表 7-11）来看，2000 年、2002 年绵羊体增重 6—8 月 3 个月较快，以 6 月中旬至 8 月中旬最快。从 3 年试验看，自由放牧绵羊较轮牧绵羊体增重最大值推迟了一个月左右，2000 年、2001 年、2002 年这 3 年轮牧绵羊体增重高峰分别出现在 6—7 月、9—10 月和 7—8 月；自由放牧绵羊分别出现在 7—8 月、9—10 月和 8—9 月。

**表 7-11　荒漠草原绵羊体增重**　　单位：kg

| 月份 | 2000 年 | | 2001 年 | | 2002 年 | |
|---|---|---|---|---|---|---|
| | RG | CG | RG | CG | RG | CG |
| 1 月 | — | — | — | — | — | — |
| 2 月 | — | — | — | — | −3.7 | −1.4 |
| 3 月 | — | — | — | — | −0.2 | −1.8 |
| 4 月 | — | — | −1.05 | −1.43 | −0.35 | −1.8 |
| 5 月 | — | — | −0.9 | 0.58 | −2.25 | 1.8 |
| 6 月 | — | — | 0.8 | 1.9 | 1 | 2.45 |
| 7 月 | 4.6 | 5.1 | −3.6 | −2.7 | 1.2 | 0.85 |
| 8 月 | 3.5 | 6.35 | 0.6 | 1.8 | 7.6 | 5 |
| 9 月 | 0.45 | 0.03 | 0.3 | 2.4 | 5.6 | 6.9 |
| 10 月 | 3.55 | 3.87 | 6.9 | 1.4 | 2.75 | 2.7 |
| 11 月 | −0.36 | 0.05 | 5.1 | 3.1 | — | — |
| 12 月 | — | — | −2.1 | −1.8 | — | — |

试验 3 年均属于非正常年份，所以在各年份中绵羊体增重的时间表现不很规律。2000 年 8 月连续 30℃以上高温持续 20 余天，加之蝗虫灾害严重（虫密度达 50 头 /$m^2$ 左右），影响了绵羊采食，表现体增重很少；2001 年持续干旱一直延续到 8 月中旬，牧草生长期几乎结束时才长出嫩草，所以绵羊体增重在 4—9 月表现忽高忽低，且最高体增重推迟。2002 年春季干旱，8 月天气却很凉爽，所以 8 月绵羊体增重较高。

绵羊原毛产量见表 7-12。2000 年、2001 年轮牧绵羊与自由放牧绵羊毛产量无显著差异（$P>0.05$），在 2002 年轮牧绵羊毛产量显著高于自由放牧绵羊（$P<0.05$），但试验 3 年的两处理绵羊羊毛产量的差异未达到显著水平（$P>0.05$）。

**表 7-12　绵羊产毛量**　　单位：kg/ 只

| 处理 | 2000 年 | 2001 年 | 2002 年 | 总和 |
| --- | --- | --- | --- | --- |
| RG | 2.61a | 2.46a | 3.42a | 8.49a |
| CG | 2.44a | 2.24a | 2.50b | 7.18a |

## 第五节　划区轮牧影响下土壤养分变化

荒漠草原不同土层中氮、磷、钾含量及丰缺情况见表 7-13。碱解氮含量 0~10cm 土层中轮牧区最高，比自由放牧区高出 3.35mg/kg，10~20cm 土层中自由放牧区含量最高，比轮牧区高出 4.26mg/kg。全氮含量自由放牧区比轮牧区高，0~10cm 土层自由放牧区比轮牧区高出 0.02g/kg，10~20cm 土层高出 0.21g/kg。

三个处理的土壤均处于全磷缺乏状态，而且自由放牧区全磷含量处于最低水平；速效磷含量轮牧区和对照区均达“中等”标准，而自由放牧区处于“稍缺”状态。

荒漠草原不同试验处理全钾和速效钾含量都比较高，全钾含量以轮牧区居高，速效钾含量则以对照区含量最高。

**表 7-13　荒漠草原不同放牧制度不同土层中氮、磷、钾含量**

| 化学性状 | 土层 | 划区轮牧区 | | 自由放牧区 | | 对照区 | |
|---|---|---|---|---|---|---|---|
| 碱解氮含量（mg/kg） | 0~10cm | 39.13 | 缺 | 35.78 | 缺 | 38.25 | 缺 |
| | 10~20cm | 30.10 | 缺 | 34.36 | 缺 | 33.29 | 缺 |
| 全氮含量（g/kg） | 0~10cm | 1.01 | 中等 | 1.03 | 中等 | 1.16 | 中等 |
| | 10~20cm | 0.89 | 稍缺 | 1.10 | 中等 | 1.07 | 中等 |
| 全钾含量（g/kg） | 0~10cm | 23.38 | 稍丰 | 22.85 | 稍丰 | 22.03 | 稍丰 |
| | 10~20cm | 24.89 | 稍丰 | 22.42 | 稍丰 | 23.73 | 稍丰 |
| 速效钾含量（mg/kg） | 0~10cm | 429.10 | 丰 | 302.73 | 丰 | 444.27 | 丰 |
| | 10~20cm | 238.02 | 丰 | 153.13 | 稍丰 | 250.14 | 丰 |
| 全磷含量（g/kg） | 0~10cm | 0.52 | 稍缺 | 0.35 | 缺 | 0.53 | 稍缺 |
| | 10~20cm | 0.40 | 缺 | 0.40 | 缺 | 0.45 | 稍缺 |
| 有效磷含量（mg/kg） | 0~10cm | 10.37 | 中等 | 8.72 | 稍缺 | 12.36 | 中等 |
| | 10~20cm | 10.37 | 中等 | 9.75 | 稍缺 | 10.11 | 中等 |

注：根据《第二次全国土壤普查技术规程》。

由表 7-14 中还可以看出，荒漠草原对照区和轮牧区有机质含量均较自由放牧区含量高，尤其是 0~10cm 土层中，自由放牧区含量比轮牧区和对照区分别低了约 5g/kg，处于“缺”状态。

**表 7-14　不同放牧制度土壤有机质含量**

| 项目 | 土层 | 划区轮牧区 | | 自由放牧区 | | 对照区 | |
|---|---|---|---|---|---|---|---|
| 典型草原 | 0~10cm | 39.06 | 稍丰 | 21.79 | 中等 | 34.00 | 稍丰 |
| | 10~20cm | 46.12 | 丰 | 23.04 | 中等 | 40.68 | 丰 |
| 荒漠草原 | 0~10cm | 12.41 | 稍缺 | 7.82 | 缺 | 12.63 | 缺 |
| | 10~20cm | 10.56 | 稍缺 | 11.69 | 稍缺 | 15.09 | 稍缺 |

从试验结果可以看出荒漠草原地区的某些土壤化学指标处于较低水平（如碱解氮、有机质、全磷），并且自由放牧区总体土壤肥力比轮牧区差。荒漠草原地区地被稀疏，暖季地上现存量较低，连续放牧至生长季节晚期，家畜基本处于啃食状态，土壤肥力不但得不到补偿，反而由于家畜的不断啃食而有所损耗和降低。

# 参考文献


安慧，2014. 放牧干扰对荒漠草原优势植物形态可塑性及生物量分配的影响 [J]. 干旱区资源与环境，28（11）：116-121.

安渊，李博，杨持，2002. 不同放牧率对大针茅种群结构的影响 [J]. 植物生态学报（2）：163-169.

敖敦高娃，宝音陶格涛，2015. 不同时期放牧对典型草原群落地上生产力的影响 [J]. 中国草地学报，2：28-34.

白可喻，韩建国，等，2000. 放牧强度对新麦草人工草地植物地下部分生物量及其氮素含量动态的影响 [J]. 中国草地，2：15-20.

白永飞，陈佐忠，2000. 锡林河流域羊草草原植物种群和功能群的长期变异性及其对群落稳定性的影响 [J]. 植物生态学报，24（6）：641-647.

白永飞，李德新，许志信，等，1999. 牧压梯度对克氏针茅生长和繁殖的影响 [J]. 生态学报（4）：479-484.

白永飞，李凌浩，黄建辉，2001. 内蒙古高原针茅草原植物多样性与植物功能群组成对群落初级生产力稳定性的影响 [J]. 植物学报，43（3）：280-287.

白永飞，许志信，1999. 内蒙古高原四种针茅种群年龄与株丛结构的研究 [J]. 植物学报（10）：102-108.

包丽颖，2015. 采煤沉陷对典型草原 13 种植物有性繁殖特性的影响 [D]. 呼和浩特：内蒙古农业大学.

宝音陶格涛，陈敏，1997. 退化草原封育改良过程中植物种的多样性变化的研究 [J]. 内蒙古大学学报（自然科学版），28（1）：87-91.

柴永福，岳明，2016. 植物群落构建机制研究进展 [J]. 生态学报，36（15）：4557-4572.

陈海军，2011. 荒漠草原主要植物种群繁殖性状及化学计量特征对载畜率的响应 [D]. 呼和浩特：内蒙古农业大学.

陈万杰，2017. 刈割对大针茅草地群落特征及牧草产量和品质的影响 [D]. 呼和浩特：内蒙古农业大学 .

陈卫民，武梅芳，等，2006. 宁夏干草原不同放牧方式对植被特征影响的研究 [J]. 黑龙江畜牧兽医，12：5-7.

代景忠，闫瑞瑞，卫智军，等，2017. 施肥对羊草（*Leymus chinensis*）割草场功能群物种丰富度和重要值的影响 [J]. 中国沙漠，37（3）：453-461.

丁曼，温仲明，郑颖，2014. 黄土丘陵区植物功能性状的尺度变化与依赖 [J]. 生态学报，34（9）：2308-2315.

丁延龙，蒙仲举，高永，等，2016. 荒漠草原风蚀地表颗粒空间异质特征 [J]. 水土保持通报，36（2）：59-64.

董鸣，王义凤，孔繁志，等，1996. 陆地生物群落调查观测与分析 [M]. 北京：中国标准出版社 .

董全民，马玉寿，李青云，等，2007. 放牧强度和放牧时间对高寒混播草地牧草营养含量的影响 [J]. 中国草地学报，29（4）：67-73.

董全民，赵新全，马玉寿，等，2007. 放牧强度对高寒人工草地土壤有机质和有机碳的影响 [J]. 青海畜牧兽医杂志，37（1）：6-8.

董亭，2011. 放牧强度对大针茅根系生物量及其形态特征影响的研究 [D]. 呼和浩特：内蒙古农业大学 .

董智，2004. 乌兰布和沙漠绿洲农田沙害及其控制机理研究 [D]. 北京：北京林业大学 .

杜利霞，2005. 荒漠草原几种主要植物繁殖特性的研究 [D]. 呼和浩特：内蒙古农业大学 .

杜利霞，李青丰，2008. 放牧对荒漠草原短花针茅繁殖特性的影响 [J]. 山西农业大学学报（自然科学版）（1）：4-6.

段敏杰，高清竹，万运帆，等，2010. 放牧对藏北紫花针茅高寒草原植物群落特征的影响 [J]. 生态学报，30（14）：3892-3900.

范春梅，廖超英，李培玉，等，2006. 放牧对黄土高原丘陵沟壑区林草地土壤理化性状的影响 [J]. 西北林学院学报，21（2）：1-4.

范国艳，张静妮，张永生，等，2010. 放牧对贝加尔针茅草原植被根系分布和土壤理化特征的影响 [J]. 生态学杂志，29（9）：1715-1721.

冯金虎，赵新全，皮南林，1989. 不同放牧强度对高寒草甸草场的影响 [J]. 青海畜牧兽医杂志（3）：15-17.
付华，王彦荣，吴彩霞，等，2002. 放牧对阿拉善荒漠草地土壤性状的影响 [J]. 中国沙漠，22（4）：339-343.
高伟，鲍雅静，李政海，等，2010. 不同保护和利用方式下羊草草原群落生物量及能量功能群构成的比较 [J]. 干旱区资源与环境，24（6）：132-136.
古琛，杜宇凡，乌力吉，等，2015. 载畜率对荒漠草原群落及植物功能群生物量的影响 [J]. 生态环境学报，24（12）：1962-1968.
韩国栋，焦树英，毕力格图，等，2007. 短花针茅草原不同载畜率对植物多样性和草地生产力的影响 [J]. 生态学报（1）：182-188.
韩建国，宋锦峰，等，2000. 放牧强度对新麦草生产特性和品质的影响 [J]. 草地学报，8（4）：312-318.
韩俊，2011. 中国草原生态问题调查 [M]. 上海：上海远东出版社 .
郝虎东，2009. 无芒雀麦资源分配及其繁殖数量特征研究 [D]. 呼和浩特：内蒙古农业大学 .
贺晶，吴新宏，杨婷婷，等，2015. 浑善达克沙地植被生长季流沙地及其接壤草地的沙物质粒径组成 [J]. 干旱区资源与环境，29（1）：95-99.
红梅，韩国栋，赵萌莉，等，2004. 放牧强度对浑善达克沙地土壤物理性质的影响 [J]. 草业科学（12）：108-111.
侯扶江，杨中义，2006. 放牧对草地的作用 [J]. 生态学报，26（1）：244-264.
侯扶江，任继周，2003. 甘肃马鹿冬季放牧践踏作用及其对土壤理化性质影响的评价 [J]. 生态学报，23（3）：486-495.
胡静，侯向阳，萨茹拉，等，2016. 大针茅对放牧生态系统植物群落地上生物量的调控作用 [J]. 草地学报，24（1）：1-11.
黄蓉，王辉，王蕙，等，2014. 围封年限对沙质草地土壤理化性质的影响 [J]. 水土保持学报，28（1）：183-197.
姜丽霞，田赟，刘新月，等，2022. 不同放牧方式对草地群落植物功能群组成和结构的影响 [J]. 北京林业大学学报，44（1）：77-86.
焦树英，韩国栋，李永强，等，2006. 不同载畜率对荒漠草原群落结构和功能群生产力的影响 [J]. 西北植物学报，26（3）：564-571.
晋小军，黄高宝，2005. 陇中半干旱地区不同耕作措施对土壤水分利用效率的影响 [J]. 水土保持学报，19（5）：109-112.

康博文，刘建军，侯琳，等，2006. 蒙古克氏针茅草原生物量围栏封育效应研究 [J]. 西北植物学报，26（12）：2540-2546.

李宏宇，符淙斌，郭维栋，等，2015. 干旱区不同下垫面能量分配机理及对微气候反馈的研究 [J]. 物理学报，64（5）：438-451.

李江文，王忠武，任海燕，等，2017. 荒漠草原建群种短花针茅功能性状对长期放牧的可塑性响应 [J]. 西北植物学报，37（9）：1854-1863.

李金花，李镇清，任继周，2002. 放牧对草原植物的影响 [J]. 草业学报（1）：4-11.

李金花，李镇清，王刚，2003. 不同放牧强度对冷蒿和星毛委陵菜养分含量的影响 [J]. 草业学报，12（6）：30-35.

李俊生，郭玉荣，2005. 放牧扰动对山地荒漠草地植物群落结构的影响 [J]. 东北林业大学学报（1）：35-37.

李青丰，赵钢，郑蒙安，等，2005. 春季休牧对草原和家畜生产力的影响 [J]. 草地学报，13（增刊）：53-56.

李少昆，路明，王克如，等，2008. 南疆主要地表类型土壤风蚀对形成沙尘暴天气的影响 [J]. 中国农业科学，41（10）：3158-3167.

李万元，沈志宝，吕世华，等，2007. 风蚀影响因子的敏感性试验 [J]. 中国沙漠，27（6）：78-87.

李西良，侯向阳，2014. 草甸草原羊草茎叶功能性状对长期过度放牧的可塑性响应 [J]. 植物生态学报，38（5）：440-451.

李希来，朱志红，2002. 矮蒿草无性系对不同放牧强度的生长反应 [J]. 青海大学学报（自然科学版）（4）：4-6.

李新荣，何明珠，贾荣亮，2008. 黑河中下游荒漠区植物多样性分布对土壤水分变化的响应 [J]. 地球科学进展，23（7）：685-691.

李旭东，张春平，2012. 黄土高原典型草原草地根冠比的季节动态及其影响因素 [J]. 草业学报，21（4）：307-312.

李永宏，1995. 内蒙古典型草原地带退化草原的恢复动态 [J]. 生物多样性，3（3）：125-130.

李永宏，汪诗平，1999. 放牧对草原植物的影响 [J]. 中国草地（3）：12-20.

李永强，李治国，董智，等，2016. 内蒙古荒漠草原放牧强度对风沙通量和沉积物粒径的影响 [J]. 植物生态学报，40（10）：1003-1014.

梁燕，韩国栋，周禾，2008. 羊草草原不同退化程度植物群落内地上部分变化对群落根系的影响 [J]. 草业科学（4）：110-115.

刘惠芬，高玉葆，何兴东，等，2004. 内蒙古中东部草原羊草群落种类组成及优势种种群数量特征的空间分异 [J]. 中国草地，26（4）：1-10.

刘军，2015. 放牧对松嫩草地植物多样性、生产力的作用及机制 [D]. 长春：东北师范大学 .

刘伟，周立，王溪，1999. 不同放牧强度对植物及啮齿动物作用的研究 [J]. 生态学报，19（3）：376-382.

刘文杰，苏永中，杨荣，等，2010. 黑河中游临泽绿洲农田土壤有机质时空变化特征 [J]. 干旱区地理，33（2）：170-176.

刘文亭，卫智军，王天乐，等，2017. 放牧对短花针茅荒漠草原植物多样性的影响 [J]. 生态学报，37（10）：3394-3402.

刘文亭，卫智军，王天乐，等，2017. 放牧调控对短花针茅种群年龄及叶性状的影响 [J]. 草业学报，26（1）：63-71.

刘颖，2002. 羊草草地山羊放牧对牧草再生影响的研究 [D]. 长春：东北师范大学 .

刘颖，王德利，2001. 不同放牧强度下羊草草地三种禾草叶片再生动态研究 [J]. 草业科学，10（4）：40-46.

刘月华，1999. 夏季休牧对天然草场植被的影响 [J]. 中国草地（6）：69-70.

刘志民，李荣平，2004. 科尔沁沙地 69 种植物种子重量比较研究 [J]. 植物生态学报（2）：225-230.

柳海鹰，李政海，刘玉虹，等，2000. 羊草草原在放牧退化与围封恢复过程中群落性状差异的变化规律 [J]. 内蒙古大学学报（自然科学版），31（3）：314-318.

鲁为华，万娟娟，2013. 草食动物对植物种子的消化道传播研究进展 [J]. 草业学报，22（3）：306-313.

吕世海，冯长松，高吉喜，等，2008. 呼伦贝尔沙化草地围封效应及生物多样性变化研究 [J]. 草地学报，16（5）：442-447.

马建军，姚虹，冯朝阳，等，2012. 内蒙古典型草原区 3 种不同草地利用模式下植物功能群及其多样性的变化 [J]. 植物生态学报，36（1）：1-9.

马银山，张世挺，2009. 植物从个体到群落水平对放牧的响应 [J]. 生态学杂志，28：113-121.

蒙旭辉，李向林，辛晓平，2009. 不同放牧强度下羊草草甸草原群落特征及多样性分析 [J]. 草地学报，17（2）：239-244.

孟婷婷，倪健，王国宏，2007. 植物功能性状与环境和生态系统功能 [J]. 植物生态学报，31（1）：150-165.

倪芳芳，吕世杰，屈志强，等，2022. 不同载畜率下荒漠草原非生长季植物群落特征对近地面风沙通量的影响 [J]. 草业学报，31（3）：26-33.

任海，刘庆，李凌浩，等，2008. 恢复生态学导论 [M]. 北京：科学出版社.

戎郁萍，韩建国，王培，等，2001. 放牧强度对草地土壤理化性质的影响 [J]. 中国草地，23（4）：41-47.

尚润阳，祁有祥，赵廷宁，等，2006. 植被对风及土壤风蚀影响的野外观测研究 [J]. 水土保持研究（4）：37-39.

邵新庆，石永红，韩建国，等，2008. 典型草原自然演替过程中土壤理化性质动态变化 [J]. 草地学报，16（6）：567-571.

单贵莲，徐柱，宁发，等，2009. 围封年限对典型草原植被与土壤特征的影响 [J]. 草业学报，18（2）：3-10.

沈景林，谭刚，乔海龙，等，2000. 草地改良对高寒退化草地植被影响的研究 [J]. 中国草地（5）：50-55.

石永红，韩建国，邵新庆，等，2007. 奶牛放牧对人工草地土壤理化特性的影响 [J]. 中国草地学报（1）：24-30.

苏永中，赵哈林，张铜会，等，2002. 不同强度放牧后自然恢复的沙质草地土壤性状特征 [J]. 中国沙漠，22（4）：333-338.

苏永中，赵文智，2005. 土壤有机碳动态：风蚀效应 [J]. 生态学报，25（8）：2049-2054.

孙世贤，2014. 短花针茅荒漠草原群落特征和土壤对放牧强度季节调控的响应 [D]. 呼和浩特：内蒙古农业大学.

孙世贤，丁勇，李夏子，等，2020. 放牧强度季节调控对荒漠草原土壤风蚀的影响 [J]. 草业学报，29（7）：23-24.

孙世贤，卫智军，吕世杰，等，2013. 放牧强度季节调控下荒漠草原植物群落与功能群特征 [J]. 生态学杂志，32（10）：2703-2710.

汪诗平，李永宏，1997. 放牧率和放牧时期对绵羊排粪量、采食量和干物质消化率关系的影响 [J]. 动物营养学报，9（1）：47-54.

汪诗平，王艳芬，1998. 不同放牧率对草地牧草再生性能和地上净初级生产力的影响 [J]. 草地学报，6（4）: 275-281.

汪诗平，王艳芬，陈佐忠，2003. 放牧生态系统管理 [M]. 北京：科学出版社 .

汪诗平，王艳芬，李永宏，等，1998. 不同放牧率对草原牧草再生性能和地上净初级生产力的影响 [J]. 草地学报（4）: 275-281.

王伯荪，彭少麟，1997. 植被生态学——群落与生态系统 [M]. 北京：中国环境科学技术出版社 .

王德利，王岭，2011. 草食动物与草地植物多样性的互作关系研究进展 [J]. 草地学报，19（4）: 699-704.

王东丽，2014. 黄土丘陵沟壑区植物种子生活史策略及种子补播恢复研究 [D]. 杨凌：西北农林科技大学 .

王静，杨持，王铁娟，2005. 放牧退化群落中冷蒿种群生物量资源分配的变化 [J]. 应用生态学报（12）: 2316-2320.

王桔红，杜国祯，2009. 青藏高原东缘 61 种常见木本植物种子萌发特性及其与生活史的关联 [J]. 植物生态学报，33（1）: 171-179.

王岭，2010. 大型草食动物采食对植物多样性与空间格局的响应及行为适应机制 [D]. 长春：东北师范大学 .

王明玖，1993. 放牧强度对短花针茅生活力及繁殖能力的影响 [J]. 内蒙古农牧学院学报（3）: 24-29.

王明玖，李青丰，青秀玲，2001. 贝加尔针茅草原围栏封育和自由放牧条件下植物结实数量的研究 [J]. 中国草地，23（6）: 21-26.

王明君，赵萌莉，崔国文，等，2010. 放牧对草甸草原植被和土壤的影响 [J]. 草地学报，18（6）: 758-762.

王庆锁，张玉发，罗菊春，等，1999. 人为干扰对浑善达克沙地东部森林——草原交错带的影响及其恢复治理的生态对策 [J]. 自然资源学报（1）: 29-35.

王仁忠，1996. 放牧干扰对松嫩平原羊草草地的影响 [J]. 东北师大学报（自然科学版）（4）: 77-82.

王仁忠，李建东，1992. 放牧对松嫩平原羊草草地影响的研究 [J]. 草业科学，9（2）: 11-14.

王仁忠，李建东，1993. 放牧对松嫩平原羊草草地植物种群分布的影响 [J]. 草业科学，10（3）: 27-30.

王树林，彭峰，2017. 28 种禾本科植物种子形态学特征及其萌发对绵羊瘤胃消化的反应 [J]. 应用生态学报，28（12）：3908-3916.

王天乐，卫智军，刘文亭，等，2017. 不同放牧强度下荒漠草原土壤养分和植被特征变化研究 [J]. 草地学报，25（4）：711-716.

王天乐，卫智军，吕世杰，等，2017. 短花针茅草原土壤理化性质对放牧强度季节调控的响应 [J]. 畜牧与饲料科学，38（5）：25-31.

王天乐，卫智军，吕世杰，等，2017. 荒漠草原优势种群特征对放牧强度季节调控的响应 [J]. 草原与草业，29（1）：30-37.

王炜，1996. 内蒙古草原退化群落恢复演替的研究——Ⅱ. 恢复演替时间进程的分析 [J]. 植物生态学报（5）：460-471.

王炜，梁存柱，刘钟龄，等，2000. 草原群落退化与恢复演替中的植物个体行为分析 [J]. 植物生态学报，24（3）：268-274.

王炜，刘钟龄，郝敦元，等，1997. 内蒙古退化草原植被对禁牧的动态响应 [J]. 气候与环境研究，2（3）：236-240.

王献浦，刘玉凯，1994. 生物多样性的理论与实践 [M]. 北京：中国环境科学出版社.

王旭，王德利，刘颖，等，2002. 不同放牧率下绵羊的采食量与食性选择研究 [J]. 东北师大学报（自然科学版）（1）：36-40.

王艳芬，汪诗平，1999. 不同放牧率对内蒙古典型草原牧草地地上现存量和净初级生产力及其品质的影响 [J]. 草业学报，8（1）：15-20.

王玉辉，何兴元，周广胜，2002. 放牧强度对羊草草原的影响 [J]. 草地学报（1）：45-49.

卫智军，常秉文，孙启忠，2006. 荒漠草原群落及主要植物种群特征对放牧制度的响应 [J]. 干旱区资源与环境（3）：188-191.

卫智军，韩国栋，赵钢，等，2013. 中国荒漠草原生态系统研究 [M]. 北京：科学出版社.

卫智军，乌日图，达布希拉图，等，2005. 荒漠草原不同放牧制度对土壤理化性质的影响 [J]. 中国草地，27（5）：6-10.

卫智军，闫瑞瑞，运向军，等，2011. 放牧制度下荒漠草原主要植物生物量及能量分配研究 [J]. 中国沙漠，31（5）：1124-1130.

文海燕，赵哈林，傅华，2005. 开垦和封育年限对退化沙质草地土壤性状的影响

[J]. 草业学报，14（6）：3-4.
吴汪洋，张登山，田丽慧，等，2013. 青海湖沙地人工治理沙丘的风速廓线变化特征 [J]. 水土保持研究，20（6）：162-167.
吴彦，刘庆，乔永康，等，2001. 亚高山针叶林不同恢复阶段群落物种多样性变化及其对土壤理化性质的影响 [J]. 植物生态学报，25（6）：648- 655.
希吉日塔娜，2013. 不同放牧制度和轮牧时间对短花针茅荒漠草原植被的影响 [D]. 呼和浩特：内蒙古农业大学 .
肖绪培，宋乃平，王兴，等，2013. 放牧干扰对荒漠草原土壤和植被的影响 [J]. 中国水土保持（12）：19-23.
肖子恒，2013. 休牧对小叶章草甸群落特征和土壤理化性质的影响 [D]. 长春：东北农业大学 .
邢旗，刘爱军，刘永志，2005. 应用 MODIS-NDVI 对草原植被变化监测研究——以锡林郭勒盟为例 [J]. 草地学报，13（1）：15-19.
徐柱，1998. 面向 21 世纪的中国草地资源 [J]. 中国草地，5：2-3.
许岳飞，益西措姆，付娟娟，等，2012. 青藏高原高山嵩草草甸植物多样性和土壤养分对放牧的响应机制 [J]. 草地学报，20：1026-1032.
闫凯，张仁平，李德祥，等，2011. 新源县山地草原植被特征及植物营养对放牧强度的相应 [J]. 草业科学，28（8）：1507-1511.
闫瑞瑞，卫智军，杨静，等，2008. 短花针茅草原优势种群特征对不同放牧制度的响应 [J]. 干旱区资源与环境（7）：188-191.
闫玉春，唐海萍，辛晓平，等，2009. 围封对草地的影响研究进展 [J]. 生态学报，29（9）：5039-5046.
闫玉春，王旭，杨桂霞，等，2011. 退化草地封育后土壤细颗粒增加机理探讨及研究展望 [J]. 中国沙漠，31（5）：1162-1166.
严小龙，2007. 根系生物学原理与应用 [M]. 北京：科学出版社 .
杨殿林，韩国栋，胡跃高，等，2006. 放牧对贝加尔针茅草原群落植物多样性和生产力的影响 [J]. 生态学杂志，25（12）：1470-1475.
杨婧，褚鹏飞，陈迪马，等，2014. 放牧对内蒙古典型草原 α、β 和 γ 多样性的影响机制 [J]. 植物生态学报，38：188-200.
杨利民，韩梅，2001. 中国东北样带草地群落放牧干扰植物多样性的变化 [J]. 植物生态学报，25（1）：110-114.

杨钦，郭中领，王仁德，等，2017. 河北坝上不同土地利用方式对土壤风蚀的影响 [J]. 干旱区资源与环境，31（2）：185-190.

杨胜，1999. 饲料分析及饲料质量检测技术 [M]. 北京：中国农业大学出版社 .

杨树晶，郑群英，干友民，等，2015. 川西北地区老芒麦人工草地生长季种群数量和构件对不同放牧强度的响应 [J]. 中国草地学报，37（2）：14-18.

杨兴华，何清，艾力 · 买买提依明，等，2013. 塔克拉玛干沙漠东南缘沙尘暴过程中近地表沙尘水平通量观测研究 [J]. 中国沙漠，33（5）：1299-1304.

杨勇，刘爱军，李兰花，等，2016. 围封对内蒙古典型草原群落特征及土壤性状的影响 [J]. 草业学报，25（5）：21-29.

杨智明，2004. 不同放牧强度对荒漠草原植被影响的研究 [D]. 银川：宁夏大学 .

杨智明，王琴，王秀娟，等，2005. 放牧强度对草地牧草物候期生活力和土壤含水量的影响 [J]. 农业科学研究，6（3）：1-3.

殷国梅，张英俊，王明莹，等，2014. 短期围封对草甸草原群落特征与物种多样性的影响 [J]. 中国草地学报，36（3）：61-66.

殷秀琴，王海霞，周道玮，2003. 松嫩草原区不同农业生态系统土壤动物群落特征 [J]. 生态学报，23（6）：1071-1078.

于顺利，陈宏伟，李晖，2007. 种子重量的生态学研究进展 [J]. 植物生态学报（6）：989-997.

余沛东，陈银萍，李玉强，等，2019. 植被盖度对沙丘风沙流结构及风蚀量的影响 [J]. 中国沙漠，39（5）：29-35.

袁吉有，欧阳志云，郑华，等，2011. 科尔沁沙地东南缘不同草地恢复方式下的物种多样性与生物量 [J]. 干旱区资源与环境，25（10）：175-178.

袁建立，江小蕾，黄文冰，等，2004. 放牧季节及放牧强度对高寒草地植物多样性的影响 [J]. 草业学报（6）：16-21.

运向军，2010. 短花针茅草原对禁牧休牧的响应及休牧期家畜舍饲研究 [D]. 呼和浩特：内蒙古农业大学 .

臧英，高焕文，周建忠，2003. 保护性耕作对农田土壤风蚀影响的试验研究 [J]. 农业工程学报，19（2）：56-60.

张春来，邹学勇，董光荣，等，2003. 植被对土壤风蚀影响的风洞实验研究 [J]. 水土保持学报，17（3）：31-33.

张国钧，张荣，周立，2003. 植物功能多样性与功能群研究进展 [J]. 生态学报，

23（7）：1430-1435.

张红梅，赵萌莉，李青丰，2003. 放牧条件下大针茅种群的形态变异 [J]. 中国草地，25（2）：13-17.

张继义，赵哈林，2010. 短期极端干旱事件干扰下退化沙质草地群落抵抗力稳定性的测度与比较 [J]. 生态学报，30（20）：5456-5465.

张伟华，关世英，李跃进，2000. 不同牧压强度对草原土壤水分、养分及其地上生物量的影响 [J]. 干旱区资源与环境（4）：62-65.

张小彦，2010. 黄土丘陵沟壑区主要植物种子形态特征及有效性研究 [D]. 杨凌：西北农林科技大学 .

张晓娜，哈达朝鲁，潘庆民，2010. 刈割干扰下内蒙古草原两种丛生禾草繁殖策略的适应性调节 [J]. 植物生态学报，34（3）：253-262.

张蕴微，韩建国，等，2002. 放牧强度对土壤物理性质的影响 [J]. 草地学报，10（1）：74-77.

张震，2006. 小叶锦鸡儿对不同放牧强度的生物学响应 [D]. 北京：中国科学院研究生院（植物研究所）.

章祖同，1990. 内蒙古草地资源 [M]. 呼和浩特：内蒙古人民出版社 .

昭和斯图，王明玖，1993. 不同强度放牧对短花针茅草原土壤物理性状的影响 [J]. 内蒙古草业（21）：11-16.

赵彩霞，郑大玮，何文清，等，2006. 不同围栏年限冷蒿草原群落特征与土壤特性变化的研究 [J]. 草业科学，23（12）：89-92.

赵钢，李青丰，张恩厚，2006. 春季休牧对绵羊和草地生产性能的影响 [J]. 仲恺农业技术学院学报，19（1）：1-4.

赵哈林，根本正之，大黑俊哉，等，1997. 内蒙古科尔沁沙地放牧草地的沙漠化机理研究 [J]. 中国草地（3）：16-24.

赵娜，赵新全，赵亮，等，2016. 植物功能性状对放牧干扰的响应 [J]. 生态学杂志，35（7）：1916-1926.

赵同谦，欧阳志云，郑华，2004. 草地生态系统服务功能分析及其评价指标体系 [J]. 生态学杂志，23（6）：155-160.

赵文智，2002. 科尔沁沙地人工植被对土壤水分异质性的影响 [J]. 土壤学报，39（1）：113-119.

郑翠玲，曹子龙，王贤，等，2005. 围栏封育在呼伦贝尔沙化草地植被恢复中的

作用 [J]. 中国水土保持科学，3（3）：78-81.

郑伟，朱进忠，潘存德，2010. 放牧干扰对喀纳斯草地植物功能群及群落结构的影响 [J]. 中国草地学报，32（1）：92-98.

中华人民共和国农业部兽医司，全国畜牧兽医总站，1996. 中国草地资源 [M]. 北京：中国科学技术出版社 .

周本智，张守攻，傅懋毅，2007. 植物根系研究新技术 Minirhizotron 的起源、发展和应用 [J]. 生态学杂志（2）：253-260.

周国英，陈桂琛，赵以莲，等，2004. 施肥和围栏封育对青海湖地区高寒草原影响的比较研究　Ⅰ群落结构及其物种多样性 [J]. 草业学报，13（1）：26-31.

周华坤，周立，刘伟，等，2003. 封育措施对退化与未退化矮嵩草草甸的影响 [J]. 中国草地学报，25（5）：15-22.

周纪伦，郑师章，杨持，1992. 植物种群生态学 [M]. 北京：高等教育出版社 .

朱桂林，杨静，2004. 放牧条件下植物贮藏性碳水化合物的变化 [J]. 干旱区资源与环境，18（4）：173-176.

朱立博，曾昭海，赵宝平，2008. 春季休牧对草地植被的影响 [J]. 草地学报，16（3）：279-281.

邹学勇，张春来，程宏，等，2014. 土壤风蚀模型中的影响因子分类与表达 [J]. 地球科学进展，29（8）：875-889.

左万庆，王玉辉，王风玉，等，2009. 围栏封育措施对退化羊草草原植物群落特征影响研究 [J]. 草业学报，18（3）：12-19.

ABBASI M K，ADAMS W A，2000. Estimation of simultaneous nitrification and denitrification in grassland soil associated with urea-N using 15N and nitrification inhibitor[J]. Biology and Fertility of Soils，31：38-44.

ABRAHAMSON W G，1980. Demography and vegetative repro-duction. In：SolbrigOT ed. demography and evolution in plant populations[J]. Oxford：Blackwell Scientific Publicatim，2：89-106.

ALDER P B，LAUENROTH W K，2000. Livestock exclusion increases the spatial heterogeneity of vegetation in Colorado shortgrass steppe [J]. Applied Vegetation Science，3：213-222.

ALICE A，MARTIN O，ELSA L，et al.，2005. Effect of grazing on community structure and productivity of a Uruguayan grassland[J]. Plant Ecology，179：

83-91.

ALTESOR A，PINEIRO G，LEZAMA F，et al.，2006. Ecosystem changes associated with grazing in subhumid South American grasslands[J]. Journal of Vegetation Science，17：323-332.

BAI Y F，WU J G，CLARK C M，et al.，2012. Grazing alters ecosystem functioning and C：N：P stoichiometry of grasslands along aregional precipitation gradient[J]. Journal of Applied Ecology，49：1204-1215.

BAI Y F，WU J G，PAN Q M，et al.，2007. Positive linear relationship between productivity and diversity：evidence from the Eurasian steppe[J]. Journal of Applied Ecology，44：1023-1034.

BAI Y F，WU J G，XING Q，et al.，2008. Primary production and rain use efficiency across a precipitation gradient on the Mongolia plateau[J]. Ecology，89：2140-2153.

BAI Y，WU J，XING Q，et al.，2008. Primary production and rain use efficiency across a precipitation gradient on the Mongolia Plateau[J]. Ecology，89（8）：2140-2153.

BAO Y T G T，CHEN M，1997. The studies of changes of plant diversity on degenerated steppe in eclosed process[J]. Acta Scientiarum Naturalium Universitatis NeMiongo，28（1）：87-91.

BEIER C，BEIERKUHNLEIN C，WOHLGEMUTH T，et al.，2012. Precipitation manipulation experiments-challenges and recommendations for the future[J]. Ecology Letters，15（8）：899-911.

BELNAP J，REYNOLDS R L，REHEIS M C，et al.，2009. Sediment losses and gains across a gradient of livestock grazing and plant invasion in a cool，semi-arid grassland，Colorado Plateau，USA[J]. Aeolian Research，1（1）：27-43.

BERGER T W，HAGER H，2000. Physical top soil properties in pure stands of Norway spruce（Picea abies）and mixed species stands in Austria [J]. Forest Ecology and Management，136（1-3）：159-172.

BOIX-FAYOS C，CALVO-CASES A，IMESON A C，et al.，2001. Influence of soil properties on the aggregation of some Mediterranean soils and the use of aggregate size and stability as land degradation indicators[J]. Catena，44：47-67.

BRADFORD M A，JONES T H，BARDGETT R D，2002. Impacts of soil faunal community compositionon model grassland ecosystems[J]. Science，198：615-618.

BRIGGS J M，KNAPP A K，1995. Interannual variability in primary production in tallgrass prairie：climate，soil moisture，topographic position，and fire as determinants of aboveground biomass[J]. American Journal of Botany，82：1024-1030.

CAVIERES L A，ARROYO T K，2000. Seed germination response to cold stratification period and thermal regime in Phacelia secunda（Hydrophyllaceae）[J]. Plant Ecology，149：1-8.

CHAPIN F S L，ZAVALETA E S，EVINER V T，et al.，2000. Consequences of changing biodiversity[J]. Nature，405：234-242.

CHEN D M，ZHENG S X，SHAN Y M，et al.，2013. Vertebrate herbivore-induced changes in plants and soils：linkages to ecosystem functioning in a semi-arid steppe[J]. Functional Ecology，27：273-281.

CHEPIL W S，WOODRUFF N P，1963. The physics of wind erosion and its control[J]. Advance of Agronomy，15（2）：211-302.

CHOLAW B C U，LIN Y H，JI L R，2003. The change of North China climate in transient simulations using the IPCCSRES A2 and B2 scenarios with a coupled atmosphere-ocean general circulation model[J]. Advances in Atmospheric Sciences，20（5）：755-766.

CHRISTIANSEN S O，SREJCOR T，1988. Grazing effects of shoot and root dynamics and above and below-ground non-structure carbonhydrate in Caucasian bluestem[J]. Grass and Forage Science，43（2）：111-119.

CHURKINA G，RUNNING S W，SCHLOSS A L，et al.，1999. Comparing global models of terrestrial net primary productivity（NPP）：the importance of water availability[J]. Global Change Biology，5：46-55.

CONNELL J H，1978. Diversity in tropical rain forest and coral reefs[J]. Science，199：1302-1310

CORNELISSEN J H C，LAVOREL S，GAMIER E，2003. A handbook of protocols for standardised and easy measurement of plant functional traits worldwide[J].

Australian Journal Botany，51：335-380.

CRAWLEY M J，1983. Herbivory：the dynamics of animal-plant interactions[M]. Oxford：Blackwell Scientific Publications.

DE VRIES M F W，DALEBOUDT C，1994. Foraging strategy of cattle in patchy grassland[J]. Oecologia，100（1）：98-106.

DEXTER A R，1997. Physical properties of tilled soils[J]. Soil & Tillage Research，43（1-2）：41-63.

DIAS A C C P，NORTHCLIFF S，1985. Effects of two land clearing methods on the physical properties of an Oxisol in the Brazilian Amazon[J]. Tropical Agriculture（62）：207-212.

DIAZ S D，LAVOREL S，MCINTYRE S，et al.，2007. Plant trait responses to grazing：a global synthesis[J]. Global Change Biology，13：313-341.

DYER M I，1975. The effects of red-winged blackbirds（*Agelaius phoeniceus* L.）on biomass production of corn grains（*Zea mays* L.）[J]. Journal of Applied Ecology，12（3）：719-726.

DYKSTERHUIS E J，1949. Condition and management of range land based on quantitative ecology[J]. Journal of Range Management，2（3）：104-115

EDDY V D M，ARGENTA T，1989. Aboveground and belowground biomass relations in steppes under diffferent grazing conditions[J]. Oikos（56）：364-370.

EISSENSTAT D M，2010. On the relationship between specific root length and the rate of root proliferation：a field study using citrus rootstocks[J]. New Phytologist，118（1）：63-68.

EISSENSTAT，DAVID M，1991. On the relationship between specific root length and the rate of root proliferation：a field study using citrus rootstocks[J]. New Pyhtologist，118：63-68.

ELDRIDGE D J，WESTOBY M，HOLBROOK K M，1992. Soil surface characteristics，microtopography and proximity to mature shrubs：effects on survival of several cohorts of Atriplex vesicaria seedlings[J]. Journal of Ecology，78（2）：357-364.

ELSER J J，FAGAN W F，DENNO R F，et al.，2000. Nutritional constraints in terrestrial and freshwater food webs[J]. Nature，408：578-580.

FILIP Z, 2002. International approach to assessing soil quality by ecologically-related biological parameters[J]. Agriculture, Ecosystems & Environment, Special Issue, 88（2）: 169-174.

FIRINCIOĞLU H K, SEEFELDT S S, ŞAHIN B, 2007. The Effects of long-term grazing exclosures on range plants in the central anatolian region of Turkey[J]. Environmental Management, 39（3）: 326-337.

FRANK A B, TANAKA D L, HOFMANN L, et al., 1995. Soil carbon and nitrogen of northern great plains grasslands as influenced by long-term grazing[J]. Journal of Range Management, 48（5）: 470-474.

FUHLENDORF S D, BRISKE D D, SMEINS F E, 2001. Herbaceous vegetation change in variable rangeland environments : the relative contribution of grazing and climatic variability[J]. Applied Vegetation Science, 4 : 177-188.

GAO Y Z, GIESE M, LIN S, et al., 2008. Belowground net primary productivity and biomass allocation of a grassland in Inner Mongolia is affected by grazing intensity[J]. Plant and Soil, 307（1-2）: 41-50.

GARIBALDI L A, SEMMARTIN M, CHANETON E J, 2007. Grazing-induced changes in plant composition affect litter quality and nutrient cycling in flooding Pampa grasslands[J]. Oecologia, 151 : 650-662.

GHILOUFI W, BÜDEL, B, CHAIEB M, 2016. Effects of biological soil crusts on a mediterranean perennial grass[J]. Plant Biosystems, 151 : 1-10.

GIBSON D J, 2009. Grasses and grassland ecology[M]. Oxford: Oxford University Press.

GILLSON L, HOFFMAN M T, 2007. Rangeland ecology in a changing world[J]. Science, 315 : 53-54.

GLIND M, FRANKOW-LINDBERG B, 1998. Growing point dynamic sand spring growth of white clover in a mixed sward and the effects of nitrogen application[J]. Grass and Forage Science, 53 : 338-345.

GOLODETS C, STERNBERG M, KIGEL J, et al., 2015. Climate change scenarios of herbaceous production along an aridity gradient : vulnerability increases with aridity[J]. Oecologia, 177 : 971-979.

GONZALO R, AEDO C, GARCÍA M Á, 2013. Taxonomic revision of the eurasian stipa subsections stipa and tirsae（poaceae）[J]. Systematic Botany，38：334-378.

GREENBERG C H，SMITH L M，LEVEY D J，2001. Fruit fate，seed germination and growth of an invasive vine：an ex-perimental test of sit and wait strategy[J]. Biological Invasions，3：363-372.

GREENWOOD K L，MACLEOD D A，HUTCHINSON K J，1997. Long-term stocking rate effects on soil physical properties[J]. Australian Journal of Experimental Agriculture，37：413-419.

GREGORY P J，2006. Root，rhizosphere and soil：the route to a better understanding of soil science[J]. European Journal of Soil Science，57：2-12.

HA SNYMAN，2004. Soil seed bank evaluation and seedling establishment along a degradation gradient in a semi-arid rangeland[J]. African Journal of Range & Forage Science，21（1）：37-47.

HAN G D，HAO X Y，ZHAO M L，et al.，2008. Effect of grazing intensity on carbon and nitrogen in soil and vegetation in a meadow steppe in Inner Mongolia[J]. Agriculture，Ecosystems & Environment，125：21-32.

HAN L，JIAO J，JIA Y，et al.，2011. Seed removal on loess slopes in relation to runoff and sediment yield[J]. Catena，85（1）：12-21.

HARPOLE W S，POTTS D L，SUDING K N，2007. Ecosystem responses to water and nitrogen amendment in a california grassland[J]. Global Change Biology，13（11）：2341-2348.

HARPOLE W S，TILMAN D，2007. Grassland species loss resulting from reduced niche dimension[J]. Nature，446（7137）：791-793.

HARPOLE W，POTTS D，SUDING K，2010. Ecosystem responses to water and nitrogen amendment in a California grassland[J]. Global Change Biology，13（11）：2341-2348.

HARTNETT D C，SETSHOGO M P，DALGLEISH H J，2006. Bud banks of perennial savanna grasses in Botswana[J]. African Journal of Ecology，44：256-263.

HECTOR A，SCHMID B，1999. Plant diversity and productivity experiments in European grasslands[J]. Science，286：1123-1127.

HEITSCHMIDT R K，DOWHOWER S L，PINCHAK W E，et al.，1989. Effects of stocking rate on quality and quantity of available forage in a southern mixed grass prairie[J]. Journal of Range Management，42（6）：468-473.

HEITSCHMIDT R K，DOWHOWER S L，WALKER J W，1987. Some effects of a rotational grazing treatment on quality of available forage and amount of ground litter[J]. Joural of Range Manage，40（4）：293-312.

HJÄLTÉN J，DANELL K，LUNDBERG P，1993. Herbivore avoidance by association：vole and hare utilization of woody plants[J]. Oikos，68（1）：125-131.

HOBBS R J，NORTON D A，1996. Towards a conceptual framework for restoration ecology [J]. Restoration Ecology，4（2）：93-100.

HOFSTEDE R G M，1995. The effects of grazing and burning on soil and plant nutrient concentrations in Colombia P,ramo grasslands[J]. Plant and Soil，173：111-132.

HOLECHEK J L，1999. Grazing studies：what we've learned[J]. Rangelands，21（2）：12-16.

HOOPER D U，JOHNSON L，1999. Nitrogen limitation in dryland ecosystems：responses to geographical and temporal variation in precipitation[J]. Biogeochemistry，46（1/3）：247-293.

HOOPER D U，VITOUSEK P M，1998. Effects of plant composition and diversity on nutrient cycling[J]. Ecological Monographs，68：121-149.

HUSTON M A，1994. Biological diversity：the coexistence of species on changing landscapes[M]. United Kingdom：Cam bridge University Press.

HUXMAN T E，CABLE J M，IGNACE D D，et al.，2004. Response of net ecosystem gas exchange to a simulated precipitation pulse in a semi-arid grassland：the role of native versus non-native grasses and soil texture[J]. Oecologia，141（2）：295-305.

HUXMAN T E，SMITH M D，FAY P A，et al.，2004. Convergence across biomes to a common rain-use efficiency[J]. Nature，429：651-654.

IPCC CLIMATE CHANGE，2007. The Physical Science Basis[M]. Cambridge：Cambridge University Press.

ISSELIN-NONDEDEU F，REY F，BÉDÉCARRATS A，2006. Contributions of vegetation cover and cattle hoof prints towards seed runoff control on ski pistes[J]. Ecological Engineering，27（3）：193-201.

JARED J B，DANIEL L，HERNANDEZ，et al.，2015. Grazing maintains native plant diversity and promotes community stability in an annual grassland[J]. Ecological Applications，25：1259-1270.

JIA S H，CUI X M，LI S L，et al.，1996. Changes of soil physical attributes along grazing gradient[C]//Inner Mongolia Grassland Ecosystem Research Station，Research on grassland ecosystem No. 5[M]. Beijing：Science Press.

JOHNSTON A，DORMAAR J F，SMOLIAK S，1971. Long-term grazing effects on fescue grassland soils[J]. Journal of Range Management，24：185-188.

KAY B D，1990. Rate of change of soil structure under different cropping systems[J]. Advances in Soil Science（12）：1-52.

KEDDY P A，1992. Assembly and response rules：two goals for predictive community ecology[J]. Journal of Vegetable Science，3：157-164.

KIRBY D R，WEBB H E，1989. Cattle diets on rotation and season-long grazing treatments[J]. North Dakota Farm Research，46（6）：14-17.

KNAPP A K，SMITH M D，2001. Variation among biomes in temporal dynamics of aboveground primary production[J]. Science，291：481-484.

KRAFT N J B，COMITA L S，CHASE J M，et al.，2011. Disentangling the drivers of β-diversity along latitudinal and elevational gradients[J]. Science，333：1755-1758.

KRAFT N J，COMITA L S，CHASE J M，et al.，2011. Disentangling the drivers of β diversity along latitudinal and elevational gradients[J]. Science，333：1755-1758.

LAVOREL S，GARNIER E，2002. Predicting changes in community composition and ecosystem functioning from plant traits：revisiting the Holy Grai[J]. Functional Ecology，16：545-556.

LE HOUEROU H N，HOSTE C H，1977. Rangeland production and annual rainfall relations in the Mediterranean Basin and in the African Sahelo-Sudanian Zone[J]. Journal of Range Management，30：181-189.

LEACH G J，DALE M B，RATCLIFF D R，1991. 放牧处理对昆士兰东南部紫花苜蓿草地植物学成分的影响 [J]. 草原与牧草，2：39-42.

LEE S H，CHUNG G C，2005. Sensitivity of root system to low temperature appears to be associated with the root hydraulic properties through aquaporin activity[J]. Scientia Horticulturae，105（1）：1-11.

LETT M S，KNAPP A K，2005. Woody plant encroachment and removal in mesic grassland：production and composition responses of herbaceous vegetation[J]. The American Midland Naturalist，153：217-231.

LEYS J，MCTAINSH G H，1996. Sediment fluxes and particle grain-size characteristics of wind-eroded sediments in southeastern Australia[J]. Earth Surface Processes and Landforms，21，661-671.

LI H，YANG Y，ZHAO Y，2012. Bud banks of two dominant grass species and their roles in restoration succession series of a flooded meadow[J]. Polish Journal of Ecology，60：535-543.

LI J，OKIN G S，EPSTEIN H E，2009. Effects of enhanced wind erosion on surface soil texture and characteristics of wind-blown sediments[J]. Journal of Geophysical Research，114：1-8.

LI Y Y，SHAO M A，2003. Impact of tillage on water transformation and runoff-sediment-yielding characteristics on slope land[J]. Transactions of the CSAE，19(1)：46-50.

LIU J，FENG C，WANG D，et al.，2015. Impacts of grazing by different large herbivores in grassland depend on plant species diversity[J]. Journal of Applied Ecology，52：1053-1062.

LIU W，ZHANG Z，WAN S，2010. Predominant role of water in regulating soil and microbial respiration and their responses to climate change in a semiarid grassland[J]. Global Change Biology，15（1）：184-195.

LORENZO P C，SALVADOR R，VIRGINIA H S，2012. Plant functional trait responses to interannual rainfall variability，summer drought and seasonal grazing in Mediterranean herbaceous communities[J]. Functional Ecology，26：740-749.

LOUAULT F，PILLAR V D，AUFRÈRE J，et al.，2005. Plant traits and functional types in response to reduced disturbance in a semi-natural grassland[J].

Journal of Vegetation Science，16：151-160.

LYLES L，TARARKO J，1986. Wind erosion effects on soil texture and organic matter[J]. Journal of Soil and Water Conservation，41：191-193.

LYONS K G，BRIGHAM C A，TRAUT B H，et al.，2005. Rare species and ecosystem functioning[J]. Conservation Biology，19：1019-1024.

LYU S J，2014. Effectsof grazing on spatial distribution relationships between constructive and dominant species in stipa breviflora desert steppe[J]. Journal of applied ecology，25（12）：3469-3474.

MARÍA B V，NILDA M A，NORMAN P，2001. Soil degradation related to overgrazing in the semi-arid southern Caldenal area of Argentina[J]. Soil Science，166（7）：441-452.

MAZANCOURT C，LOREAU M，2000. Grazing optimization，nutrient cycling，andspatial herrogenity of plant-herbivore interactions：should a palatable plant evolve[J]. Evolution，54（1）：81-92.

MCINTYRE S，LAVOREL S，2001. Livestock grazing in subtropical pastures：steps in the analysis of attribute response and plant functional types[J]. Journal of Ecology，89：209-226.

MCLNTYERS S，LAVORELS S，LANDSBERG J，1999. Disturbance response in vegetation：towards a global perspective on functional traits[J]. Journal of Vegetation Science，10：621-630.

MEISSNER R A，FACELLI J M，1999. Effects of sheep exclusion on the soil seed bank and annual vegetation in chenopods shrub lands of South Australia[J]. Journal of Arid Environments，42：117-128.

MILCHUNAS D G，SALA O E，LAUENROTH W K，1988. A generalized model of the effects of grazing by large herbivores on grassland community structure[J]. American Naturalist，132（1）：87-106.

MILLENNIUM ECOSYSTEM ASSESSMENT，2005. Ecosystem and Human Well-being[M]. Washington DC：Island Press.

MITCHELL C A，CUSTER T W，ZWANK P J，1994. Herbivore on shortgrass by wintering redheads in Texas[J]. Journal of Wildlife Management，58：131-141.

MONGER C，SALA O E，DUNIWAY M C，et al.，2015. Legacy effects in linked ecological-soil-geomorphic systems of drylands[J]. Frontiers in Ecology and Environment, 13 : 13-19.

MOSLEY J C, 1990. Evalution of a herbage based method for adjusting short duration grazing periods[J]. Applied Agricultural Research, 5 (2): 142-148.

MOUILLOT D, BELLWOOD D R, BARALOTO C, et al., 2013. Rare species support vulnerable functions in high-diversity ecosystems[J]. Plos Biology, 11 (5): 1-15.

NOBIS M, KLICHOWSKA E, NOWAK A, et al., 2016. Multivariate morphometric analysis of the Stipa turkestanica group (Poaceae : Stipa sect. Stipa) [J]. Plant Systematics & Evolution, 302 : 137-153.

NOWAK R S, et al., 1984. A test of compensatory photo synthesis in the field : implications forherbivore tolerance[J]. Oecologia (61): 311-318.

NOY-MEIR I, GUTMAN M, KAPLAN Y, 1989. Responses of mediterranean grassland plants to grazing and protection[J]. Journal of Ecology, 77 (1): 290-310.

OLFF H, RITCHIE M E, 1998. Effects of herbivores on grassland plant diversity[J]. Trends in Ecology & Evolution, 13 : 261-265.

PEI S F, FU H, WAN C G, 2008. Changes in soil properties and vegetation following exclosure and grazing in degraded Alxa desert steppe of Inner Mongolia, China[J]. Agriculture, Ecosystem & Environment, 124 : 33-39.

PENG L, YU C Z, 1995. Nutrient losses in soils on Loess Plateau [J]. Pedosphere, 5(1): 83-92.

PETRAITIS P S, LATHAM R E, NIESENBAUM R A, 1989. The maintenance of species diversity by disturbance[J]. Quarterly Review of Biology, 64 (4): 393-418.

PIMENTEL D, KOUNANG N, 1998. Ecology of soil erosion in ecosystems[J]. Ecosystems, 1 : 416-426.

PLUESS A R, STOCKLIN J, 2005. The importance of population origin and environment on clonal and sexual reproduction in the alpine plant Geum reptans[J]. Functional Ecology, 19 : 228-237.

PROULX M, MAZUMDER A, 1998. Reversal of grazing impact on plant species richness in nutrient- poor vs. nutrient-rich ecosystems[J]. Ecology，79：2581-2592.

PROVENZA F D，1995. Postingestive feedback as an elementary determinant of food preference and intake in ruminants[J]. Journal of Range Management，48（1）：2-17.

REICH P B，OLEKSYN J，2004. Global patterns of plant leaf N and P in relation to temperature and latitude[J]. Proceedings of the National Academy of Sciences of the United States of America，101：11001-11006.

REICHMANN L G，SALA O E，PETERS D P C，2013. Precipitation legacies in desert grassland primary production occur through previous-year tiller density[J]. Ecology，94：435-443.

RESZKOWSKA A，KRÜMMELBEIN J，PETH S，et al.，2011. Influence of grazing on hydraulic and mechanical properties of semiarid steppe soils under different vegetation type in Inner Mongolia，China[J]. Plant and Soil，340：59-72.

ROMULO S C M，EDWARD T E，DAVID W V，et al.，2001. Carbon and nitrogen dynamics in elk winter ranges[J]. Journal of Range Management，54：400-408.

ROOT R B，1967. The niche exploration pattern of ablue grey gnatcatcher[J]. Ecological Monographs，37：317-350.

ROSSIGNOL N，BONIS A，BOUZILLE J B，2006. Consequence of grazing pattern and vegetation structure on the spatial variations of N mineralization in a wet grassland[J]. Applied Soil Ecology，31：62-70.

RUPPERT J C，HARMONEY K，HENKIN Z，et al.，2015. Quantifying drylands' drought resistance and recovery：the importance of drought intensity，dominant life history and grazing regime[J]. Global Change Biology，21：1258-1270.

SALA O E，GHERARDI L A，REICHMANN L，et al.，2012. Legacies of precipitation fluctuations on primary production：theory and data synthesis[J]. Philosophical Transactions of the Royal Society of London Series B，367：3135-3144.

SALA O E，PARUELO J M，1997. Ecosystem services in grasslands[C]//DAILY G C. Nature's Services：Societal Dependence on Natural Ecosystems[M]. Washington

DC：Island Press.

SCHAT H，OUBORG J，WIT R D，1989. Life history and plant architecture：size-dependent reproductive allocation in annual and biennial Centaurium species[J]. Acta Botanica Neerlandica，38（2）：183-201.

SCHÖNBACH P，WAN H W，GIERUS M，et al.，2011. Grassland responses to grazing：effects of grazing intensity and management system in an Inner Mongolian steppe ecosystem[J]. Plant and Soil，340：103-115.

SCOTT L，COLLINS，JAMES A，1987. Succession and fluctuation in Artemisia dominated grassland[J]. Vegetatio，73：89-99.

SIMPSON S J，SIBLY R M，LEE K P，et al.，2004. Optimal foraging when regulating intake of multiple Nutrients[J]. Animal Behaviour，68：1299-1311.

SMITH J L，HALVORSON J，PAPENDICK R I，1993. Using multiple-variable indicator kriging for evaluating soil quality[J]. Soil Science Society of America（57）：743-749.

STAHLHEBER K A，ANTONIO C M，2013. Using livestock to man-age plant composition：A meta-analysis of grazing in California Mediterranean grasslands[J]. Biological Conservation，157：300-308.

STEFFENS M，KÖLBL A，TOTSCHE K U，et al.，2008. Grazing effects on soil chemical and physical properties in a semiarid steppe of Inner Mongolia（P. R. China）[J]. Geoderma，143：63-72.

STEPHENS D W，KREBS J R，1986. Foraging Theory[M]. New Jersey：Princeton University Press.

STERNBERG M，GUTMAN M，PEREVOLOTSKY A，et al.，2000. Vegetation response to grazing management in a Mediterranean herbaceous community：a functional group approach[J]. Journal of Applied Ecology，37（2）：224-237.

STINCHCOMBE J R，DORN L A，SCHMITT J，2004. Flowering time plasticity in Arabidopsis thaliana：a reanalysis of Westerman &Lawrence[J]. Journal of Evolutionary Biology，17（1）：197-207.

STORKEY J，MACDONALD A J，POULTON P R，et al.，2015. Grassland biodiversity bounces back from long-term nitrogen addition[J]. Nature，528（7582）：401-404.

SUTTLE K B，THOMSEN M A，POWER M E，2007. Species interactions reverse grassland responses to changing climate[J]. Science，315（5812）：640-642.

SUZUKI R O，SUZUKI S N，2011. Facilitative and competitive effects of a large species with defensive traits on a graz-ing-adapted，small species in a long-term deer grazing ha-bitat[J]. Plant Ecology，212：343-351.

SZARO R C，1986. Guild management：an evaluation of avian guilds[J]. Environmental Management，10：681-688.

TABOADA M A，LAVADO R S，1988. Grazing effects on the bulk density in a natraquoll of the flooding Pampa of Argentina[J]. Joural Range Manage，41：500-503.

TAYLOR JR C A，TWIDWELL D，GARZA N E，et al.，2012. Long-term effects of fire，livestock herbivory removal，and weather variability in Texas semiarid savanna[J]. Rangeland Ecology and Management，65：21-30.

TILMAN D，KNOPS J，WEDIN D，et al.，1997. The influence of functional diversity and composition on ecosystem processes[J]. Science，277（5330）：1300-1302.

TILMAN D，2001. Functional diversity. Encyclopedia of Biodiversity[M]. 3rd ed. California：Academic Press.

TILMAN D，ISBELL F，2015. Biodiversity：recovery as nitrogen declines[J]. Nature，528（7582）：336-337.

TILMAN D，1988. Plant strategies and the dynamics and structure of plant communities[M]. New Jersey：Princeton University Press.

TISDALL J M，OADES J M，1980. The effect of soil crop rotation on aggregation in a red-brown earth [J]. Australia Journal of Soil Research（18）：423-433.

ULLJL M J H，RAGUSE C A，1967. Rotation and continuous grazing on irrigated pasture using beef steers[J]. Journal of Animal Science，26（2）：1160-1164.

VALENTINA Z，MICHAEL B，MEINHARD A，et al.，2000. Impact of land-use change on nitrogen mineralization in subalpine grasslands in the Southern Alps[J]. Biology and Fertility of Soils，31：441-448.

VEIGA J B D，1984. Effect of grazing management upon a dwarf elephantgrass pasture[J]. Dissertation Abstracts. International B（Science and Engineering），45（6）：1642-1643.

VES A R，GROSS，et al.，1999. Stability and variability in competitive communities[J]. Science，286：542-544.

VILLALBA J J，PROVENZA F D，2000. Discriminating among novel foods：effects of energy provision onpreferences of lambs for poor-quality foods[J]. Applied Animal Behaviour Science，66：87-106.

VITOUSEK P M，1998. Foliar and litter nutrients，nutrient resorption，and decomposition in Hawaiian Me t rosideros polymorpha[J]. Ecosystems，1（4）：401-407.

VITOUSEK P M，MATSON P A，CLEVE K V，1989. Nitrogen availability and nitrification during succession，primary，secondary and older field series[J]. Plant and Soil，115：229-239.

VITOUSEK P M，HOWARTH R W，1991. Nitrogen limitation on land and in the sea：how can it occur[J] . Biogeochemistry，13：87-115.

VOLIS S，VERHOEVEN K J，MENDLINGER S，et al.，2004. Phenotypic selection and regulation of reproduction in different environments in wild barley[J]. Journal of Evolutionary Biology，17（5）：1121-1131.

VON WEHRDEN H，HANSPACH J，et al.，2012. Globalassessment of the non-equilibrium concept in rangelands[J]. Ecological Applications，22：393-399.

WAN H W，BAI Y F，SCHÖNBACH P，et al.，2011. Effects of grazing management system on plant community structure and functioning in a semiarid steppe：scaling from species to community[J]. Plant Soil，340：215-226.

WANG L，WANG D L，YU G B，et al.，2010. Spatially complex neighboring relationships among grassland plant species as an effective mechanism of defense against herbivory[J]. Oecologia，164（1）：193-200.

WANG Z，JIAO S，HAN G，et al.，2014. Effects of stocking rate on the variability of peak standing crop in a desert steppe of Eurasia grassland[J]. Environmental Management，53：266-273.

WARDLE D A，BONNER K I，BARKER G M，et al.，1999. Plant removals in perennial grassland：vegetation dynamics，decomposers，soil biodiversity，and ecosystem properties[J]. Ecological Monographs，69（4）：535-568.

WELTZIN J F，LOIK M E，SCHWINNING S，et al.，2003. Assessing the response of terrestrial ecosystems to potential changes in precipitation[J]. BioScience，53（10）：941-952.

WHITE R，MURRAY S，ROHWEDER M，2000. Pilot analysis of global ecosystems：grassland ecosystems[M]. Washington DC：World Resources Institute.

WIECZOREK K，BUGAJ-NAWROCKA A，KANTURSKI M，et al.，2017. Geographical variation in morphology of Chaetosiphella stipae stipae Hille Ris Lambers，1947（Hemiptera：Aphididae：Chaitophorinae）[J]. Scientific Reports，7：43988.

WIEGAND T，SNYMAN H A，KELLNER K，et al.，2004. Do grasslands have a memory：modeling phytomass production of a semiarid South African grassland[J]. Ecosystems，7：243-258.

WIGGS G F S，LIVINGSTONE I，THOMAS D S G，et al.，1994. Effect of vegetation removal on airflow patterns and dunedynamics in the southwest Kalahari desert[J]. Land Degrada-tion and Development，5：13-24.

WOODWARD F I，CRAMER W，1996. Plant functional types and climatic changes：introduction[J]. Journal of Vegetation Science，7：306-308.

YACHI S，LOREAU M，1999. Biodiversity and ecosystem productivity in a fluctuating environment：the insurance hypothesis[J]. Proceedings of the National Academy of Sciences of the United States of America，96（4）：1463-1468.

YANG H，LI Y，WU M，et al.，2011. Plant community responses to nitrogen addition and increased precipitation：the importance of water availability and species traits[J]. Global Change Biology，17（9）：2936-2944.

ZHAO H L，ZHAO X Y，ZHOU R L，et al.，2005. Desertification processes due to heavy grazing in sandy rangeland，Inner Mongolia[J]. Journal of Arid Environments，62（2）：309-319.

ZHAO W Z，XIAO H L，LIU Z M，et al.，2005. Soil degradation and restoration as affected by land use change in the semiarid Bashang area，northern China[J]. Catena（59）：173-186.

ZHENG S X，LAN Z C，LI W H，et al.，2011. Differential responses of plant functional trait to grazing between two contrasting dominant C3 and C4 species in a typical steppe of Inner Mongolia, China[J]. Plant and Soil, 340 : 141-155.

ZHOU Z, SHANG G Z, 2007. Vertical distribution of fine roots in relation to soil factors in Pinus tabulaeformis Carr. forest of the Loess Plateau of China[J]. Plant and Soil, 291 : 119-129.

